REGION ∞ DESIGN

CHINA-ASEAN ARCHITECTURAL SPACE DESIGN AND EDUCATION SUMMIT FORUM PROCEEDINGS

地域∞设计

中国—东盟建筑空间设计
教育高峰论坛论文集

江 波　陶雄军　主编

中国建筑工业出版社

图书在版编目（CIP）数据

地域∞设计　中国—东盟建筑空间设计教育高峰论坛
论文集／江波，陶雄军主编 .—北京：中国建筑工业出
版社，2015.9
　ISBN 978-7-112-18494-1

　Ⅰ.①地…　Ⅱ.①江…②陶…　Ⅲ.①建筑设计－文集
Ⅳ.① TU2-53

　中国版本图书馆 CIP 数据核字（2015）第 218996 号

责任编辑：李东禧　吴　绫
责任校对：李美娜　党　蕾

地域∞设计
中国—东盟建筑空间设计教育高峰论坛论文集
江　波　陶雄军　主编

＊

中国建筑工业出版社出版、发行（北京西郊百万庄）
各地新华书店、建筑书店经销
北京嘉泰利德公司制版
北京云浩印刷有限责任公司印刷
＊

开本：880×1230毫米 1/16　印张：13　字数：476千字
2015 年 10 月第一版　2015 年 10 月第一次印刷
定价：58.00元
ISBN 978-7-112-18494-1
　　　（27750）

《地域∞设计　中国—东盟建筑空间设计教育高峰论坛论文集》编委会

前言

　　当今世界进入了全球化与工业化的快速进程，我们的城乡建设步伐也在同步发展，因而"地球村"的感受越来越强烈。现今社会公众无法从城乡建筑景观环境中认同自我生存的文化属性，同时城乡建设中无视本土环境资源和生态系统的价值和作用的行为，导致了环境资源的严重破坏与浪费，城乡面临特色匮乏和生态恶化的双重危机，加剧了全球范围内的生态危机。如何在城乡设计中传承与发展地域文化，如何表现地域文化及如何处理地域文化与外来文化的关系，是一个摆在我们面前的不可回避和逾越的值得深思的问题，这也是我们举办"地域∞设计"中国—东盟建筑空间设计教育高峰论坛的初衷及目的。

　　任何一个地方的建筑、景观和环境，作为一种设计文化的物质形态，必定是反映当地的政治、经济、科学、文化、技术的成就，也必然要体现当时当地的典章制度、风俗习惯、生活方式，充分体现它独具特色的民族或地域文化。其实，地域性设计的历史是非常久远而源远流长的。地域性既是设计原点，也是立足点，历史上经典的设计作品无不印证了这一点，这点比设计的风格和形式显得更为重要。因此，我们应该认真看待每个事物的发展进程，应该从最根本的地方入手研究，深入历史文化的层面去推敲。地域特征是比较宽泛的，除了有强烈的形态特征，应该还有行为、情感和文化因素，这就要求我们准确地把脉，正确地实施。

　　地域性的提出就是多元价值观的确立，现代主义所提倡的功能主义对地域文化的差异性之影响是严重的。当然，跨文化交流是地域文化进步、繁荣的手段之一。外来文化只有与当地民族文化、生活习惯、自然条件相适应才有生命力。一般来说，本土文化只有在自觉交流、吸收、兼容、创造的过程中才能保持青春活力。从设计艺术的角度，它给我们的启示就是设计是创造一种新的生活方式，但是必须要同时考虑对象的社会习俗、生产生活方式，在适应中逐步引导和改变落后的生活习惯，使设计融合出更丰富的地域性。这样，它才能成为地域文化内在不息的前进动力，才能成为体现一种地域文化的特色，并最终成为一种地域文化进步和发展的资源。它改变着人类的生活方式，也可以说是推动人类历史进步的一个动力源泉。艺术是人类追求美好生活的精神梦幻的行为，它更多的是属于精神层面的东西，是人类现实中期望得到实现的一个互补。设计又是一个非常实在的物质层面的东西，它可以悄悄地改变我们及环境，它具有一个永恒的主题——解决问题、传递生活价值取向。

　　进入 21 世纪以来，绿色、生态、环保、节能、减排之口号盛行，人们开口闭口均为之，似乎一夜之间不生态的都生态了，不环保的都环保了，全民皆为之。倘若是真，当是万幸，窃以为差之甚远矣。有些时候，一些事物喊得多了、说得多了，自己、他人自然都认为是真的了，希望还是能够以真正诚恳的姿态、能力、行为来为之付出。其道路还长远，得一步一步地来走。现在有一个词很热，即"可持续发展"，可以说，它充斥着每一个角落，尤其是我们设计界。可持续性原则要求在保护、承传与利用历史文化遗产时应尊重历史文化的各种形态，不能按照现代的理念肆意改造它，更不应抹杀它的存在。对历史文化的保护传承，是一种对历史的负责，更是一种对人类的负责。

地域性的提出及盛行，无疑因全球化的趋势而凸显。在这里，与会的老师既是高校设计专业的教育者，同时也是社会项目的实践者，在设计教育和实践方面，不管是纵向的，还是横向的，都有各自的学术成果，有的甚至是某个专业领域的领军人物，对这次研讨会的主题"地域∞设计"有着独到的见解，与大家共享，为这次的研讨会增光添色。相信通过这次研讨会定会为广西艺术学院的设计教育及设计实践带来质的提升。

以上文字言论，不足以涵盖本论文集的观点内容，所及之处定有不足甚至谬误之虞，这里仅代表个人观点，同时也斗胆以此作为论文集之序言。

江波

2015 年 8 月 30 日

目 录
CONTENTS

景观设计者的视野

中央美术学院 王 铁

摘要：以大环境心理学的视角，借鉴传统环境设计心理学，探讨在不同环境条件下人们对生活环境的认知、体验识别、评价内容是景观设计者必须具备的能力。研究景观设计需要有打破常规拓宽视野的能力、立体思考的能力和多视角展开全面综合分析的潜质。提倡设计教育按照不同年龄段分别进行探讨，研究人群性别、文化基础等特征。建立价值观是探索人与自然环境多重关系中最重要的基础，结合环境心理学和实际教学，引导设计在广域的学理框架下发展，研究揭示不同场所中的空间设计要点，施教于科学发展观体系下的广义空间设计概念，弥补设计心理学研究的不足，同时强调专业化知识与学理化价值，为理性认识"同质化"[①]、"低干预"[②]走向共同设计价值观的实践过程。以体验景观设计为核心的人性化空间设计价值，是未来空间设计教育的发展趋势，强调设计者必须掌握文学、工学、设计心理学知识，完善设计者自我更新的过程，加强设计理论法规及审美修养，理解自然与人的多重关系，更加有效地探索和提升设计作品的品质。

关键词：环境心理；评价内容；广义空间；同质化；低干预

1 设计心理

五千年华夏文明建造历史是环境设计教育的基石，对外敞开国门后，中国才真正迎来了百花齐放的春天。欧洲新艺术运动拉开了现代艺术设计的大幕，在世界各地都可以见到设计业创造的果实，环境设计发展到今天已经历了无数次自我更新，从早期以西方现代主义设计理论为核心价值开始，引发环境问题到当下信息化社会之中，大量的实践显示，在理论与实践方面设计心理学日趋成熟，设计学科加速了与现代文明的对接，保障了建设轨迹步入正确的现代化、科技化、数字化的设计理念当中。当前人类在环境设计领域的研究已不再只停留于空间造型上，现实证明，每一次积淀都是广义样式与风格的有序升级。过去设计教育更多关注的是空间使用的有效性与安全性，有巧借自然之妙笔，但是并不完全科学。今天环境设计教育已进入低碳科技时代，可持续性和舒适度是检验设计安全性的一项重要标准，对于设计教育和探索者来说，"环境心理"是评价设计教育好坏的重要评价指标。业界同仁在掌握相关法规的基础上，科学地设定功能空间分区，审美能力已成为鉴定设计教学品质的核心价值。同时，完美的环境设计作品，从功能和表现上启动了评价设计教育的条件，是否达到培养人才的要求，社会是设计教育满意度的裁判员。当下的设计教育已没有特殊条件下的自我保护，培养高质量、综合素质的人，才是验证环境设计教育成功与否的试金石。

坚持从设计心理学角度分析与研究是环境设计教师的本分，同仁在欣赏眼前的教育成果时，首先想到的是教者

---

① "同质化"是指当今景观设计教育在追求自我学科发展上已进入了相同方式的怪现象中。
② "低干预"是指当今景观设计教育所提倡的减少对设计教育方法的破坏性、命令性表达。

背后的过硬功夫。博大的胸怀是观察大山、大水、人文情怀的基础，敏锐的思维有助于教师积累环境设计教育素材，恰当的表现可用于低碳理念文化信息的现代设计表现意境之中，融于理论和实践，转换后成为探索研究所需的新轨迹。然而，尝试其转换过程的归纳与甄别是鉴别教师水平的天平，融入设计心理学，将其审美精华添加到中国的设计教育与实践中，需要的是科学有序向前发展的知识源泉，高等教育中的设计学科必须清晰思辨，因为这是华夏子孙传承空间设计文化的关键。

时下中国拥有一批头脑清醒的年轻学者，他们用智慧表现当今文化元素下的设计心理学，创新性的发展设计出优秀的环境设计作品，与相同的高素质粉丝群分享，这是环境设计教育的价值所在。认真思考，不断探索，用实践继承优秀传统建造文化的精髓，再将其融入设计实践，解放思想，引进具有前瞻性的环境设计教学理念，是探索研究低碳教育之美的必然。

2　打破壁垒

世界不同地域之间的壁垒，在全球化的文明进程中被打破了，是交流这座桥梁架起了与各地区之间的时空对接。当今人们获得的共享之成果是全球化带给人类的新文明发展的初步果实，慰藉了一路走来的景观设计探索者。来自各路的学术资源在科学有序的基础上向勤奋而智慧的人们开启了无私的大门，面对现实，我等深知理性主体文化从跨越到融合需要有价值的实践过程。对于如何看待时代正在走进不可抗拒的"同质化"时期，加大"低干预"理性思考的分辨率是学者执着的抉择。

其实"同质化"并不可怕，"低干预"也不是不干预，也许它是人类踏进设计全面科学化、智能化的必然转化阶段。理性认识"同质化"、"低干预"是走向共同价值观的实践过程，是设计理念下环境保护低碳理念的基石，是百花齐放后的有序梳理，为此，认识全球疾风"同质化"与"低干预"下的广域信息交流，需要加大学者头脑中的内存，捆绑景观设计专业所需的软件，加速探索人与环境，使大学教授与设计师拥有更加广阔的平台来展现自我，以更加科学的视角和新锐的观念，迎接华夏新文明的又一次崛起。

打开国门后，学者和专业设计师需要放平心态面对世界不同地域的学者所带来的学术成果，用一路阳光的心态迈向平等而具有辨析价值的高端交流平台，共同培育人类智慧的种子——"科学发展观"。时下，"同质化"带动了区域经济的繁荣，平衡了诸多与现实矛盾的方面，同时也带来了发展过程中生态环境对人的压力，减少了对多样性的担忧，丰富了各专业学科间的相互扶持和关爱，是技术进步和趋向统一的科学标准雏形，使得人类对自然的干预越来越趋于理性，也提升了自然环境文化景观的价值，导致地域景观特征的弱化，同时也对大学的环境设计教育提出了巨大的挑战。

当下高等教育中环境设计专业实践课题具有现实价值，提出了"低干预"设计教育理念，有助于环境景观教育的科学有序发展，同时也时刻提醒教授与设计者探索追求实践的人生。其实，在设计与实践中，人类无论找什么样的借口，目的都是自身利益最大化的生存与安全。人类与地球的关系，目前能够做到的沟通方法，即尊重"科学"。人类在几千年的探索中取得了辉煌的成就，承载着智慧与清醒，智者知晓重新恢复自然生态环境已是不可能了，提倡教育和设计的"低干预"是为了减少过多的人为因素，也许是与地球对话的一扇窗。

研究"低干预"设计教育也需要全面的综合评估，培养合格的设计人才，达到自然和谐的美，是景观设计的内核价值。用人类掌握的科学知识去爱地球环境，对于设计者，切忌"每一点的人工构造物"建设都考虑融入环境。大自然是美的，欣赏它需要高素质，大自然一旦遭破坏，操作者一旦猛醒，亡羊补牢也是救世的态度。

时代要求景观设计教育承担对自然环境设计者进行引导的责任，要求在自然环境当中每加一笔都必须是美的人工智能作品，其设计作品就像大自然中的一棵树、一根草，融洽地根植于人类共享的天地之中。

研究景观设计教育与建筑设计教育提倡"低干预"理念是顺应自然环境的探索者，教者在教育的自然景观中巧妙植入人工痕迹，是景观设计教育与建筑设计教育者探索性设计的实践手法的升级版解释。"低干预"设计理念是高科技时代景观设计教育值得研究的课题，希望"低干预"理念能够成为指导景观设计教育与建筑设计教育的导航仪，拓宽职业设计者的价值视野和追求。

上手设计

——艺术设计实践教学

中国美术学院 周 刚

摘要：艺术设计专业绝不仅是培养学生的艺术表现能力或者是艺术想象能力，而是要求学生成为与现代技术、文明及社会进步不可分割的艺术设计实践者，尤其是研究生教育，更应将理论研究与实践中的审美体验相结合，相统一。在艺术设计教育中，学生的技术能力、实践能力以及通过技术的展现方式而获得的对产品的审美体验都是其作为艺术设计能力的重要组成部分。学生在实验室及相关的动手设计能力与意识的培养是学生"觉性"培养与教育的重要环节，也是塑造一名优秀设计师的重要环节。

关键词：设计实践；审美体验

1 在实践中审美体验

设计活动作为人们有意识的创意，需要依一定的目的，预先制定方法，这种方法往往是以技术的手段完成的。艺术设计则是通过艺术手段展开的创意、构思与实践活动。艺术设计，能够使人们从新的角度看待艺术设计的成果，更改变着设计成果与物质环境之间的相互关系，同时它也承担了设计产品的艺术含量与审美品质。由于艺术设计所物化的大量成果，体现在大批量的产品中，因此，它必然会影响到与这些产品发生关系的人们的行为，培养人们的某种趣味与习惯。当艺术设计的产品从个体产品扩展到国民经济的整个系统，这时艺术设计及其成果既适应了消费者的审美趣味，又在培养和改变着人们的审美情趣，更不可忽视的是，它也正在影响着整个民族或国家的审美心理。从这个意义上讲，艺术设计及其产品，不仅属于物质领域，而且也属于精神领域。因此，我们不仅从物质上，同时也应从精神上认识艺术设计的重要性。艺术设计理应也不得不承担起它的社会文化使命。如果我们将一个设计产品的成果分为技术设计和艺术设计来研究，则不难发现，技术设计赋予艺术设计以内容，艺术设计则又赋予其形式，这两种关系被看作是有着传统联系的，技术设计与艺术设计的结合不仅在于产品的外观，而且包括在产品的结构中。艺术设计师必须了解生产技术，了解艺术设计构想与艺术设计呈现的途径，否则他将不可能自由地构思，不可能实现自己的构思，更何况这种设计构思所产生的后果具有一定的甚至是广泛的社会性。尽管有些设计师或在校学习的学生还未能充分认识到自己目前或未来职业的社会性，然而，我们在艺术设计的教育之中必须明确具体的、局部的设计任务后面，确实存在着不容忽视的社会性。

正因为艺术设计所承担的社会性，所以利用艺术设计方法制作的产品，不仅在技术上是完善的，在外形上是美观的，而且在使用上应该是舒适的、合理的。这种使用上的舒适性与合理性，在很大程度上是上手技艺与上手设计与制作的感知，这种上手的技艺是艺术设计感知的重要组成部分。在古代，"技艺相通"是普遍存在的观点，《庄子·天地》中就有"能有所艺者，技也"之说。古希腊哲学家亚里士多德也把技术看作是制作的智慧。技术作为人类生产的手段，它是与人类生产实践同时产生的。随着科学技术的发展，人们对于技艺的理解也在不断地变化，海德格尔认为技术是实现人的目的的手段之一，然而技术还有着更多的需要我们了解与体会的东西，否则我们就不可能探究到技术的全部实质，因此他指出："技术不仅仅是手段。技术是一种展现方式。如果我们注意到这一点，那么，技术本质的一个完全的领域就会向我们打开。这是展现的领域，即真理的领域。"① 海德格尔强调了技术的重要性，更揭示了技术可以为我们展现出自然中或者是我们自身未被揭示与认知的特性。从艺术设计教育的角度而言，艺术设计教育应该由艺术设计教育与技术的实践教育组成，通过在实验室的技术实践，展现设计构想，在实践中最终完成审美体验。

2　上手设计与设计实践

人只有在创造文化的活动中才成为真正有意义的人，也只有在文化活动中，人才能获得真正的超越。艺术设计活动是人类文化活动的重要组成，且在今天的社会建设中越来越显现了它的作用。艺术设计教育更是备受社会关注。通过多年的教学实践与研究，我们认为艺术设计专业绝不仅是培养学生的艺术表现能力或者是艺术想象能力，而是要求学生成为与现代技术、文明及社会进步不可分割的艺术设计实践者。因此，在艺术设计教育中，学生的技术能力、实践能力以及通过技术的展现方式而获得的对产品的审美体验都是其艺术设计能力的重要组成部分。学生在实验室及相关的动手设计能力与通过实践对于"觉性"能力的培养是成为一名优秀设计师的重要环节。尤其是在我国，从美术教育和工艺美术教育背景下转型的艺术设计教育就显得更为重要。如果我们的艺术设计教育，不能真正地独立于美术教育与工艺美术教育的方法与思路，将课堂的理论教育与实验室教育并举，在实验室的技术展现中领悟真理，打开技术本质的一个完全的领域的话，我们的艺术设计教育所培养出来学生只能是工艺美术师或者是实用美术师，而不可能是进入国际艺术设计主战场的艺术设计师。如果我们不从根本上扭转观念，建立起独立于"纯美术"与"工艺美术"之外的艺术设计教育体系，我们的艺术设计教育与人才将不可能承担起未来国家艺术设计的重任，不仅如此，其设计出的产品还将影响人们的审美心理与审美情趣。包豪斯学校的校长格罗皮乌斯在创建包豪斯的教学体系时就特别强调上手实践对于设计教育的重要性，他认为设计教育活动的最高价值在于它的完整性。学校如果没有为学生开辟可供其实践的工场的话，就不可能形成这种完整性。格罗皮乌斯也十分尖锐地批判了当时只在画室里训练和培养的所谓学院派的设计教育。他所关注的不仅是设计产品的艺术质量，而且把其作为设计者个性的全面展现，并将其置于创作活动和教育实践的中心。

就我们对于艺术设计院校培养出来并走上艺术设计岗位的人员的调研结果来看，我们的艺术设计人员还未能真

正畅通地进入国际艺术设计的主战场并介入到新产品的开发上，未能使企业形成技术设计与艺术设计的协调与融合。这与目前的艺术设计的教育方法与观念不无关联，企业中的艺术设计人员有着明显的"学院风气"、"学生气"，多以装饰、美化及形象为主，并没有真正上手介入到结构和功能复杂的设计开发之中，没有通过实践筑成独立思考与独立担当的能力与气度。如何能使艺术设计真正介入到企业的设计开发之中，我们认为，必须从艺术史的源头，即艺术设计教育中寻找出路。一是逐步转变艺术设计教育的观念，将艺术设计教育与实验室教育并重，让学生真正成为有理论、有实践并对社会发展与市场敏感的设计师与真正意义上的设计实践者。教师尤其是设计教师，应从黑板前，走进实验室，与学生共同完成设计理想，并在上手实践中开拓技术的深层实质。二是学校根据自身的学科优势，承担或介入企业重大、复杂的设计开发任务，以艺术设计实践促进艺术设计教育，在宽口径、厚基础的教学策略下，根据社会发展的大局，修正教学大纲，最终达到以艺术设计教育推动艺术设计实业。以上两种出路都从不同层面上要求或强调艺术设计教育中学生上手设计的必要性与上手设计的能力。上手能力的培养，要求学生与许多专家和技术人员打交道，直接面对图与物、理论与实践、设计与生产等一系列问题，系统地、完整地成就自己。包豪斯的教学经验是学生在经过了大量、系统的理论与实验室及实践课之后，他们中的优秀者进入到一个新的更高要求的艺术设计教育环节中，这个环节被称为"结构思维"班，在这个班里，上手设计和制作成的产品样本，将会被企业采纳并投入生产，同时，他们努力探索技术设计者与艺术设计者的协同与密切合作的工作经验，以实现其以艺术设计教育推动艺术设计实践的教育目的。

3　研究梳理与教学思考

学术考察与专业交流一直以来被认为是艺术设计教学的重要组成部分，它对我们开阔视野、发现问题和提高教学质量，有着不可替代的作用。在专业考察与研究梳理的过程中，我们发现，除了艺术设计认知与艺术设计手段上的问题之外，其最大的问题还在于艺术设计教育的观念转变，这个观念的转变与否直接影响着我们的教学手段和培养出来的艺术设计人才的方向。20 世纪 30 年代及 20 世纪 80 年代，我们都曾试图学习和移植西方先进的艺术设计教育观念与手段，并以此推动我们的艺术设计教育及艺术设计的发展，但收效甚微。探其成败之因，问题还在于我们的艺术设计教育中根深蒂固的"美术"教育的方法与手段。在这个未真正摆脱美术教育的艺术设计教育体系中，其与西方先进的艺术设计教育最大的差距就表现在对于艺术设

---

① 绍伊博尔德. 海德格尔分析新时代的科技. 宋祖良译. 北京：中国社会科学出版社，1993.

计上手实践的藐视与未能真正介入。在教学大纲的设置上、课程的体系上，教师对于实践教学、对于实验室教学的认知与情感，学校对于实验教师的编制、管理以及对实验教师、技师的认知还未形成高度的统一，对于实验教师、技师的晋级、出路都还没有形成像教授一样的渠道、待遇与尊重等。我们的许多研究生、博士生，从小学、大学、硕士、博士一路走来大多都是走在课本中和纸面上，也养成了仅在纸面上、文章里做设计的习惯，其个体成长的不完善与教育的弊端显而易见。这些问题都大大影响了艺术设计教育中注重的实践教育，更重要的是培养不出有独立精神且坚定的设计实践者。这些问题不能从根本上得到解决，必然会影响到艺术设计的学生对于艺术设计与实践教学的认知、态度与情感，实验室、实践教学始终不能根植于学生的心中，更无从谈通过上手实践开拓艺术设计的未知领域并在上手实践中实践审美体验了。

在对改革开放 30 年的实践与总结后，不少院校已经从深层次上认识并开始务实地转变这种局面，系统、分步骤地深度研究西方艺术设计教育的起因、发展及结果，如中国美术学院对于包豪斯教学体系、实践、成果和对于今天艺术设计的影响等的专题、深度的研究，以设计艺术各学科间的联动，主动承担国家、省、市重大设计项目，并通过实践，总结、调整设计艺术的办学思路与教学结构。梳通艺术设计教育、实验教学实践课题的关系，注重对艺术设计社会学、心理学的教育，倡导上手设计的基础教育，并通过实践教学逐步形成一个完整的艺术设计教育体系，尽管目前这个体系的建立还有诸多如认识、情感、体制和实践技术等方面的问题有待进一步解决与完善。我们相信，伴随着国家的经济发展和艺术教育者的努力，艺术设计学科的建设将不断走向我们为此努力和所期望的方向，中国的艺术设计师将逐步进入国际艺术设计的主战场。

回首与前瞻
——论在可持续发展中"设计"的社会角色与价值

清华大学　张　月

摘要：工业革命以来，随着生产力和自然科学的迅速发展，人类对自然的"征服"改造，其后果是加剧了人类生存环境的恶化。20世纪90年代，以可持续发展观为代表的第二次现代化开始改变世界面貌，新的经济增长不以破坏环境为代价，从工业经济向知识经济、网络经济、循环经济转化，引起由工业文明向生态文明的深刻变化。而设计在这其中起到了决定性的、举足轻重的作用。正是设计决定了人类创造的工具和环境对自然的作用方式。以创造和保护理想生存环境为目的、以可持续发展为模式的艺术设计是建立新的生态文明社会的必要条件。

关键词：设计；可持续；社会角色

1　回首

人类社会的发展在最近几个世纪呈现出加速度递增的趋势，工业化产生的消费性文化、人口的剧增和人类毫无顾忌的无度挥霍，其后果是加剧了人类生存环境的恶化。今天，保护人类的生存环境、实现社会的可持续发展，已成为当今世界面临的重大课题。

当今世界，人类社会和地球环境的关系越来越密切，随着人口、环境、资源问题的尖锐化，人类与地球协同共进，实现可持续发展已成为当今世界的共识。"可持续发展"概念成为继工业化、现代化之后的又一个衡量地区、国家发展水平的新的指标体系。作为人类社会中连接精神世界与物质世界的重要途径之一的"设计"，必然要为这个人类历史中最为重要的转折发挥重要的作用。

1.1　传统工业社会的危机

工业革命以来，随着生产力和自然科学的迅速发展，人类从对自然的畏惧，变为不断对自然展开"征服"改造，工业化促成了以市场经济为导向的现代社会关系，经济利益和人类短视的功利性以无限制地扩张和掠夺自然资源为特征。技术的进步和经济利益的交互作用促成了现代消费性文化的产生，如时装文化、汽车文化、媒体广告业、建筑装饰业等，虽然不能全盘否定这些产业对社会发展进步的作用，但它们确实是加剧资源浪费和环境恶化的重要原因。现代社会的种种流行病——极端的功利主义、实用主义、物欲主义、拜金主义是这种过度强调物质享受的消费价值观的必然结果。高度工业化产生的消费性文化加剧了环境生态的恶化。人口的剧增、工业的飞速发展和人类毫无顾忌的无度挥霍，使得20世纪成了人类历史上第一次产生环境问题的世纪；也就是在这个世纪，人类发现自己的所作所为开始反作用于自己，人在征服自然的道路上登到了峰顶，其后果是加剧了人类生存环境的恶化。

联合国于1972年在瑞典斯德哥尔摩召开了"人类与环境会议"，大会通过的《人类环境宣言》向全球呼吁：现在已经到达历史上这样一个时刻，我们在决定世界各地的行动时，必须更加审慎地考虑它们对环境产生的后果。1987年，世界环境与发展委员会发表了影响全球的题为《我们共同的未来》的报告，这份报告鲜明地提出了三个观点：

（1）环境危机、能源危机和发展危机不能分割；

（2）地球的资源和能源远不能满足人类发展的需要；

（3）必须为当代人和下代人的利益改变发展模式。

在此基础上，报告提出了"可持续发展"的概念。报告深刻指出，我们需要有一条新的发展道路，这条道路不是一条仅能在若干年内、在若干地方支持人类进步的道路，而是一直到遥远的未来都能支持全球人类进步的道路。

全球最权威的独立环保机构——世界自然保护基金会（WWF）2002 年 7 月 9 日发表了迄今为止最详尽的有关地球资源状况的报告。报告指出，由于人类的过度消耗，在过去的 30 年间，人类的经济活动使得地球上的生物种类减少了 35%，其中淡水生物减少 54%，海洋生物种类减少 35%，森林物种减少 15%。报告认为，要想制止这一趋势、达到可持续发展，就必须采取四个方面的措施：通过改进技术降低能源消费；采用更为节约的消费方式；控制人口增长；保护生态系统。

1.2 工业文明向生态文明的转化

以工业化和城市化为特征的工业文明在 20 世纪 50~60 年代出现高潮。也有理论把这一时期称为人类社会的第一次现代化。这一时期是以人类凭借科技进步，以对自然的高速开发扩张和自身生活急速变化为特征的。

过去 50 年中，世界现代化的方向发生了转折。20 世纪 70 年代，随着工业化国家第一次现代化的完成，环境问题日益突出，人们开始重新认识人类社会与自然的关系，重新评判工业化时期的社会发展观念；科技的发展、一系列社会问题与变化引起了经济运行、经济增长方式的改变，经济的非工业化和社会的非城市化现象日益明显。从注重物质增长到注重整体环境均衡发展，新的发展观随之出现。20 世纪 90 年代，以这种发展观为代表的第二次现代化开始改变世界的面貌，新的经济增长不以环境为代价，从工业经济向知识经济、网络经济、循环经济转化，引起由工业文明向生态文明的深刻变化。

新的发展观念产生了循环经济的概念，循环经济的基本原则是"减量化、再利用、再循环"。生产环节要求尽量减少资源消耗和产生污染物；产品要求可以多次使用或维修，延长使用周期，从而节约生产资源。一些发达国家出于自身利益，较早推动了这一经济概念的实施，很多国家提出了循环经济构想，提出"环境立国"战略，把创建循环型社会列为国家目标，实施"谁生产销售，谁回收利用"的法规。在日本、德国、美国对循环经济立法的影响下，欧盟和北美国家相继制定了产品回收、绿色包装等法律。

2 设计的社会角色

20 世纪以来的工业文明向生态文明的转变，深刻地影响了各个国家的政治、经济和文化，它不仅仅是经济模式的转变，而且是一种深刻的社会变革，影响到社会的各个层面，当然也包括设计。设计因其社会职能而对这场深刻的变革有着非常重要的影响。

设计的社会职能是解决人造物与人的关系问题……没有设计人就不能有良好的、安全的、舒适的、美观的工具与生存空间。从人类社会的进化历史可以看出，人造物——人造工具、人造环境是人类为了自身的生存对自然进行开发和改造的目的和结果，而设计在这其中扮演了决定性的举足轻重的作用。正是设计决定了人类创造的工具和环境对自然的作用方式。尤其是工业化生产方式出现之后，这种作用的深度与广度日益加剧，产生了放大和加速效应。

2.1 设计的价值负荷

设计何以造成环境问题？对该问题的回答可以从两个层面进行：一是具体考察设计知识体系，发现它破坏环境的方面，然后推进设计进步，以有利于环境保护；一是从设计应用的角度进行，以探求设计的深层次内涵与环境破坏及其保护之间的关联。

在整个设计的过程中，评价扮演了重要的角色，评价决定了设计过程的发展方向，也决定了最终人造物的属性。人类社会的价值取向——经济利益、审美取向、文化价值、政治体制都会强烈地影响设计的评价趋向。设计师也不可能脱离社会的价值取向。从以下两重意义上设计的社会角色相当重要：

（1）很多以人类自私的利益为主导的所谓的功能与审美需求，对自然环境会产生很多的破坏，环境问题的出现应该说是人类做事方式的问题，是为了满足人类的贪欲，简单地利用技术的介入，加快加大了人类行为改变自然的速度与规模，超出了自然环境的承受底线。设计的结果通过社会的辐射与放大作用，加剧了这种问题的出现。可持续发展的实现，需要从人类日常生活的每一个细小的环节做起，使设计不仅仅以完成人类所赋予的功能和审美为唯一的职能，更应从保护自然环境的高度上重新审视设计的社会决策影响。

（2）可持续发展的问题不是简单的技术问题，因此不能单纯地寄希望于技术的发展。人类百年来的发展经验说明，社会与环境问题的出现，不是科学本身的问题，是如何利用科学技术的问题。"技术产生什么影响，服务于什么目的，这些都不是技术本身所固有的，而取决于人用技术来做什么。"从这种观点来说，技术的应用方式成了关键环节，而技术的应用方式则是设计决定的，涉及人类的价值观念，而这主要是设计过程所要解决的问题。设计不仅体现了自身，而且也体现了更广泛的社会价值和那些设计和使用它的人的利益。那些设计、接受和维持设计的人的价值观与世界观、聪明与愚蠢、倾向与利益必将体现在设计身上。环境问题就是人们为了发展经济，忽视了环境保护而产生的；环境问题的解决就不仅要改善技术，还要端正人们应用技术的态度，不将技术应用到破坏环境之中去。

2.2　传统的设计观念是造成环境问题的一个重要原因

传统的设计观念是造成环境问题的一个重要原因。这是不言而喻的。设计对自然和人类生活的影响是在科学原理的基础上，在人们伦理价值的引导下，在人们追求利润的市场经济的背景下完成的。正是这一点，成了设计造成环境问题的重要原因。在市场经济条件下，设计的开发应用自始至终都是为经济服务的，是为经济人追求个人经济利益最大化服务的。虽然从经济利益出发的科技进步能够比早先的欠先进的科技消耗更少的资源，生产更多的产品，产生更少的副产物，从而给资源和环境带来更少的压力，但是，科技应用的非环境保护目的确实阻碍了环境保护科技的研究、开发和利用。从经济利益出发的设计观念，确实造成了经济的合理性及其生态环境保护的不合理性。

首先，从传统设计观念应用的目的看，它是经济主义的，是以牺牲环境和资源为代价从自然界谋求最大的收获量。这必然导致人们为了局部的、眼前的利益，而大肆掠夺自然界，造成资源危机和环境破坏。

其次，从传统设计观念应用的过程看，它的组织原则是线性的和非循环的。为了更快地取得经济利益，传统物质生产以单个过程的最优化为目标，更多的是考虑自然规律的某一方面，而忽视了其他方面以及所存在的整个自然界。例如内燃机是人类发展工业的主要动力，其所造成的光化学烟雾的危害很长一段时期不为人们所知。

最后，从技术的进步看，资源开发利用和自然环境保护技术存在着明显的不对称。设计的改进，许多源于开发实际，集中于如何增加资源利用以获得更多的收益，往往忽略环境资源的保护和持续利用。环境资源的保护成了经济人追求利润最大化的一个副产物，而不是将环保的追求与对利润最大化的追求一致起来。这就造成了先进设计已经使人类实现在月球上软着陆，但却不能控制汽车和工厂造成的污染；人类已经计划建造规模巨大的太空城，但却无力管理地球上的大城市。

总之，在科学、政治、经济、文化价值等的作用下，设计的应用方式只是拘泥于自然规律的某一方面，而忽视了其他方面，违反了自然过程的流动性、循环性、分散性、网络性，割裂了人类活动与自然生命的统一，干扰了自然过程的多种节律，破坏了生物圈整体的有机联系，从而给自然界造成了破坏。设计应用的科学基础的不完备性以及由此获得的自然的局部性的规律，设计开发和应用的经济导向的利润合理性和生态不合理性，人类中心主义的价值观念等是造成传统设计应用破坏自然的最根本原因。

3　前瞻——设计对社会转型作用的机制与定位

3.1　设计将人对社会和自然的思考——"人类的价值观念"物化为产品推进社会的进步

产品是人的有目的的设计和制造活动及其产物，其功能亦是由人来使用。没有人和社会因素这个"软件"，任何产品只是一个惰性装置；而没有硬件，软件也毫无用场，而且，不管是知识、工具还是设备，任何技术要素也唯有在进入到人的生活、实践中，在设计—制造—使用的整个过程中才能获得其现实形态，展开和发展自身，显示出它的全部社会文化意义和后果。设计活动总是受价值导引并指向一个目标。

设计即是"设计可能性"。设计活动是通过控制和创造初始条件来挑选或组合可能发生的事情，但这里所说的可能性亦不是天然地可能的，而是只有在故意设计的系统中才会成为可能的事情，进一步说，是只有从人的目的出发和通过人的活动才会成为可能的事情，设计受到明确的目的性规范和条件制约，这里的制约条件主要有四种类型：物质世界的结构；智力资源（科学技术知识及技术能力）；人力、物力、财力；社会经济、审美、政治、道德、法律、心理以及生态环境方面的需要和要求。设计上的可能性具有明显的社会实践特征。

在这种设计对社会的作用机制中，可以说设计是价值观念推动社会变化的发动机，价值观念物化为人造物的催化剂，因此现代设计不应仅仅以人类自身的利益，更不应该仅仅以设计师的一己私利为设计的最终目标。设计应该推动社会最先进的价值观念。在今天全球都关注环境问题，可持续发展成为国家社会发展的重要目标，设计这个重要的行业如果不加入进来，将会明显地阻碍其发展。可持续发展的设计是社会可持续发展的重要机制之一。

3.2　设计观念导引社会的价值取向，是公众的消费形态、消费经济的催化剂

一个不争的事实是，大规模的技术应用总会引起社会的道德面貌和人们的价值观念的变化。首先是科学技术的发展，使近现代社会确立起进步的信念，理性化和功利效果成为社会生活中占主导地位的价值目标，早期那种满足于节俭、禁欲、善行等精神享受的幸福观念亦为对物质享用的追求所取代。而在20世纪下半叶的"新技术革命"中，我们更是切身感受到新旧两种价值观念的冲突和转换，诸如从注重过去到重视未来，由注重单纯的经济增长转向社会的整体发展、可持续发展，由注重理论转向注重实践，乃至提出了"全球问题"和"人类利益"等。这是因为：①设计产物作为物质存在，设计活动作为基本的社会实践，直接构成了我们的现实存在条件——一个以工具为核心的物质文化传统；一种用功能和理性的技术置换了资源和气候的任意生态分布的生存背景和存在方式。它们是价值观念和道德意识赖以形成的客观基础。②设计及其产品是社会文化的产物，它们具有一定的社会意义，甚至可以说是一种符号、象征（如力量、财富、智慧、社会身份等）。③一种设计本身又代表了一种理解自然和人类自身的方式，一种对待世界的态度（把自然看作是崇拜的对象、仿效的对象和征服的对手显然是不同的价值关联方式）和一种活动方式。在这里，情境和行为之间被设想为某种"应该的"、必须履行的东西，它们在社会的层次上凝聚为社会目标（某种"面对共同利益来说必须办理的事情"）和规范，在生产活动中表现为规则和职能（如分工、标准化、流水作业等），在日常生活中表现为一种"技术型的、消费的生活态度"（如超级市场、高速公路、电视、快餐等）以及形成某种自发的习惯、某种不容置疑的要求等，总之，我们的"生活方式"和"生活世界"。

设计对社会价值取向的这种导向作用，虽然不能被无限夸大为具有决定的作用，但确实是具有诱导、催化和潜移默化的作用。设计者的价值观从某种意义上说引导了未来的生活和消费方式。因此，现代的艺术设计不应简单地以设计被动地符合可持续发展的原则，而应从设计的本质上、从设计的深层价值观上将可持续发展观变成艺术设计固有本质的一部分，并通过艺术设计的诱导和催化作用引导社会价值取向的转变。

3.3 设计师应具有环境方面的基本素养和起码的环境意识

可持续发展的设计，没有与之相适应的设计师的素质，是无法实现的。设计师的文化和知识背景对其设计的价值取向有着决定性作用，这就对设计师的素养提出了新的要求，设计师也不应仅仅具有技术知识和审美经验，还应具有环境方面的基本素养和起码的环境意识。这是完善的、完整的可持续发展艺术设计体系必备的重要基础要素。然而，纵观我们的艺术设计教育体系，很少有环境、可持续发展相关方面的教学内容。这样的教育培养出来的设计人才，就好比是一批缺少必备技能的人，虽然主观意识、政策和法规的指向目标明确，但仍不知从何下手，甚至有可能设计出与主观愿望向背离的结果。这在现实中的例子不

少，很多设计师为了改善环境而设计的作品，由于对环境知识的缺乏反而产生了对环境的更大的破坏。从这些现状来说，艺术设计可持续发展最迫切的问题是培养设计师的环境意识和基本的环境科学素养，环境意识还可以靠社会宣传，但环境科学素养则只有靠相关的专业教育才能解决。因此，在新的社会发展情势——把可持续发展作为未来国家发展的重要国策之下，艺术设计教育应该开设环境保护与可持续发展方面的相关课程，把它作为与艺术素养、技术技能等课程同等重要的知识，使我们的设计师把可持续概念变成本能，溶化在设计的每个环节中，才能使真正的科学意义上的绿色的可持续发展的艺术设计成为可能。

3.4 可持续发展的设计

艺术设计是产生和发展于社会历史环境中的复杂事业。这种环境由反映和折射在文化、政治和经济制度中的人类价值所形成，它们反过来又影响了这些价值。社会价值把技术发展和应用的可能性以及社会的人力、财力、物力汇聚到某一个发展方向、途径中来，技术发展和应用的可能前景亦把社会需要、理想，把社会的人力、财力、物力吸引到自身的发展轨迹上来。这两项相对独立的因素通过正的和负的反馈调节作用，相互激励、生发、限制，使得每一个方面都渗透到对方，每一个方面都自我发展，并以对方为前提发展和参与对方的发展的每一步骤，一个基础理论成果只有与某种社会需求相结合，才能形成一定的设计方案并具体化为有确定结构和功能的人工系统，而且总是在奠定一种具有价值观念和行为规范作用的新的基础。因而，设计和社会价值是相互建构的，可持续发展的艺术设计是社会可持续发展中技术与价值观互动的重要参与者，我们不可能放任人类的价值与技术随意发展，而自然而然地达到绿色可持续发展的彼岸。因此，以创造和保护理想生存环境为目的的、以可持续发展为模式的艺术设计是建立新的生态文明社会的必要条件。

重庆城市滨水消落带景观开发的设想

四川美术学院　龙国跃
四川艺术职业学院　段吉萍

摘要：重庆作为一座多组团式的山地滨水城市，其独特的城市空间格局决定了城市的发展方向，既有横向的城市扩张，也有竖向的立体化城市开发，如对城市纵向空间的拓展，对山地坡地空间的利用。但对滨水空间的塑造相对单调，因为消落带这一尴尬的土地，它的季节性等特征带来了多种问题，再加上直化和硬化的河道，更是破坏了消落带的自我生态修复功能，导致消落带和人们的对话就变得可有可无，它没有发挥出它作为土地的特质。

关键词：消落带；生态；可持续；绿色生态廊道

一座城是因水而建的，古代的城镇都是靠海或靠河而兴建的。水是世界的必需品，然而当今世界都面临着水短缺、水污染等问题，水的健康生态环境是地球的生物引擎，也是人类生存的基础。消落带是联系水和陆地的一个重要过渡地带，它是联系自然和人的一个重要媒介，它可以调节水污染，是有多种生态系统存在的一种综合复杂的土地。而当今的城市快速地发展，忽略了对消落带的恢复和设计，导致出现了一系列的生态环境问题、地质问题，像水污染、洪水、动植物的减少等。

当代中国城市快速发展，出现了"千城一面"，缺少了每个城市特有的特色。我国对 21 世纪城市可持续发展方向提出了三种模式：生态城市、山水城市、家园城市，虽然目标有些不同，但宗旨都是为了让人们得到更舒适、和大自然更融洽相处的环境。通过挖掘利用城市本身的山水资源、个性特点，进行全方位、多层次的城市生态规划、城市设计，建设一个社会、经济、自然可持续发展的人类理想的生产生活居住区，最终要达到人工环境的发展与自然生态平衡的高度融合。重庆"两江四岸"的规划是把重庆打造成一个独特的山水生态城市，而要把这"四岸"打造得具有重庆特色，就要合理处理"消落带"这一特殊的土地。

1 消落带定义

消落带又称消落区，是指河流、湖泊、水库中水随着季节性水位涨落使被淹没土地周期性出露于水面的特殊区域。狭义消落带指水位周期性变化的水陆交错地带；广义消落带还包括河岸部分。消落带是一种水、陆交错带，属典型的生态过渡带，具有明显的环境因子、生态过程和植物群落梯度，是控制陆地和水域的关键系统。

2 消落带特点

（1）消落区面积和水位涨落幅度大，连片消落区最多。

（2）消落区水位涨落季节反自然洪枯规律，消落区出露成陆时期最为炎热潮湿，大雨、暴雨频繁。

（3）消落区岸带人口和产业密集，生态脆弱，人类活动与消落区的相互作用影响最为频繁与强烈。

（4）消落区形成后的初期阶段，淹没前的陆地生态环境、陆生生态系统尤其是植物群落等将发生巨大变化。

（5）消落带具有生态脆弱性、生物多样性、变化周期性和人类活动的频繁性的特点。

消落带可以看作是一个城市河流的"肝脏"，具有很强的解毒净化功能，也是水陆两种生态系统间交换的廊道，具有缓冲带功能和植物护岸功能。消落带对水陆生态系统具有重要影响，特别是对河流的水体质量的影响。

3　消落带功能

三峡大坝的建立和利用，在给人们带来巨大利益的同时也带来了一些生态环境问题，"消落带"这个名词越来越成为专业的难点。随着环境的发展和人类对自然的了解越来越深入，消落带越来越受到广泛重视。消落带具有明显的环境因子、生态过程和植物群落梯度，对水土流失、养分循环和非点源污染有较强的缓冲和过滤作用，是生态环境十分脆弱的敏感地带。消落带具有多项服务功能：

（1）调蓄洪水与输供水。

（2）缓冲陆岸带人类活动对河流的污染和直接干扰。

（3）生态景观功能。

（4）为河流两岸城乡居民提供良好的生产生活环境并保护人类健康的生态功能。

（5）保护生物多样性及栖息地功能。

（6）资源（水、土、生物、岸线、景观等）开发利用。

消落带是河流生态修复的一个重要平台和节点，很多河流修复失败是因为没有对消落带采取恢复和保护措施。消落带为水生生态系统和陆地生态系统的交替控制地带，该地带具有两种生态系统特征，具有生物多样性，人类活动的频繁性和脆弱性。

4　城市滨水空间

任何地方的滨江消落带和滨河廊道都是景观可持续性机能"必不可少的"元素，因为它的功能是景观中任何其他方式或场所都不能提供的。综合以往的研究成果，从认识城市滨江公共空间的形成以及它在城市中形成的独特线性景观的角度，分析滨江公共空间和消落带的生态系统的演变规律，找出最合理的消落带景观处理方式，以达到亲水绿色生态廊道的生态效益。

滨水空间具有线性特征和边界特征，正是由于这一特性，使其成了形成城市景观特色的最重要地段。滨水区规划设计的目标是通过内部组织，达到空间的通透性，保证与水域形成良好的视觉走廊。滨水区为展示城市群体景观提供了很好的展示平台，这也是一般城市标志性、门户性景观形成的最佳地段。

通过对重庆主城区滨江消落带的多段研究、对比，找一个生态功能和空间使用功能的综合设计，为重庆人民创造一个充满活力、具有自我修复和可持续发展能力的沿江复合生态景观系统。滨江路段城市沿江复合生态景观系统由当地自然生态系统、沿江线性公共开敞空间共同构成，并将在城市发展和生态保护之间建立一种新型的互动互助、相辅相成的关系。滨江岸线是最重要的城市景观节点，丰富的滨江滩涂地，不同水位造成的景观平台，滨江道路等为城市塑造了一个多层次、多功能的城市空间。在满足防洪的条件下，充分利用大面积的季节性滩涂地及消落带

空间，通过一系列有针对性的季节性亲水平台、滨水栈道、漫步道、水滨公园、沙雕公园、崖壁公园等把整个城市滨水岸线串联起来，形成一个多种功能汇集的绿色生态长廊。亲水绿色生态长廊资源共生在任何文化景观中，绿道资源都在空间上沿廊道集中。亲水绿色生态长廊具有以下三个战略优势。

（1）空间效率：由于亲水绿色生态长廊主要由各种资源集中的廊道组成，因此它可以用最少的土地去保护最多的资源——这一点对于城市地区尤其重要，因为随着全球城市人口的激增，空间的竞争也愈演愈烈。

（2）政治支持：共同的利益，重庆政府对打造"两江四岸"景观的展望，即滨江消落带的保护可以实现多样化的功能需求（如休闲、保持生物多样性、提高水质和防洪）。

（3）连通性：如果把消落带处理成绿道资源，都集中在廊道中，那么连通性的好处就会在生态、形态和文化等方面充分展现出来。

5　重庆城市滨江消落带的可持续发展的必要性

自古以来重庆就是一座典型的山水城市，有山、有水，有得天独厚的自然地理资源。重庆具有特别多独一无二的景观资源，重庆的滨江地段更是能体现重庆特色的窗口。随着城市化进程，对滨水空间的开发日益增大以及过度开发和欠理性的规划利用等原因，使得重庆主城两江四岸的消落带的生态环境问题越来越严重，为了得到更好的发展，就应该运用景观生态学原则、坚持可持续原理对滨水区域进行生态修复，回归到城市与自然系统共生，使现代城市人能感受到自然的过程，重新找回真实的生活，是塑造新的和谐人地关系的基本条件。

"两江四岸"使重庆的城市空间变化丰富，独有的两江四岸格局，形成了特有的城市滨江景观带，构建出了极具特色的城市脉络与骨架。两江四岸城市设计的目标是展现重庆都市风采、体验水岸快乐生活的舞台，其主题是乐南岸、美滨江、宜居住景观意象。"两江四岸"的核心任务是：保护山体轮廓线；延续文脉；提升功能；健全步行网络；延续历史记忆；提升居民的生活质量。

重庆城市滨水带是一个线性空间，把滨水空间打造成滨水绿色生态长廊，像一条绿丝带在城市里蔓沿。城市滨江消落带如果长期得不到有效治理，将会带来诸多生态环境问题，比如：消落带水土流失增加，植被对城市污染的消减作用严重下降；加重水库污染和富营养化，并可能导致病原体生物繁殖加快，多种流行性疾病发生和暴发；生物多样性的降低，生态系统功能的退化与丧失；使河道沿岸的生态景观、旅游和城乡环境恶化；岸坡稳定性下降，将引发频繁的地质灾害。

6　把重庆城市滨水消落带转化为绿色生态长廊

将消落带营造为绿色生态长廊的设想，通过运用生态

手法，坚持可持续发展的理念，可采取植物成团、成簇、成带方式组成新的生态群落，分下、中、上三段进行植被恢复，分别栽种低矮草本植物、灌木和高大草本植物及耐淹乔木，尽管这一过程是漫长的，但从消落带内植物的恢复和生长情况看，只要根据库区消落带不同的情况采取合适的治理措施，通过生物工程治理、生态综合治理以及滩涂保护等手段，以达到保持水质的同时连接野生生物的环境，增加嬉水率，保护和恢复城市滨江消落带的生态系统，就有望将消落带营造成为一条绿色生态长廊。绿色生态长廊的设计具体体现为：

（1）充分利用现有资源

1）合理利用重庆城市滨水滨江消落带（河岸缓冲带）天然的地形、地势，发扬当地特有的景观特色。

2）城市滨江消落带高差大，坡度陡，高架下的空间及挡墙影响整体滨江景观形象。

3）强化水岸不同区域和形态的特色，塑造多样化的城市滨江消落带山岸表情。依据滨水岸线的自然条件的不同设置不同性质、不同尺度的水岸空间。有动的滨水运动公园，有自然宁静的自然亲水区，各有不同的趣味。

（2）挖掘重庆山城滨水文化

重庆的文化积淀源于独特的大山大水的自然环境，重庆的一些次生文化如码头文化、美食文化、休闲文化等均在山水交际的滨水空间中演变和展现，建立一个符合山城特有的人文风貌的滨水空间。

（3）艺术化处理重庆城市滨江消落带景观

由于滨江区域的用地高差大，使现状滨江分为高架和挡墙两种形式，从而破坏了滨江的景观，通过景观艺术处理来美化滨江界面，将劣势转化为优势。

（4）充分利用现有消落带的高差和滩涂地区设计不同的亲水平台，为市民提供一个不受季节影响的日常休闲的开放空间。

7　小结

行走在重庆城市滨水景观道上，可以看到重庆城市的剪影，可以感受到重庆的滨水城市文化，不仅仅是看水，还可以进行一些水上活动、亲水活动等。用生态的方法来处理消落带，做到可持续发展，不仅节约了成本，还达到了一定的生态效益，在一定程度上还减少了消落带的水土流失。消落带可以变成一个有生命的景观，并在不同时期产生不同的景观效果。

自然生态、历史文化和现代文明相整合，以原有景观要素为主，并与人为空间形成相互性的组合结构，创造出一个生态、可持续的公共多功能空间。身处重庆这段如画卷般的三峡美景中，驻足在不同人文环境下的绿色生态之中，你可以感受到自然的无穷魅力与力量。

新中国成立以来经典民生百货的设计价值与文化记忆

江南大学　张凌浩　郭　琳

摘要：对新中国成立以来民生百货的概念、现状及所具有的多种设计价值作了分析与探讨，在文化记忆概念分析的基础上，分类探讨了民生百货的日用功能记忆、符号学记忆、品牌记忆与社会学记忆。进一步提出应基于当代的视角，通过与创意设计思维相联系使其再生，并持续发展下去。

关键词：经典民生百货；文化记忆；再生设计

蝴蝶牌缝纫机、三五牌座钟、永久牌自行车等新中国成立以来制造的民生百货产品，占据了当时人们生活的各个方面，曾经是中国制造和民族品牌的代名词，维系了国人关于一个时代的记忆。虽后因改革开放、国企改制及自身管理、技术、营销等的相对落后，而逐渐淡出人们的视线，但其中所蕴含的文化记忆及国家设计的发展历程，随着近来"国货回潮"现象及"中国设计"的兴起而引起学术界的关注与反思。重新认识经典民生百货的设计价值及思考其当代的传承发展，进而建立对国家设计发展的认可和荣誉感，在设计全球化发展的当代语境下具有重要的现实意义。

1　新中国成立以来经典民生百货的设计价值

新中国成立以来经典民生百货，一般指 1949 年至 20 世纪 90 年代之间本国生产制造的，满足人们日常民生必需的轻工、日用优良制品，大多包括具较好声誉的民族品牌。新中国成立以后，轻工业发展突飞猛进，并出现严格的行业划分[①]，包括餐饮、箱包、家具、钟表、文具、玩具、缝纫机、照相机、自行车、收音机、日用杂品等众多行业。它们部分从"仿造"的发展模式开始，但普遍关注当时民众的实际使用需求和文化需求，不断融入本民族的美学意识与文化特色，同时在生产技术方面，不断研发新技术，提高技术水平，所生产的产品物美价廉，经久耐用，满足了人民的生活需求。所以，常以"经典国货"的概念，来泛指这些最具代表性的、人们记忆中最深刻的、体现着新中国成立后中国设计制造特色与工艺的"老物件"。

这些经典百货后因西方新科技产品的涌入、城市生活的更新与消费需求的变化陷入低迷。同时，也因国人至今尚未充分意识到其自身所具有的设计、历史、文化及产业等价值，而大多未受重视，散落民间或遭受毁坏，除上海"中国工业设计博物馆"等外，未进行有计划的收藏及研究。事实上，无论从设计学的角度，还是从国家身份设计、产业遗产的视野看，民生百货一方面记录了当时设计实践中的智慧思考和人民的审美意识，另一方面，作为一种产业遗产，亦是中国工业设计与产业起步发展不可或缺的重要历史物证，其作用和贡献比一般的文化遗产要大得多。自 20 世纪 80 年代以来，工业发展早期的优秀产品的收藏与展示在意大利、德国、瑞士等工业国家得到极大的重视，以专利展、产业博物馆等形式进行调查和研究，在设计学、社会学、工业考古学等的带动下注重赋予记录、保存概念下的应用。

---

① 轻工业部政策研究室 . 新中国轻工三十年（1949—1979）（上册）[M]. 北京：轻工业出版社，1981.

传统上多认为新中国成立以来制造的产品多是西方的技术转移，仿造为主，创新价值不多。经过笔者对相关轻工、日用百货中的优秀案例分类收集整理，重点选择 150 个案例进行图解文论的分析后发现，虽部分产业以改造研发起步，但并非一成不变，其中蕴涵着当时的普通设计者自身对日常生活的关注与工艺的研究，具有较好的艺术价值（美学特征）、文化价值（生活价值、工业记忆）、技术价值（工艺创新）和产业价值（作用贡献）。更值得注意的是，其特有的功能使用与民生联系、特定符号与时代文化、特色品牌与社会形态之间的种种联系，使其成了蕴涵特殊情感与象征意义的文化符号，以集体记忆的形式传承下来，并在如今的设计中被激活。鹿牌热水瓶、搪瓷杯等虽已不属于当代，但均是集体记忆的载体，每一个物件都是贮存特定时期人们的审美态度、生活形态、工艺文化、生产经验及社会文化的"特殊容器"，与特定的本土品牌、商品消费与民族情感融汇交织。"一个有意义的产品可能会随着现代生活环境日益变化，其功能逐渐减弱，其形象逐渐落伍，淡出人们的视野，然而它所包含的故事、蕴涵的意义却让人们念念不忘。"①

审视当今的"国货回潮"及"老品牌复兴"现象，除了复古怀旧的风尚、追求个性的消费心理等多方面因素共同推动外，特有的文化记忆与设计价值成为其中的关键。因此，需要从多角度分析与理解这些经典民生百货的文化记忆特质，进一步思考当代语境下该如何利用并再生，才能最大程度地彰显其作为"工业遗产"的最大价值，帮助本土设计文化找到创新的基点。

2　经典民生百货的文化记忆解析

近年来，记忆的概念已经成为心理学、社会学、历史学、文化人类学等诸多领域广泛关注与研究的对象，一般指现实存在物与人的主观意识在时空中互动作用的动态复杂系统。②哈布瓦赫从社会学的角度，将记忆的概念赋予社会学的内涵，强调记忆与社会的关联性，记忆产生于集体，即只有参与到具体的社会互动与交往中，人们才有可能产生回忆，即集体记忆。阿斯曼（Jan Assman）进一步将集体记忆定义为一种"沟通记忆"，他在《文化记忆》中提出文化记忆涵盖了前三个范畴的记忆（模仿式记忆、对物品的记忆、通过社会交往传承的记忆），与社会、历史范畴相联系，它负责将文化层面上的意义传承下来并且不断提醒人们去回想和面对这些意义。③

新中国成立以来经典民生百货作为文化形态综合的设计物，凝聚了过往社会生活的文化意识形态。这些百货产品的设计及相关的文字、图片、经验、片断等的总和无疑构成了中国社会特定时代集体使用的文化记忆，成了人们感知和理解经典百货设计价值的基本脉络线索，同时也构成了那个时期设计文化的精神，影响到了群体的认同性和独特性的意识。这些文化记忆并非只是静态保留的，而是在现在的基础上被重新建构起来的，从设计学、文化学、社会学的角度看，经典民生百货的文化记忆作为一个记忆综合体涵盖了多种记忆内容。

2.1　日用功能的记忆

由于中国民族工业起点较低，只能更多地从贴近民生、生产技术条件相对较低的轻工日用品领域开拓市场。加上为服务新中国环境下老百姓日常生活所需，日用百货产品成了当时设计、生产制造的主要产品。北京图案人造革手提包、解放鞋、如意牌搪瓷烧锅等一批产品，受当时国外现代主义设计的影响，以功能使用及品质耐用作为设计之本，围绕日常使用的需求，探索基本的解决方法与匹配的形式，虽然大多形式、结构与工艺简单实用，造型细节及装饰也较朴素，有的源自产品"元造型"或基本类型，但却因实用、好用而成为"百姓日用即道"的最好反映。这些设计在物资匮乏及技术条件的限制下，最大程度地发挥了通用性、易用性和人机工学的考虑，例如上海制铝水壶握把处曲面的凹凸形态、宽度均与手相适合，提手前端设有一块小的凸起以契合大拇指的位置，倒水时可增加握持的稳固度，壶身连接片侧端弯曲以防止握把下落撞击壶身。

此外，虽部分产品从仿制欧美、苏联产品入手，但其发展的过程中在组合、收纳、维修及更换等方面，有与国人生活需求习惯相适应的改进和拓展，20 世纪流行于五六十年代的北京牌帆布旅行包、手提大旅行包到，70 年代兴起的女式单肩小皮包、皮质拎包、休闲拎包，再到 80 年代的多功能尼龙折叠包，即是这种不断适应生活需求变化的设计发展的例证。这些百货产品身上大多集中了当时的无名设计者以人为本的思考与最大程度地利用当时加工条件的精工智慧，因此成了经久耐用的优良制品和好用型设计。很多经典产品后来得到民众长期地使用并至今依然吸引人们的怀旧情绪，很大程度上正源于此。

2.2　符号美学的记忆

经典百货具有独特的时代符号特征。这个时期的百货产品多为指示符号的形式，以功能主义和理性主义风格为主，整体造型多为几何形体，也有的是方与圆的简单形体结合，简洁大方且有秩序感，注重整体的功能表达及界面

---

① 张凌浩 . 产品的语意 [M]. 北京：中国建筑工业出版社，2009.

② 朱蓉 . 城市记忆与城市形态——从心理学、社会学角度探讨城市历史文化的延续 [J]. 南方建筑，2006（11）：5.

③ 黄晓晨 . 文化记忆 [J]. 国外理论动态，2006（6）：61-62.

的使用，特征明显，指示清晰。细部有适度的曲线或弧形处理，连接过渡自然，与整体作适当对比。其色彩处理，除金属制品多电镀色外，一般都采用油漆图案印刷，色彩较为鲜艳丰富，最具特色的是图案多为富贵牡丹、大红喜字、动物花卉、古装仕女、少年儿童、福禄寿喜、花鸟鱼虫等象征吉祥的题材，搭配起来精致优雅，无不表达了当时人们对美好生活的向往。蝴蝶牌缝纫机的装饰纹样、各种生活百货上的"红双喜"系列图案、城市风景的照片式装饰，更是由于其特点鲜明，成为时代的经典符号。

以三五牌座钟为例，主体为圆弧顶面的棱柱造型，左右对称连接两个较小的长方体，中央为圆形玻璃表盘；整体颜色为木色，多为姜黄，也有少量为咖啡色，与表盘面的银色相搭配，配以黑色指针与暗红色数字，简洁清晰；表盘两侧表面上有对称的木浮雕花草纹饰，有的则为几何连续纹样、嫦娥奔月、天女散花等题材，整体稳重中不失少许艺术装饰的变化。这些符号大多表现了新中国成立后轻工技术的发展特征、劳动人民朴素的审美文化与中国传统美学意识的有机结合，并赋予其对于新中国、新社会、新生活与新理想的象征，形成了时代所特有的设计语言。可见，当时的设计符号个性并不突出，功利性内涵少，更注重社会的集体归属感。此外，有的符号还与特定的社会政治事件相联系，例如景德镇仙女散花尼克松瓷杯，造型秀丽，线条挺拔，成为赠送给1972年访华的尼克松总统的礼物而具有特殊的意义。

2.3　品牌的记忆

作为计划经济中流通和市场消费的商品，这些民生百货的诞生和发展过程中也随之产生了很多有影响的民族品牌。上海牌手表、回力牌球鞋、永久牌自行车、北极星牌钟表、鹿牌热水瓶等成了引领最早的消费观念和时代潮流的名牌。虽然当时没有如今这样的品牌传播渠道，但是以产品的优良品质为基础，加上使用评价的口碑相传，使其受到民众的推崇而为人津津乐道，将"三大件"等浓缩概括成为幸福生活的必备之物。这些产品的品牌标记较为简洁鲜明，多由品牌名文字或简单图标组成，以美术字变形或毛体的形式表现，有的还配合较具特征的色块图形以及作为重要组成部分的产地及企业名字，显示其品质的保证。此外，还会配有一些简单搭配编排、具有版画风格的说明书及包装盒。这些印记至今都仍在老人们的记忆及影片的光影中追溯。

当时这些民族品牌从诞生到深入人心，大多都有自主设计、生产与发展的社会背景及独特故事，其中所蕴含的非一般的"自力更生"的精神理念力量，烘托出了那个时代的民族情感价值与民族责任，具有格外的厚重感和力量感。例如上海英雄牌100钢笔，50年代末提出要100%赶上"派克"水平而研制，成了赶超外来国际品牌的本土优

质产品，并成了很多重大历史事件的见证，最终成为民族品牌而留存于几代人的记忆之中。与此类似的还有一大批品牌，产品背后无不凝聚着当时制造者心系产业、服务大众的强大精神力量；它们将内在理念与外在品质相结合，经由特征性的设计风格和细节的传播，与人们生活建立了牢固的情感联系，即使历经岁月仍然有较强的生命力。

2.4　社会学记忆

对于集体记忆的研究，除产品物质层面的基本分析外，还要进一步探讨其社会和文化层面的记忆内容，即民生百货的物质态与情景态的内在关系。民生百货作为一种物质性的生活日用物品，其产生与发展记载了当时大众生活、工业生产与产业发展的文化情景，蕴涵着社会集体和个人生活的记忆与情感，这些无疑也是设计文化的重要组成部分。首先，日常生活情景是百货产品发展演变的重要联系，无论是铁皮玩具还是家用缝纫机，这些产品无不与普通家庭的生活及环境发生很多关联，丰富了日常使用、婚嫁喜庆、旅游团聚等各种生活故事，还包括与此相关的生活梦想、实现过程、环境变迁或者传承流传等。这种生活情景一方面为当时产品类型的发展、设计的演变提供了构思的来源，另一方面也汇集成了集体文化记忆中最为生动的内容，至今让人回想。其次，这些百货同时也反映出了生产情感与当时的工业制造的情景，这些遗留的旧物以及上面的痕迹凝结了工人们曾经的艰辛与欢乐，与老厂房、红砖墙面、手动工具、旧工业机器、热火朝天的工作场景及工人之间的故事等一起成为工业遗产式的记忆。这些通过口述故事、照片、电影片段以及杂志画报等反映出来，成为记忆的线索和产品意义延续的基础，是文化意义中更深刻的东西。

通过类"图像学"的方法，还可进一步挖掘和揭示民生百货产品背后所反映出的产业历程和延伸的政治、社会与文化象征意义。它们无不浓缩了那段艰苦时期工业初创到发展突破的辉煌历程，也记录了产品主题在不同时空里的演变及企业历史的足迹，特别是打破技术堡垒、从仿制到实现创造的重要产业价值和民族精神，例如上海牌A581作为国内第一只细马手表，为中国手表工业填补了空白，而7120手表更成为20世纪70年代中国手表制造鼎盛时期的代表。因此，这些特定的符号、相关历史联系和活动一起塑造了人们的记忆和经验存在的意识形态，也影响着人们对所处时代的感知。

3　结语

由上可见，民生百货包含了"时间历程"，凝结了丰富而令人印象深刻的文化记忆，而其中生活意象与情感意味的共鸣又使得它们在人们的记忆中遗留下独特的体验与感动。记忆的价值并非只是静态的展示，还是一种开放性

动态发展过程，人们往往是基于现在的状况、未来的目的对过去的历史事件进行记忆的，哈布瓦赫也提出："过去不是被保留下来的，而是在现在的基础上被重新建构的。"在基于当代视角认识的基础上，这些百货的集体文化记忆一旦进一步与创意设计思维相结合，将会有效地激活和唤起包括美学、品牌等在内的多种记忆价值，使其得以再生并在未来持续发展下去。

文化通过记忆下的文化而得以延续和发展，相反，一旦文化记忆不再存在，也就意味着文化失去了主体性。新中国成立以来经典民生百货的记忆无疑就是其中的重要部分，具有艺术、文化、技术及产业的多重设计价值，并以集体文化记忆的形式涵盖了从日用功能、符号、品牌到社会学的丰富内容。设计师有责任重新认识并基于当代的背景与跨学科的视角，通过设计思维的介入，从观念到方法为其文化记忆的激活与再生并使其发挥更大作用发展出新方式和新策略。

可持续生态设计之探索

清华大学 邱 松

摘要：近些年来，"可持续生态设计"越来越受到政府和社会的关注，其原因主要有两点：一是全球环境的不断恶化，迫使人类不得不反省自己，开始考虑如何善待环境，合理利用资源；二是越来越多的设计师在社会责任驱使下，摒弃唯利是图的商业行为，热心关注人类与环境的和谐发展，并付诸设计行动之中。实际上，人类和环境是互补的关系，并共存于一个完整的生态系统中。人类的生存离不开环境，衣、食、住、行、用，乃至呼吸的空气、享受的阳光等均来自自然环境的馈赠，因此，破坏环境无异于自我毁灭；而自然环境也因为有了人类的介入，才逐渐摆脱蛮荒，步入文明，大千世界也因此变得丰富多彩，反之，离开人类必将导致文明泯灭。

"可持续生态设计"是人类价值观的转变，是与以破坏环境为代价的商业行为的决裂和宣战！确切地说，"可持续生态设计"需要将人（使用者）、物（商品）、环境（生态）作为一个完整的系统来考虑，通过系统、可持续的解决方案和策略有效地解决生态系统中存在的问题，促进系统内部各方面的和谐发展。其实，这与中国"天人合一"的哲学思想正好一脉相通。

"可持续生态设计"也是近年来本人带领团队潜心探究的主要研究方向。本文将结合近年来创作的"通天塔"、"珊瑚万花筒"、"鸟岛系列"、"会呼吸的灯"等设计作品，详细阐述在"可持续生态设计"理念的指导下，我们的团队通过研究探索而取得的成果。希望借此呼吁人们重视生态环境的保护，合理利用有限的资源。

关键词：可持续生态设计；天人合一；生态系统；自然环境

0 引言

随着科技的发展和社会的进步，越来越多的物质财富被创造出来。然而，人们在享受丰厚物质财富的同时，却又饱尝严重的环境污染、资源大量消耗以致枯竭的苦果。环境的不断恶化和资源的日趋匮乏，已经严重掣肘了社会的发展，动摇着人们建设美好家园的信心。

如何破解这一难题，挑战着人类的智慧和决心。其实，早在两千多年前，中国伟大的思想家、哲学家庄子就率先提出了"天人合一"的理念，后来又被汉代思想家、阴阳家董仲舒发展为"天人合一"的哲学思想体系，并由此构筑了中华传统文化的主体，其思想渗透了社会的方方面面，并深深地影响着国人的思维与行为。遗憾的是，这一崇高的哲学思想却没有得到设计界应有的重视和理解。直到20世纪70年代"资源有限论"的提出以及后来"可持续设计"的兴起，人们才开始关注日趋匮乏的资源和饱受摧残的环境。这些理念与"天人合一"的哲学思想几乎同出一辙，然而却晚了数千年，由此可见中国古人的大智慧。这种崇尚"人"与"自然"平衡发展的理念，必将深刻地影响设计界的思维导向和设计师的设计行为。

"可持续生态设计"包括两个要素：一是可持续性；二是生态性。"可持续性"不仅包括环境和资源的可持续性，也包括社会、经济、文化以及科技的可持续性；"生态性"则是要从生态系统出发，强调内部的协同与发展，注重环境和资源的保护与合理利用。就自然属性而言，"可持续生态设计"是为了寻求合理、优化的生态系统以协调生态完整与人类发展之间的矛盾，并使人类的生存环境得以持续；就社会属性而言，"可持续生态设计"是在不超过生态系统承载能力的情况下，持续、有序地改善人类的生存环境，提高生活品质；就经济属性而言，"可持续生态设计"是在确保自然资源可持续的前提下，利用经济杠杆的作用来协调和控制经济总量的发展；就文化属性而言，"可持续生态设计"是为了确保人类文明发展的传承性和可持续性，让"天人合一"的哲学思想能够深入人心，成为行为准则；就科技属性而言，"可持续生态设计"是为了通过先进的科学技术实现节能环保、减少资源消耗、恢复生态活力，并为人类的可持续发展保驾护航。

1　用"可持续生态设计"来化解人类发展与环境保护的难题

"可持续生态设计"是将人、物和自然环境作为统一的生态系统来考虑的，并通过设计手段系统地解决人类发展与环境保护的难题，实现三者的协调与统一。用系统的方式思考问题，需要在大的系统中，注重彼此关系的平衡与发展，动态地进行运筹和协调。"可持续生态建筑"是以生态环保和可持续发展为核心，利用先进技术和清洁（或可再生）能源，系统、科学地营造出宜人乐居的家园，并与周边的自然环境构成和谐共生的建筑生态空间。近两年来，本人带领设计团队完成的"通天沙塔"和"珊瑚万花筒"项目，正是基于这一设计理念而进行的。其设计过程恪守因势利导、因地制宜、适可而止、过犹不及等中国传统哲学理念，并将"以人为本"的思想融入"生态美学"之中，使人、建筑和自然环境完美地结合在一起，形成一个"共生"的生态环境。

"通天沙塔"（Sand Bable）是 2014 年 eVolo 摩天楼建筑设计大赛的获奖作品。其设计背景主要源于对全球沙漠化现象日益严重与人类居住空间日趋紧张的担忧。

"通天沙塔"建于广袤的沙漠之中，是一个可供科学考察和休闲观光的生态建筑群，也是基于可持续发展的未来型"生态建筑"。该设计项目十分强调因地制宜、因材致用的原则。一方面，通过太阳能 3D 打印技术直接将沙子转化为建材，可极大地节省建筑材料和运输成本；另一方面，借助沙漠的温差效应实现建筑内部的空气流动和水汽凝结，实现空气和水资源的合理利用。同时，利用太阳能、风沙能以及温差发电等技术手段为建筑提供清洁的能源，最终实现"零排碳"目标。"通天沙塔"可分为两个部分：地上部分由众多独立的建筑单体构筑，形成了错落有致的"沙漠社区"；地下和地表部分由建筑群相互连接，形成了多种功能的"管网系统"。其主要模块包括雷达机房、沙漠气象研究实验室、绿洲研究实验室、污水处理控制中心、能源信息实验室、生活休闲区、观光平台、停机坪等。建筑的地上部分由上往下主要是观光区、科考区、居住区，地下部分由上往下分别为居住层和太阳能加热设备。建筑在地面附近有网状连接的公路，地下部分也是由仿生的"根系"结构相互连接，形成错落有致的沙漠建筑社区，这种结构不仅能够防风固沙，还可以解决建筑单体间的交通运输、能源共享等问题。

"通天沙塔"是基于沙漠化地区生态环境的未来建筑设计项目。它充分利用了沙漠地区最丰富的两大资源——沙子和阳光，并结合现代最新的科技成果，将松软的沙子直接转化成坚固的建筑材料。这样，不仅极大地节省了建筑资源和材料，大幅度降低了运输建材的过程中人力和能源的消耗，而且在建设过程中不会遗留大量建筑废料。在当前土地资源十分紧缺的情况下，该项目不仅能够节省有限的土地资源，还可以通过对沙漠环境的改造，大规模地拓展人类居住的空间。从现有的技术条件来看，"通天沙塔"完全能够满足人们日常的生活所需，并为人们提供良好的生活环境和品质，实际上，它也十分符合人们对城市生活的期待和定位。

"珊瑚万花筒"是 2015 年 eVolo 摩天楼建筑设计大赛的参赛作品。其设计背景主要是基于人类对海洋的开发和对海洋生态环境的保护。

"珊瑚万花筒"是一组矗立于海洋之中的生态摩天楼，它不仅为人类提供了工作和生活的奇妙空间，也为海洋生物创建了生长和繁殖的理想场所。建筑主体由三组"U"形单元体构成，主要承担人类在此空间里的工作和生活以及因此所需的采光、通风、发电、海水净化以及直升机停靠等设施。中央"珊瑚形"结构为建筑的交通枢纽，能够为人员和物资提供快速、便捷的运输通道，为船舶、潜艇提供接驳码头，并兼顾观光、休闲之功能。建筑由陶瓷、玻璃、合金等复合材料构筑而成。表面多孔且呈网状构造的陶瓷主体，不仅为珊瑚虫的生长提供了载体，也为建筑表面增添了坚固的活性保护层。经纳米涂层处理的玻璃可以借助光导纤维将阳光导入海洋深处，从而为海洋生物创造了惬意的生长、繁殖环境，形成了与人类共享的美好生态乐园。

"珊瑚万花筒"的能源供给主要是通过海藻发电、潮汐发电和太阳能发电等手段来获取，并利用海水淡化和生物制氧等技术来获取人类赖以生存的淡水和氧气。建筑主体由复合陶瓷材料构成，并采用了泰森多边形结构，整体具有一定的柔韧性，可以缓解海水的冲击。高强度钢化玻璃幕墙不仅为建筑提供了安全、通透的空间，也为人类和海洋生物的互动创造了条件。建筑表面的一层层"裙边"结构，是一组组潮汐发电设备，能够将潮汐引起的海水"涌动"转变成电能，为建筑提供可持续的清洁能源。

"珊瑚状"交通枢纽部分，由复合陶瓷材料、高强度钢化玻璃以及钛合金构筑而成，其功能是为建筑内人员和物资的运输以及管线的架设提供快速、便捷的通道，为来往的船舶、潜艇提供接驳码头，同时还兼顾观光和休闲之功能。此外，该建筑结构还能为海洋生物的栖息提供理想的空间，使之与人类形成"共生"格局。

"珊瑚万花筒"的网状表皮均由复合陶瓷材料构成，由于表面富含微孔，珊瑚极易附着其上，因此，建筑表面就形成了具有活性的珊瑚礁保护层。珊瑚的聚集也为其他海洋生物的栖息创造了条件，并形成了与人类共享的生态环境。建筑的"网状"结构内部还密布着光导纤维，可以将水面上的阳光导入建筑内部以提供"自然采光"。被导入深海的阳光还能大大改善建筑周围的海水环境，并为海洋生物的栖息创造必要的生存条件。

2　关爱大自然，用"可持续生态设计"引领未来

在"鸟岛系列"的设计过程中，我们设计团队就致力于如何用"可持续生态设计"传递对自然的亲近，对生命的关爱，并通过设计手段去平衡和修复因人类快速发展而带来的生态恶化和损毁。人类大规模、无休止的开发活动，不仅严重地破坏了生态环境，而且大大地挤压了动物的生存空间。因此，"鸟岛系列"的设计其实正是基于这一背景而展开的。

鸟类是人类的朋友，但是近些年来，随着人类对于城市的过度开发，处处是高楼大厦，鸟类的栖息地越来越少，大批鸟类不得不迁徙他乡，即便能留守下来，仍须每日为生存而抗争。为了给鸟类营造良好的生存空间，给喧嚣的都市增添新的生机，"都市鸟岛"的设计概念便应运而生了。鸟类大多栖息于森林之间，筑巢而居，可是城市化的加快，使得树木越来越少，所以我们提出了以"人造森林"为雏形的"鸟巢"设计。那么，如何让这片"森林"传递出丰富的感情呢？

从整体来看，"都市鸟岛"矗立于水池之中，既能防止人类的打扰，又可将鸟粪收纳起来变成水中的"鱼食"，而水里的鱼虾又可以成为鸟类食物的补充，如此往复，形成良性循环，便构建起一个简单的"生态系统"，宛如一个自给自足的微缩世界，给喧嚣的城市增添一抹绿色的风景，并唤起人们对大自然的重视和关爱。

每组"鸟巢"由一根粗壮的立柱和若干适中的横柱构筑而成。"立柱"不仅具有支撑作用，而且还是"鸟巢"的输送通道，承担着通风、供水、投食、喷药、调温等多种功能。"横柱"是为鸟类提供的"巢穴"，每个"巢穴"都具有隔热保温的功能。"巢穴"的底端向外伸出一根细长的杆，可以方便鸟类出入巢穴和晒太阳。杆内中空，端头装有专供鸟类饮水的水龙头，鸟类只需用嘴敲击这个机关，就可以获得适量的饮水。鸟巢与主干的连接处还设有

探头，能随时监测鸟类的生活状况，并依此进行投食、喷药、调温等智能控制。

"海洋鸟岛"的设计理念与"都市鸟岛"如出一辙，只是在具体的解决方案上有些许不同。"鸟巢"最核心的部分是球形的巢穴空间，内部由环形隔板分为上下两层，巢穴的入口在下层，作为整个巢穴的"玄关"，上层则是鸟类的"卧室"，隔板的中空部分便是连接上下空间的通道，如此结构既可御敌，又能防止海水灌入，并能起到隔热保温的作用，"巢穴"底部装有长长的"金属坠"，能够有效防止其倾覆。每组"巢穴"都能与周围单体相连接，众多"巢穴"组合在一起便构成了声势浩大的"鸟岛"。

"鸟岛"系列，造型简洁、优雅，兼具现代工业之美感，并与自然环境融为一体，细节之中传递着爱心，也唤起了社会对于生态问题的广泛关注与思考。在第二届艺术与科学国际作品展中，"鸟岛"系列作品脱颖而出，广受好评，这也是对我们拥有的高度社会责任感和对大自然关爱精神的充分肯定。

3　通过"可持续生态设计"实现与大自然的共融和共生

老子说："人法地，地法天，天法道，道法自然。"老子简单的一句话，却颇具哲理地揭示了"人"与"自然"的关系。"天人合一"的思想其实包含着两层意思：一是天人一致。宇宙自然是大天地，人则是小天地。二是天人相应，或天人相通，是指人和自然在本质上是相通的，一切事物均应顺其自然规律，以达到人与自然的和谐相处。设计发展到今天，不应只为满足人们不断增长的需求，甚至是毫无止境的欲望，而应肩负保护地球资源和环境的重任，帮助人类实现可持续发展。相反，一味追求奢华，滥用资源，破坏环境，必将导致自然生态的失衡。只有善待自然，才能融入自然。

大自然十分神奇，它创造出了众多令人叹为观止的形态，各种形态又与造就它们的环境相生相应，形成了一种特殊的"共生"关系。大自然就像是为设计师准备的一本"宝典"，许多难题都可以从中找到答案。师法自然不仅能解决我们所遇到的问题，也让我们创造的形态更贴近于大自然，与环境融为一体，化解人工形态的突兀和机械感，这也是践行"可持续生态设计"的有效之举。"师法自然"并非单纯地模拟自然界中的形态，将"人造物"披上"自然物"的外壳。自然形态通常都经历了千万年的进化和演变，因而，每种形态都有其"生存之道"。下面结合我们的设计作品"睡莲"水质检测仪来进一步阐述。

经过前期的研究和大量的概念发散，最终我们选定"睡莲"作为水质监测仪造型的研究对象。"睡莲"属水生植物，依靠宽大的叶片，经过"光合作用"和"呼吸作用"不断地合成所需的能量和养分，同时排出废气和多余的水分。

它怡然自得地漂浮在水面上，随波荡漾，这恰好与水质监测仪的工作情景极为贴近。若以此为设计灵感的来源，通过对其外观形态与内部结构关系的充分研究，总结出造型的规律，然后运用于"水质监测仪"的设计中，定能获得好的效果。

"水质检测仪"的造型设计充分借鉴了"睡莲"的造型规律。展开的巨大"叶片"不仅为仪器提供了充足的浮力，也为太阳能电池的安置提供了理想的载体。中央含苞待放的"莲花"其实是一组风力发电装置，它与水下的探测仪融为一体，并与巨大的"叶片"巧妙地连接起来。此外，"叶片"的造型通过边缘渐薄和"切边"的处理方式，将原本厚重、臃肿的造型转变成了轻盈的视觉效果。通过该造型手段，使得"水质监测仪"的主体能够紧贴水面，如"出水芙蓉"一般，亭亭玉立，充满着未来感。在风叶的结构处理方面，我们对水平轴的风叶和垂直轴的风叶进行了研究，发现水平轴的风叶只能收集定向的来风，风能利用率低，且不易与整体相结合；而垂直轴风叶则可巧妙地解决该问题。它不仅能适应各方来风，增大风能的利用率，还能很好地与整体融合，特别是在风叶转动时，其视觉效果更加优美，宛如给"检测仪"赋予了"生命"。

除了仪器中央的风能发电装置，在宽大的"叶片"上还布满了光伏太阳能电池板，水下还有利用暗流发电的涡轮。风能、太阳能以及潮汐能的互补与利用，可以最大限度地实现仪器的能源自给，达到节能减排之功效。这种取自自然，用于自然的设计理念，其实都源于"可持续生态设计"和"天人合一"的思想。

"会呼吸的灯"也是基于"可持续生态设计"和"天人合一"的理念而进行设计的。其目标是通过清洁能源和空气净化器来解决都市严重的空气污染问题。

在大自然中，植物就像大型的空气净化器，由于大量植物的存在，才使得地球上的空气能够维持着动态平衡。植物并不需要任何外在的帮助，自己就能永久生长，这是因为，其自身就是一个平衡的生态系统。植物通过叶片的光合作用将二氧化碳和水转化成有机物并释放氧气，夜晚通过呼吸作用吸收氧气，将有机物转化成二氧化碳和水并释放能量供给植物的生命活动。基于对植物生命方式的观察和理解，我们开始思考将要设计的产品能否也像植物一样进行呼吸，并实现自身的能量循环。此外，受到之前与清华大学环境工程学院合作开发车载空气净化器的启发，我们设想将空气净化技术从室内搬到室外，从城市汽车尾气这个污染源头上解决问题。由此我们发现，城市道路两旁的路灯可以作为设计结合点，将空气净化的功能融入路灯的设计中。

最终我们分别从能源、功能以及造型上实现了这个设计构想。能源的利用上，我们将风能、太阳能、生物能等丰富的自然清洁能源转化成所需电能，进而实现照明以及空气净化的功能。在功能上，充分发挥闲置的灯杆内的空间来安装空气净化装置。在造型方面，我们进行过许多尝试，推敲了几十种方案。路灯作为城市道路景观的一个重要组成部分，是尺度较大的城市基础设施，其造型应与环境相协调，不应只是彼此独立的几个功能模块的简单拼接。在造型设计语言上，我们结合了自然形态的有机流畅以及行驶过程的速度感，通过简洁的曲面和线条表达在设计上。

在空气净化的部分，为表现出"呼吸"的感觉，我们在造型上借鉴植物气孔的形式，在灯杆的中间部位做一个个的小孔洞，并且在孔洞的排布上引入参数化设计方式，使得孔洞产生由中间向两端逐渐变小变少，并逐渐消失的效果。这样的造型设计方式体现出了一定的节奏感和韵律感，规律而又不失变化。这种节奏和韵律也正好符合自然界的审美方式，通过这样的造型设计让"呼吸"的语义显得更加舒畅和自然。当然，在考虑造型美感的同时，还要充分考虑其造型的功能。徒有优美的外形而没有恰当的功能实现是不能成为真正的环保型设计的。这里每一个气孔都是开口斜向下，并不是在平面上直接开孔，这样设计主要是出于功能考虑，可以防止雨水及污染物的进入，并且从侧面看上去整个灯杆外壁是微微凹凸起伏的，更富于层次感。

灯顶部的太阳能板采用薄膜太阳能电池，其表面采用舒展曲面设计，造型灵感来自展翅飞翔的海鸥，或是植物随风摇曳的大叶片，其自然的形态感受淡化了传统太阳能板给人的生硬机械感。同时，在造型的功能层面上，太阳能板的有机曲面，不仅富于美感，同时能加大受光角度，提高光能利用率。

风动扇叶的部分，经过几次仔细的研究比较，最终我们采用了垂直式风轮的形式，这样的形式使各个方向的来风都能使风轮转动发电，可以提高风能利用率。从不同角度看上去，这样的扇叶更加立体，旋转效果也更加美观自然。

通过这样的造型设计，我们将"呼吸"的概念表达出来，最终完成了概念设计的原型。该设计最终在2012年第三届艺术与科学国际作品展的百余件作品中脱颖而出获得大奖，并获得了不少媒体和企业的关注。设计从概念原型到真正的大规模投入生产可能还需要一个过程，我们相信这仅仅是一个开始，用仿生造型设计的方法做可持续的设计是我们将要一直坚持走下去的路。

4　结语

随着人类的发展和社会的进步，"可持续生态设计"这一概念也在不断深化和丰富。但有意思的是，"天人合一"的思想却仍在发挥作用，不断影响着人们的行为和世界观。

如此看来，我们不得不折服于中国古人的大智慧。

　　"可持续生态设计"与"天人合一"的哲学思想其实是一脉相承的。在其引领下，我们将不断探索、深入实践，力求将系统性和可持续性理念融入设计创新过程中，实现"天人合一"的最高境界，并借此呼吁人们注重环境的保护和资源的再利用。关爱大自然，其实就是关爱人类自身。作为设计师，应当兼顾社会责任，善于运用设计去维系变得越来越脆弱的生态平衡，引领人们树立正确的消费观，杜绝奢侈和浪费，共同实现人类社会的可持续发展。

基于生态位现象的地域特色创新设计研究

上海师范大学　江　滨
华南师范大学　杨凯雯

摘要：地域特色的"生态位"就是该地域自身具有的自然、人文的特殊优势，也可以理解为个性化、地方特色、唯一性。事实上，生物学概念的"生态位"原理与地域特色在某种程度上是有本质关联性的，地域特色就是"生态位"原理在自然界的另一种表现。找到专属的地域特色，就设计而言，即地域文化、地域气候、地域材料、地域植物这些地域生态位特征，再运用现代设计语言进行符合现代使用功能和现代审美特征的创新设计，或许能够带给我们以系统创新设计启迪。

关键词：生态位；地域特色；创新设计

1　生态位现象

俄罗斯微生物学家格乌斯在作实验时发现：将一种叫双小核草履虫和一种叫大草履虫的生物，放入同一环境中培养，并控制一定种类的食物，16 天后，培养基中只有双小核草履虫自在地活着，而大草履虫却消失得无影无踪。在其培养基中，格乌斯对现场进行仔细观察，发现双小核草履虫在与大草履虫竞争同一食物时增长得比较快，将大草履虫赶出了培养基。于是，格乌斯又作了另一种试验，他把大草履虫与另一种袋状草履虫放在同一个环境中进行培养，结果两者都能存活下来，并且达到一个稳定的平衡水平。这两种虫子虽然也竞争同一食物，但袋状草履虫占据食物中不被大草履虫竞争的那一部分。格乌斯由此得出一个结论：大自然中，亲缘关系接近的，具有同样生活习性或生活方式的物种，不会在同一地方出现。如果在同一地方出现，大自然将用空间把它们各自隔开。人们把这一发现称为格乌斯原理，也叫"生态位"现象。①

2　地域特色

一个具有研究意义的地域概念，至少应该包括两方面的内容，一是自然要素，二是人文要素，并且两者有机地融合在一起。地域概念是经济地理学和文化地理学中经常用到的核心概念。这样的地域概念，是具有一定的空间界限的，地域内部表现出明显的相似性和连续性，该地域的自然要素及人文要素和其他地域的自然要素及人文要素之间具有明显的差异性。如果该地域的自然与人文要素相对于其他地域的自然和人文要素具有某些优势、特点、与众不同，可以称之为该地域的地域特色。地域特色是反映一定时间和空间内涵特点的。地域特色反映的事物往往是一个错综复杂的综合体。

基于设计专业的类型学需要，我们把"地域特色"拟分为以下几个方面：地域气候；地域植物；地域材料；地域文化。和设计无关的其他"地域特色"，不列入该类型内涵之中。

地域气候：特指该地域常年拥有的有规律的气候特征。地域气候是一定地区的气象情况总结，一般认为地域气候与纬度、海拔、地形以及该地域所处陆地与海洋的位置有关。

---

① 曹康林 . 位置为王——解读企业生态位现象 [M]. 武汉：学出版社，2007.

地域植物：指在该地域气候和地理条件下，特有的或具有代表性的植物类型或品种。在这里，我们关注的是和该地域生活密切相关的地域植物类型或品种。

地域材料：在本文中主要指某个低于特有的、盛产的、数量较多并被人们广泛使用的天然材料。[①]主要指植物材料、动物材料和地表材料等。

地域文化：地域文化中的"地域"，视研究者研究需要界定，范围可大可小，是相近或相同文化形成的地理背景。地域文化中的"文化"，视研究者研究需要，可以界定是单要素的，也可以界定是多要素的。地域文化的形成是一个漫长的过程，是一个动态的概念，一般情况下，其发展、变化是持续并缓慢的，但在一定阶段具有相对的稳定性。地域文化一般是指特定区域源远流长、独具特色、传承至今仍发挥作用的各种先进的、科学的、优秀的、健康的文化传统，是特定区域的生态、民俗、传统、习惯等文明表现。地域文化在一定的地域范围内与环境相融合，因而打上了地域的烙印，具有独特性。

3　生态位与地域特色的关系

生态位现象对所有生命现象而言是具有普遍性的一般原理，它不仅适用于生物界，同样适用于人类。大自然中的每一个人、每一群人，乃至每一个地域都有适应其生长的特殊环境——生态位，且每一个生态位都具备一定的特点、优势。对于一个地域来说，发现自己的生态位十分重要，因为认识自我，是实现自我的基础。

按格乌斯"生态位"现象原理，一个物种只有一个生态位，如果这个生态位不和别的生态位发生重复，即没有竞争对手，则形成原始生态位或竞争前生态位或虚生态位。如表现在设计上则可理解为个性化、地域特色、唯一性。也就是说，生态位与地域特色在某种程度上是相互关联的，地域特色就是生态位的一种表现。

事实上，每一座城市，每一个地域，都具有各自的独特文化、发展历史，涉及变迁、发展、退化、剥蚀甚至消亡、复生等各方面。这就是原真性的概念，艺术品或者建筑物、景观设计可以理解为独一无二的作品，也就是说，它们是在自身历史发展的基础上，综合地域文化的方方面面，而不可能重复性生产的产品。[②]"世界上没有两片完全相同的树叶"[③]也就是这个道理。这种唯一性，意味着每一件

景观设计作品或任何一个城市或地域，都应该有自己的地方性特色、个性和唯一性。

地域自身所特有的气候特征、地理环境、风土人情，特有的建筑风格、历史文化传统，特有的审美情趣，特有的历史人文景观，正是这个场所地域文化特有的"生态位"基础。试想，如果北京没有了胡同，上海没有了里弄，广州没有了西关大屋和骑楼，苏州没有了园林和小桥、流水、粉墙黛瓦，杭州没有了西湖、断桥残雪、柳浪闻莺……那么，这些城市的风格还有什么地域性和个性可言？这些个性化的空间形态，正是城市的地域性特色或生态位特征所在。人类真正的共同财富是大自然和人类共同创造的地域多样性。[④]

4　基于生态位的传统地域特色设计

传统民居特色中最鲜明的体现在于它的地域特色，形成自然特色的直接原因当然是当地的自然环境因素，它主要包括气候气象因素（主要指温度、湿度、降水量、风力）、地形地貌因素及资源分布，该地域特有的地域材料和地域人文因素等，这些因素使传统民居建筑在平面布局、结构方式、造型艺术、材料应用、细部处理甚至外观颜色上形式多样、风格各异。[⑤]

我国气候从南到北跨越了热带、亚热带、暖温带、中温带及寒温带五个气候带，各地的气候条件对民居建筑提出了多种技术要求。而人们正是在长期适应自然气候的过程中使传统民居建筑不断改善，并逐步发展完善的，也形成了各种传统民居的地域特色。

在我国大部分北方地区，冬季寒冷而漫长，防寒、保温是民居的主要功能。所以房屋外墙及屋面要求厚实封闭，外形显得厚重。平面布局上通常以大的开间和短的进深来争取充足的阳光，利于保温。例如，西藏的传统建筑，以碉楼建筑为其主要形式。碉楼建筑墙体较厚，从下向上有较大的收分，从侧面看形似梯形，这种梯形结构加强了墙体的稳固性，并在视觉上有一种高耸向上的作用。较少而小的窗户和较厚的墙体，明显地加强了碉楼建筑的防御作用，同时又能使其建筑在寒冷、多大风的环境条件下，取得极好的保暖效果。[⑥]

我国南方由于地处亚热带与热带，气候湿热，四季无非常寒冷的气候，故传统民居都是按夏季气候条件设计的，

① 范易．地域特色材料在旅游商品开发设计中的运用 [J]．生态经济，2010（7）．
② 陈娟．景观的地域性特色研究 [D]．长沙：中南林业科技大学，2006．
③ 戈特弗里德·威廉·凡·莱布尼茨（Gottfried Wilhelm von Leibniz，1646.7.1—1716.11.14），德国最重要的自然科学家、数学家、物理学家、历史学家和哲学家．
④ 江滨．论城市建设与"生态位"现象 [J]．规划师，2003（8）．
⑤ 范晓冬．传统民居的地域特色 [J]．福建建筑，2000（4）．
⑥ 朱普选．西藏传统建筑的地域特色 [J]．西藏民俗，1999（1）．

以隔热遮阳、通风去潮为主要功能。例如分布在我国西南地区下部架空的干阑式民居。干阑式建筑分为上、下两层，上层住人，下层堆放柴火、杂物和饲养牲畜。这种建筑在造型和结构上具有地域独特性和广泛适应性，能保持良好的通风，其陡峭的屋檐又能够有效遮阳和防降水积留，营造利于散热、散湿、干爽、透气、冬暖、夏凉的居住空间。干阑式建筑大多南向墙有窗，东、西、北向墙皆无窗，这是因为南方白天时间长，天气炎热，减少东、西向窗，可减少白天所得热量，降低室内温度。①

5 传统地域特色与创新设计

法国凡尔赛国立高等风景园林学院教授西尔万·佛里波认为，为了使设计融汇到某个地区，基本要领就是要关注这个区域，并对它进行一种感性而又科学的解读。②在任何设计中，都要始终关注并试图了解我们将要设计的区域，而且始终在寻找很小的，但却可以引导我们创意的元素。自然环境首当其冲影响到我们的设计区域的整体面貌，我们可以从地域植物、地域气候、地域材料和地域文化四个方面入手考虑，事实上，许多设计师都有过不同程度的尝试，在这里，我们从研究的角度加以提炼、综合、总结。

5.1 基于地域气候的启示

气候的差异是形成各地地域差别的重要原因，它影响到地域的水文条件、生物条件以及地形地貌，也造成人们生活方式的差异，从而极大地影响到地域设计风格的形成。参照植物与气候的关系，地球可以分成五个基本的气候带：热带多雨地区、干旱地区、温暖和宜人地区、寒冷多雪地区及极地。③不同地域的自然地理气候特征对于建筑文化和景观文化的发展有着本质的影响。

在建筑领域，许多建筑师在20世纪四五十年代注重地域气候与自然条件的基础上，进行了深入的研究和探索。马来西亚著名华裔建筑设计师杨经文在建筑创作中结合建筑所在地热带雨林的气候条件，提出从气候出发研究建筑的形式，以节约能源，创造有地域特色的建筑，其作品代表着炎热地区现代建筑的发展趋势。他提倡的高层建筑设计"新概念"，概括地说就是"符合气候条件和要求的生态设计"。④杨经文有一套完整的"生物气候学"的设计方法论，将现代高技术原理、亚热带高层建筑设计与气候特点巧妙地结合起来，具体来说，他致力于从生物气候学的角度研究建筑设计，尤其是高层建筑。他经过细致的调

研分析，将设计目标定于满足人的舒适、精神需求及降低建筑能耗上。可以说杨经文的建筑设计既可以节省运转能耗，又创造了独特的建筑个性——具有生态合理性的艺术个性。

杨经文的Solaris大楼是适应地域气候并加以创新设计的典型案例，其两栋塔楼被一个大型的自然通风中心分割而成。天窗和庭院引进的自然光，持续不断并且空气流通的景观道路，穿越大街的北公园延伸段，使建筑物和天台的生态结构互相贯通。建筑物大量的生态基础设施，都有着不破坏生态平衡的设计特色和绿色概念覆盖的创新想法，努力加强现存的生态系统，而不是取代它们。⑤该项目适应气候的立面设计基于当地的太阳轨迹分析——新加坡位于赤道附近，太阳轨迹几乎就是东西方向，这确定了遮阳百叶的形状和深度。传热的主要途径为导热、辐射和对流，这种遮阳策略进一步降低了整个建筑双层Low-E玻璃外立面的热传递，使其外部热传导值低于39W/m²。整体直线长度超过10km的遮阳百叶与螺旋景观坡道、空中花园和深远的挑檐共同为沿建筑外围的内部使用空间营造了舒适的微气候。景观坡道与空中花园减弱了室外热量，与遮阳百叶共同作用，防止室内过热。

5.2 基于地域植物的启示

植物是园林景观设计中最重要的造景设计要素，并且受气候的影响最大，在不同的气候条件下生长着具有差异性的植物品种和植物群落，植物以其丰富的色彩、多样的形态形成园林的主体景观，也构成每一种园林类型的典型特色。乡土植物又称本土植物（Indigenous Plants），广义的乡土植物可理解为：经过长期的自然选择及物种演替后，对某一特定地区有高度生态适应性的自然植物区系成分的总称。⑥这里所论述的乡土植物，仅指在当地自然植被中，观赏性状突出或具有景观绿化功能的高等植物。它们是最能适应当地大气候生态环境的植物群体。优秀的风景园林师总是善于观察和发掘乡土植物之美，并把它们运用到园林景观设计中，这也使得某一特定地点的设计作品注定是独一无二的，因为建筑可以迁移仿造，植物只有在其适应的气候条件下才能良好生长。

用当地土生土长的植物创造出的景观是最适合这片土地的。"方言景观"的概念由广州土人景观顾问有限公司首席设计师庞伟在2007年撰文提出。对于方言景观，庞

① 薛兴，王冕，吉林波.广西桂林龙胜地区干阑式建筑热舒适度的研究[J].土木建筑与环境工程，2013（S2）.
② 陈娟.景观的地域性特色研究[D].长沙：中南林业科技大学，2006.
③ Victor Olgyay. *Design with Climate: Bioclimate Approach to Architectural Regionalism* [M]. New York: Van Nostrand Reinhold, 1992.
④ 谢浩.气候设计大师——杨经文[N].中国建设报，2002-06-28（3）.
⑤《设计家》编.生态建筑实验与实践[M].天津：天津大学出版社，2012：57.
⑥ 孙卫邦.乡土植物与现代城市园林景观建设[J].中国园林，2003（7）.

伟是这样解释的：什么是方言景观？方言景观就如同方言一样，承载和言说地方性知识、地方价值和精神。它重视并尊重土地，包括地形、河流、气候、植被、动物、出产。它看重并属于人民本身，风俗、信仰、歌谣、传说、情欲、生老病死的一切。如同方言，它传承时间，凝聚记忆；如同方言，它代表沟通，又代表拒绝，并且谨守主客。方言景观是属于特指的地域和特指的地方的，以及这个地域和地方的人民的，方言景观代表了一种地域或地方特征和个性，代表了这个地域或地方的人民的审美观、价值观、历史以及文化观念。方言景观往往是唯一的和区别其他的，是拒绝大一统的，是该地域物和人的统一。方言就是到什么地方说什么话，表现在景观上就是什么地方的景观设计就用什么地方的植物，方言景观就如同方言一样，承载和言说地方性知识、地方价值和精神，它重视并尊重土地，它看重并属于人民本身。

坐落于广东中山的中山尚城居住区 36° 半山体公园是庞伟于 2004 年 5 月的设计作品。在这个设计中，场地原有的植被得到较大的尊重，绝大部分乔木得到较好的保留，并根据场地现有植被群落结构引入阴生植物。庞伟将山丘改造为山体公园，充分利用山体公园朴素亲切的基址和藤葛类杂木，营造资源丰富的亚热带植物景观空间，公园内的乡土植物占植物种类的 70%，保留了其自然性和乡土性。乡土植物在山体公园中的保存不仅保存了当地植物的遗传基因，保留了当地的植被特色，同时对减少生物入侵的风险有积极作用。公园中的乡土植物是经过长期的自然选择的结果，对当地气候等环境条件适应。同时，这样的设计使中山尚城 36° 半山体公园成为城市自然保留地的重要组成部分，除了适当发挥游憩功能外，其在生物多样性保护和乡土物种保护的功能、教育功能和研究价值方面都具有非常重要的作用。

5.3　基于地域材料的启示

在工业设计当中，材料扮演着核心的角色，设计师根据产品功能，合理地利用材料，选择生产工艺，赋予材料视觉美感和价值体现。因此，材料对于工业设计来说有两个作用：提供技术上的功能和创建产品的个性。[1]在工业设计中使用有地域特点的材料，无疑将强化设计对象的地域特征。产品设计在技术"同质化"、生产"标准化"的大工业生产方式背景下，挖掘具有地方特色的地域材料的价值，对探索中国产品设计的民族风格有积极意义。地域材料主要是指某个地域特有的、盛产的、数量较多并被人

们广泛认可或使用的天然材料。[2]地域性的形成主要有三个因素：第一个是本土的地域环境、自然条件、季风气候；第二个是历史遗风、先辈祖训及生活方式；第三个是民俗礼仪、风土人情和当地的用材。[3]使用地域性材料是体现地域性创新设计特点的重要方法。首先，地域性材料在特定的区域中长期存在，与当地人民的生活息息相关，融入人们的生活，具有当地的人文环境气质，成为地域文化的载体；其次，当地的人们具有长期使用地域性材料的经验，逐渐形成了颇具地方特色的传统技艺；第三，地域性材料普遍具有良好的生态延续性，地域材料与当地环境共生共存，加工便利，大大降低了材料的运输成本，符合绿色设计的要求。因此，基于针对地域性材料的产品设计开发，可以推动当地传统手工艺产业的发展，提高居民居住地就业，是提升地方经济，保持社会可持续发展的重要举措。

竹，自古以来在中国南部以及周边国家就被作为一种建筑、家具及其他制品中常用的材料，有着极广泛的应用。用现代设计观念来衡量，它是一种可大量开发利用却不会对生态环境造成破坏的环保原材料。生长的竹子具有天然的绿色，刮青后竹材显现出淡黄色，清新、淡雅，给人以视觉的享受。竹材具有自然的清香和通直的纹理，可以平复躁动的情绪、释放生活的压力，使人身心放松。浙江是我国盛产竹子的省份，中国美术学院设计学院工业设计系主任陈斗斗博士的"清幽竹语"原竹家具系列充分发挥了竹材材质的特色，把质感与肌理及色泽和谐地统一起来，将自然气息融入设计之中。就如陈斗斗所言：单就材料而言，在我们看来原竹所拥有的传统的风格化倾向较之木材似乎更强烈。而明式家具简洁的形制、传统竹工艺的深邃意象在我们那根传统的神经上荡漾已久、蓄势待发，两者的结合对我们而言是最自然的事了。[4]成型后的椅子形态是该系列中最传统的，它在总体的形制上，诸如比例、尺度、结构方式都不出明式风格之右。因为有原型的参照，设计师将重点放在寻找和设计"差异"上了。这种差异源自材料本身，因为不同材料会以它们特有的形态和形式语言来构筑关于它们自身的、与生俱来的、独一无二的造型。

5.4　基于地域文化的启示

地域文化是人们生活在特定的地理环境和历史条件下，世代耕耘经营、创造、演变的结果。地域文化是一个地区的特质文化，具有共同的文化传统和同样的文化发展脉络，是被社会群体公认的具有共同价值的文化，其特征

① 安军，范劲松 . 产品的个性特征分析与材料设计研究 [M]. 北京：机械工业出版社，2005.

② 范易 . 地域特色材料在旅游商品开发设计中的运用 [J]. 生态经济，2010（7）.

③ 王泽猛 . 扩展传统，强调文脉——王琼眼中的地域性设计 [J]. 装饰，2008（11）.

④ 雷达，陈斗斗 . 原竹家具造型浅析 [J]. 竹子研究汇刊，2004（3）.

表现为文化形态的稳固性和文化认同的一致性。①地域文化一般以地理界限来划分，世界上每个地区，小至乡区县市，大至省区国家甚至跨省区、跨国界，都会形成具有许多概括性特点的地域文化。

文化是一个非常抽象的概念，当建筑师或景观设计师将其具体化的时候，习惯于把眼光投向城市与场地的久远历史——百年、千年，甚至万年。历史的文化当然是值得珍惜、留恋和尊重的。②文化的基础性因素的交互作用影响着人们的意识观念、价值取向和行为模式，进而对设计产生影响。特定地域的文化一方面具有保守性和延续性；另一方面具有扩散性和渗透性。文化使有形的物质空间移情为无形的精神空间，设计师在设计某个特定地域时应该也必须深入了解当地的文化，从而在设计理念、景区划分、景点设置上融入地域文化。

中国的传统文化博大精深，与其相应的传统建筑文化也存在着许多的辉煌点。王澍作为活跃在中国建筑第一线的建筑大师，其作品既超越了城市化进程的难题，植根于当地的文化底蕴，又能与传统元素相结合，同时也展现了国际化的设计。王澍一向以文人自居，认为造园是文人之事，并对中国的山水画尤其是宋朝山水画情有独钟，并从中获取建筑设计灵感。中国的古典园林有着悠久的历史和无可比拟的文化底蕴，赫然地屹立于世界园林体系之中。它充满了诗情画意，在中国史上同文学、绘画同步，彼此渗透。同时，其造园思想也遵循着中国自古以来的哲学文化思想，即我们通常所说的"道法自然、天人合一"。③王澍设计的诸多建筑作品中，都采用了大量的砖瓦等中国传统建筑材料，并且建造方式是传统手工工艺做法，建筑整体构图来源于传统山水画等，这在世界上任何一个其他国家都不可能找得到④。在设计象山校园时，王澍对校园设计思考的定位，落在了中国传统书院上，这个传统不仅仅涉及纯美学的问题，更重要的是探讨关于人的基本生存的方式。回望中国传统书院，有诗云："生平有志在山水，得绶此邦非偶尔。行行白鹿书院来，小舆竹迳松阴里……"⑤，其选址都非常考究，诗中描写的白鹿书院则是依庐山五老峰而建，除此之外还有岳麓书院处在岳麓山脚下，傍湘江之水。中国美术学院象山校区则环绕在一群群白鹭栖居、间以茶园、香樟密集的象山脚下，一条小河蜿蜒而去……其基地本身就充满中国田园诗般的意境。中国美术学院象山校区就是王澍结合江南地域文化的代表设计作品。在那里，有传统江南院落的痕迹，有中国传统书院的影子，更有中国画的构图，也有现代主义设计大师柯布西耶的设计手法……展现在我们面前的是有着现代审美观的充满诗情画意的现代江南学府。

钱江时代是王澍目前仅有的商业性质作品，位于杭州市东南部的钱塘江畔，这座围绕"城市性建筑"理念的建筑，打破了原有的住宅布局形式，重塑传统城市氛围，构建人与人之间交往的社会属性。在这座被王澍称之为垂直院宅的商业住宅中，王澍将中国传统的江南庭院元素与现代化的城市性建筑元素有机地融入其中，实现了在建筑语言上的由传统到现代的全面转换。垂直院宅根据"城市性建筑"的理念，对高层和多层住宅进行了重新的定义，希望在这些住宅中能重新找回王澍口中所一直强调的中国传统城市文化和社会文化。他将中国传统院落式城市的平面布局转化为立面，并将江南庭院的元素运用其中，绵延的建筑群如同一扇江南园林的漏窗，使视觉流畅而开阔，同时，空中的庭院花池和公共空间使商业住宅与大自然融为一体，声息相通。在中国传统建筑理念中，讲究的是生活品质，而非华贵，正如白粉墙虽价格低廉，但却是高洁品格的象征，文澜阁用黑粉墙，却是有文化有品格的表现，在垂直院宅中，王澍以青灰、白色为主色调，白色代替传统建筑中的白粉墙，青灰色代替传统江南建筑中的青瓦，铝合金特制型材代替传统中的木构等等，以现代化的建筑语言来阐释中国的传统建筑。

6 结语

对于设计来说，基于"生态位"，就是基于自身具有的地理、人文的特殊优势。无论是什么地域特色的设计类型，选准了"生态位"，是一个好的开端。偏离了"生态位"，就谈不到地域特色了，更不要说能达到理想中的设计效果。衡量设计的标准只有品位高下，没有对错，所以，找准地域特色设计的"生态位"，是地域性特色创新设计的基本思路。欲做强者，先做适者。强者与适者的结合，是对自己"生态位"的充分利用。找到专属的地域特色，即地域气候、地域植物、地域材料、地域文化，加上现代设计语言和思维进行创新设计，才能够创造符合时代应用功能和审美要求的与时俱进的设计作品，赋予新时代地域性特色以新的设计文化内涵，逐渐形成我们这个时代的新的地域特色，这是我们这个时代的需求，也是我们存在于这个时代的价值。

① 王嵘. 地域文化与现代化 [J]. 新疆艺术，1996（1）.

② 俞孔坚. 足下的文化与野草之美——中山岐山公园设计 [J]. 新建筑，2001（5）.

③ 刘晓龙. 王澍建筑设计思想探析 [D]. 广州：华南师范大学，2015.

④ 刘晓龙. 王澍建筑设计思想探析 [D]. 广州：华南师范大学，2015.

⑤《三峡桥》，出自钱闻诗诗词全集。

文化内涵与创意、科技的有机结合

——英国文化创意产业园区建设对澳门的启示

澳门城市大学　徐凌志

摘要：英国是具有深厚文化积淀的西方大国，也是较早提出创意经济概念的国家。20世纪末期以来，英国人充分利用固有的历史文化资源，创造性地开发出了多种多样的文化创意产业园区，获取了良好的社会效益与经济效益。英国文化创意产业园区建设的主要经验：一是充分依托历史积淀，深入发掘文化内涵，增强综合实力；二是顺应时代潮流，将时尚创意和高科技元素注入历史文化传统；三是为消费者着想，引导消费者从被动接受逐步向主动获取转变。英国的经验值得中国澳门地区，以及其他国家、地区学习借鉴。

关键词：英国；文化创意产业园区；文化内涵；创意；科学技术

英国是具有深厚文化积淀的西方大国，也是较早提出创意经济概念的国家。20世纪末期以来，英国人充分利用固有的历史文化资源，创造性地进行加工改造，开发出多种多样民众喜闻乐见的文化创意产业园区，获取了良好的社会效益与经济效益。

1　英国文化创意产业园区的经典案例

为了说明英国文化创意产业的一些成功之处，以下介绍几个经典案例。

1.1　曼彻斯特科学与工业博物馆项目（MOSI）

曼彻斯特是英国中西部的重镇，人口仅少于伦敦。虽然这座城市的雏形可以追溯到公元前1世纪罗马人在此建立的要塞，但它的真正崛起却是同近代大工业的兴起密切相关的。曼彻斯特是近代棉纺织业和工业革命的发源地，人类历史上最早出现的工业门类几乎都在这里留下了很深的印记。如1764年纺织工人哈格里夫斯发明了以自己女儿名字命名的"珍妮纺纱机"，揭开了机器生产的序幕。18世纪80年代第一家棉纺织厂在曼彻斯特问世，替代水力的蒸汽机，有力地推动了棉纺织业的迅速崛起。1830年曼彻斯特与利物浦之间开通火车，宣告了历史上铁路客运的诞生，当时兴建的世界上第一座客运火车站，至今依然悄悄地坚守在曼彻斯特城西南角的路旁。尽管第二次世界大战期间曾经遭受德国法西斯的狂轰滥炸而受到重创，但曼彻斯特在近两个世纪内不仅在英国工业城市中长执牛耳，而且一直引领着棉纺织等传统产业的世界潮流。

20世纪50年代开始，以制造业为代表的传统产业逐渐走向衰落，曼彻斯特亦不能幸免。产业结构调整的过程是痛苦的。1961~1983年，总人口30余万人的曼彻斯特市区，制造业裁减的工人总数竟有15万人，几乎家家都面临着失业和减薪的挑战。

产业结构的调整也是幸运的。服务业的逐渐发展让曼彻斯特人找到了新的出路，旅游业的兴起则使这座老城焕发了青春。曼彻斯特人追求新生，却也不忘传统。他们要在历史沉淀的载体中注入时代的精华，打造一个全新的现代都会。科学与工业博物馆便是他们的精心杰作。

科学与工业博物馆（Museun of Science and Industry）堪称曼彻斯特历史浓缩与未来展望的结晶，是一个大型的综合性展览与旅游园区。博物馆以世界上第一座客运火车站为起点，包罗了后来在附近陆续建造的几座大型厂房、仓库与附属设施，组成了由 5 个展览大厅组成的现代博物馆。1 号展览大厅由西部大仓库改造而成，主要设置纺织博物馆、曼彻斯特工业革命展等两个展览，还有会议中心、学习阁以及曼彻斯特科学餐馆。2 号大厅原是 1830 年的大型货栈，现主要设置电气博物馆，也包括电子计算器展览，配备了一个放映 4D 电影的影院，还预留了几个临时性的展厅。3 号大厅就是那座最老的客运火车站，也是 1830 年建成的。除了保留老车站售票处、候车室等原貌外，还设置了一个反映曼城下水系统的"地底下的曼彻斯特"展览以及曼彻斯特制造、利物浦与曼彻斯特铁路以及废物利用等几个展览。4 号展厅是由大型老厂房改建的动力馆，主要布置了工场发动机与机车展览，也有现场操作的实验性展示。5 号展厅是航空航天馆，由一座大型车间改造而成，主要展出空中交通设施和少量陆上交通设施，还设有天文馆和仿真飞行体验等娱乐项目。

五个展览大厅分成两行排列，中间的场地上则铺设着铁路轨道，留有站台，铁轨上停放着老式的火车车头和几节客车、货车车厢。还安排工作人员装扮成白发苍苍的老铁路工人模样，驾驶火车在场地间来往行驶，供游客搭乘体验。

科学工业博物馆内设有 4D 电影院、画廊、美术馆和多处餐馆、食品店、礼品店、书店等消费场所，不仅是了解历史、学习知识的好地方，而且也是旅游休闲的好去处。外来的旅游者都倾向于将科学工业博物馆作为了解曼彻斯特历史与现状的首选之地，而每当节假日来临之时，当地的许多父母、老师也会携带自己的子女和学生前来度假，谋求物质上和精神上的双重收获。

1.2　利物浦阿尔伯特船坞项目（Albert Dock）

利物浦西距曼彻斯特 40 余英里，高速公路 M62 将这两座命运相似的工业城市紧密地联系在一起。利物浦位于默西河（Mersey River）流入大西洋的出海口，是英国第二大的港口城市。从 1699 年开始，利物浦即开启了前往非洲的奴隶贸易；1817 年利物浦建成英国的第一个船坞，使船舶制造与修缮业得以迅速发展；至 19 世纪初，经过利物浦港口的海上贸易量已占世界海上贸易总量的 40%。

20 世纪中期兴盛的大吨位运输船集装箱贸易使传统的老码头渐渐失势，利物浦船坞也日渐衰落。60 年代初期利物浦市的人口比 30 年前减少了 24 万，同比下降 28%；70 年代利物浦的海上贸易与传统制造业急剧萎缩；80 年代初期，利物浦的失业率占据英国各大城市的榜首地位。

20 世纪 90 年代中期，旅游业在利物浦这座 18 世纪晚期开始即注重城市建设的古城找到了用武之地，孕育了披头士（Beatles）乐队的这块土壤也为文化创意产业的崭露头角提供了有利条件。利物浦人不愧是将传统与时尚巧妙糅合起来的高手，他们凭借古朴的船坞、典雅的楼宇、幽深的画廊、经典的美食，加上流行音乐、现代足球和时尚消费，描绘着现代旅游休闲城市的宏伟蓝图。2008 年，利物浦击败一系列名城，当选当年的欧洲文化之都。

阿尔伯特船坞是利物浦人将历史遗迹改造成当代文化产业园的成功典范。默西河出海口东岸古色古香的河滨区已于 2004 年被联合国教科文组织列为世界遗产。从 18 世纪初期开始，为了满足海上贸易的需要，城市西缘便沿着河岸陆续建起一系列修船的专用设施——船坞。这些船坞通常呈矩形，四周大部分有长条形的建筑物围拢，建筑物中间是水域，只留下一个口子供船只进出。在一二百年的时间内，默西河东岸由北向南出现了王子船坞、坎宁船坞、阿尔伯特船坞、国王船坞和王后船坞等组成的船坞系列，颇具特色而蔚为壮观。

阿尔伯特船坞堪称其中的代表。它位于船坞系列的中段，南北长近 300m，东西宽约 200m，四周是清一色的砖红色 5 层平顶建筑，中间引水成池，只在西北角留出一个水路出入口。阿尔伯特船坞兴建于利物浦海上贸易全盛时期的 1846 年，是英国一级登录建筑之一，其规模可想而知。在因产业结构调整而闲置了数十年后，利物浦人将其改造成为一个以博物馆为主，集会展、住宿、餐饮、娱乐于一体的综合性文化创意产业园区。

如今，古朴典雅的老船坞建筑焕发出了青春的光彩。反映利物浦历史文化精髓的海事博物馆、国际奴隶制博物馆、利物浦泰特博物馆、披头士故事博物馆等都已在此落户，假日酒店、Premier Inn 等国际知名旅店亦已入住其中。临水的底层是橘红色圆柱撑起的骑楼，大多已开发成餐馆、酒吧或咖啡座，星巴克、Costa 等连锁咖啡馆随处可见。水面上还停泊着数艘游船，随时准备载客出航。每当华灯初上，只见霓虹闪烁，旌旗飘展，游人摩肩接踵，到处呈现出欢乐祥和的情景。在各具特色的博物馆中，先进的展示手段、生动活泼的互动形式引人入胜。海事博物馆中展出的"泰坦尼克号与利物浦——未曾讲述的故事"特展，讲述了泰坦尼克号在利物浦制造的鲜为人知的往事，还设置了观众寻找船上特定乘客的命运、穿着船上人物衣饰模拟当年情景、听面包师讲述难忘的故事等环节，对观众产生了强劲的吸引力。

1.3　爱丁堡织造工场与威士忌体验中心项目（Weaving Mill & Whisky Experience）

爱丁堡位于英国北部，是苏格兰的首府和政治经济文化中心。17 世纪以前苏格兰一直是个独立的国家，18 世纪初因与英格兰联姻而合并为联合王国。由于历史悠久，风光绮丽，文化与英格兰有同有异，因此爱丁堡始终是世界游客向往的旅游胜地。

爱丁堡的标志性建筑是始建于公元 6 世纪的爱丁古城

堡（Edinburgh Castle）。从爱丁古堡东端的唯一出口开始，由城堡山、劳恩市场、高街和坎农门四段街道组成"皇家一英里大道"。大道两旁都是18世纪以来陆续建造的经典建筑，沿街的铺面都已开发成各种商店、餐馆与咖啡馆，琳琅满目的特色小商品和细致周到的服务对南来北往的游客产生了强烈的吸引力。

"皇家一英里大道"绝对是爱丁堡旅游休闲产业的精华汇聚。但它不是简单的商铺扎堆或餐馆集中，而是依托历史积淀，注重文化内涵，开发具有一定深度的文化产业。在大道两旁，可以看到再现儿童时代的童年博物馆，珍藏古老图册的地图博物馆，通过人物故事反映爱丁堡历史的平民故事博物馆以及忠实记录300年前不同职业人士居室风格的格雷斯坦之屋等。最具有苏格兰特色的当属格子呢织造工场与威士忌体验中心。

格子呢和威士忌是苏格兰的两大特产，也是苏格兰文化的象征。这两个颇具创意的博物馆，隔街对峙而相得益彰。街北边是塔坦织造工场（Tartan Weaving Mill），设置在礼品纪念品商场的内部。当穿过堆满苏格兰格子花呢制成的各色商品的橱柜和摊位，来到展厅的时候，一幅反映格子花呢生产过程的真实画卷顿时在眼前展现：一组组真人大小的雕塑，生动地再现了从剪羊毛到纺纱、纺线、织布、制衣的全部工序。现场不仅有堆积如山的格子呢围巾、披肩、衬衫、上装、帽子、男式短裙（Kilt）供顾客选购，还有若干台机器正在工作。游客们可以参与DIY项目，充分体验格子呢编织的乐趣，探索格子呢设计的奥秘。塑像和真人实物交错重叠，互相辉映，将历史与现实有机地融为一体。

街南边是苏格兰威士忌体验中心（Scotch Whisky Experience）。这是一座新古典主义建筑，暗红与铁灰色相间的外墙、简洁的墙面装饰、高大的玻璃窗，显得稳重而又清新。来访的观众将接受主题引导的方式，先观看影片，了解威士忌的由来、制作过程、类型等基本常识，然后乘坐电动游乐车参观实景与模型人物，体验近300年来威士忌的发展历史，最后还可以免费品尝多种苏格兰威士忌的独特口味，领略威士忌的纯正品质。

像格子呢织造工场和威士忌体验中心这样的文化创意产业，不仅给人以视觉上的冲击，而且可带来新的体验、感受，堪称魅力无穷。与此同时，它们又都是商品热销的购物中心，观众在亲身体验花纹各异的格子呢织造工艺、品尝多种多样的威士忌酒以后，通常会按捺不住购物的欲望，纷纷慷慨解囊选购自己中意的款式或品种。文化创意产业的经济价值也将就此得到充分的体现。

2　英国文创产业成功经验对澳门的启示

上述案例个性鲜明，却也体现了一定的共性，值得澳门参考借鉴。

2.1　充分依托历史积淀，发掘文化内涵与深度，增强项目的综合实力

文化创意产业的核心是文化，而文化内涵的一个重要来源是历史积淀。因为历史积淀经受过岁月的考验，不仅具有比较深刻的社会意义，较强的稳定性和凝聚力，而且经得起时间的考验，能够相对持久地生存与发展。曼彻斯特作为现代纺织业和工业革命的发源地，作为客运火车最早的始发站，在世界近代史上留下了不可磨灭的记录。当代曼彻斯特人将这段珍贵的历史视为珍宝，不仅没有让它们封存在文献之中，而且利用历史遗存作为载体，系统地再现了这笔难能可贵的精神财富，并使它们在新的历史条件下发扬光大。利物浦人对待早期海上贸易和爱丁堡人对待传统工艺格子呢制造与威士忌酿造的态度，与曼彻斯特人一脉相承而殊途同归。

澳门也有极其珍贵的历史遗产。不说先民在此捕鱼为生或进行海上交易的遗迹，不说道教、佛教从内地传来的早期印记，就说近五百年来西方文化与东方文化在这块土地上接触、碰撞、渗透、交融的独特经历，宗教、哲学、建筑、艺术、文学、科技等领域经由此地而发生的西学东渐与东学西进的不凡历程，就足以为澳门文化创意产业奠定厚实的基础。容闳、郑观应、孙中山等历史人物探索变革求新、救国强国的过程中在澳门留下的足迹，同样能为文化创意产业开发提供有力的支撑。列入世界文化遗产的澳门历史城区，仅仅作为旅游景点是远远不够的。澳门应当依托这些丰厚的文化遗产，规划、创建世界一流的文化创意产业园区。

2.2　顺应时代潮流，将时尚创意和高科技元素注入历史文化传统

创意是文化创意产业的灵魂。将文化转换成产业并非只是一般性地将文化推向市场，能够赚到钱就达到了目的。英国的成功经验告诉我们，创造性地实现这种转换，顺应时代潮流，引进时尚元素，运用先进的高科技手段，给历史载体注入新时代的元气，关键在于创意。创意必定能使传统焕发新生，催生全新的文化创意产业。利物浦的阿尔伯特船坞已经有160多年历史，曼彻斯特的火车站已经建成180余年，苏格兰的格子呢和威士忌的起源更可追溯到300~500年以前。而在21世纪初，英国人将电子计算器技术、多媒体技术、音像合成、4D影院、电动游览车等先进科技手段用于历史题材的展示，不仅体现了时代精神，而且符合当代观众的习俗，取得了很好的社会效果。

澳门同样有着悠久的历史与丰富的历史文化遗产，足以成为开发文化创意产业的宝贵资源。但是，如果只是沿用传统的做法，采用小生产、分散经营的模式，开发一些小商品，甚至只是引进一些别人的成果来投放本地市场，肯定是成不了大气候的。我们应当面向未来，将时尚元素、

高科技以及先进的生产和管理模式引入传统领域，催生当代民众喜闻乐见的文化创意产业。

2.3　为消费者着想，引导消费者从被动接受逐步向主动获取转变

文化创意产业既然是产业，就必须服从市场经济的规律，要凭借自己强大的生命力来发展壮大，力求在竞争中立于不败之地。文化创意产业的市场需要培育，关键在于争取到更多的消费者，占领更大的市场份额。我们常说"顾客是上帝"，文化创意产业能否取得成功，就看"上帝"的态度和意愿。因此，精明的文化创意产业经营者需要站在消费者的立场，设法满足消费者的需求和感受。英国文化创意产业的经营者就十分注意这个问题。几乎所有的文创产业园区都走上了综合经营的道路，将博物馆、会展、影视、餐饮、住宿、购物、娱乐等内容融为一体。每个博物馆、展览会，都设有与观众互动的环节。在曼彻斯特科学与工业博物馆，乘坐当年的蒸汽机火车、在航空模拟仓体验升空的感觉等项目，总是观众趋之若鹜的大热门。在利物浦阿尔伯特船坞，年轻人喜欢在披头士当年演唱的洞穴酒吧内驻足流连，孩子们热衷于穿上泰坦尼克号乘客的服装模拟当年的情景。在爱丁堡，威士忌体验中心的品酒厅总是座无虚席，人满为患；而织造工场 DIY 柜台前也总是挤满了跃跃欲试的好奇者。只有消费者从内心深处主动认可、接受和积极参与了，文化创意产业才能成为真正的热门产业。

由此联想到澳门开发与经营文化创意产业的努力方向。我们切不可闭门造车，一厢情愿，切不可将消费者拒之门外，只顾销售自己的创意成果。如何吸纳消费者的意见与需求，如何发动消费者参与设计、创作与生产，如何将一般的博物馆、展览会静态地、平面地介绍历史知识和风光图片转变为再现历史情境，引导观众身临其境而亲身体验，如何动员市民献计献策，共同开发具备澳门特色、代表澳门形象与水平的文化创意产业等，这些都是摆在我们面前的重要课题。

总之，以历史积淀和文化内涵为依托，以创意时尚和高科技手段的表现形式相结合的展现和成熟的产业运作，以满足消费者需求为宗旨，文化创意产业才能与时俱进，长盛不衰。英国的成功经验值得具有相似条件的国家和地区学习借鉴。

应用型设计人才的培养模式教学探索

广西艺术学院　江　波

摘要：我国在经济转型时期出现了社会需要大量设计人才的局面，同时也提出了高校毕业生与企业的无缝对接要求。因此，高校面临着如何应对社会企业需求而培养学生、打造特色人才的全面思考。近年来，广西艺术学院建筑艺术学院对设计教育进行了一系列有效的改革与调整，尝试着寻求一个更适合社会应用型专业人才的培养模式。

关键词：设计教育；地域特色；实践项目；应用型人才

艺术设计学的各个专业均是与社会行业、企业关系最密切的专业，在社会经济飞速发展的今天，我国经济转型时期急需大量设计人才的紧迫性更为明显，而高校培养设计人才与社会企业之间有着较大的距离与脱节，我们国家也意识到了潜在的问题，近五年来不断出台调整高校教育转型的有关文件、指导性纲要。因此，作为高校，面临着如何办学、怎么培养学生、打造特色人才的全面思考，也就是学校办学目标定位、专业课程设置、教学措施的制定与落实。

1　开放性文化观的设计教育理念

艺术设计作为一种文化现象呈现，它是由多学科、多元文化组成的交叉学科，它们组合成一个有机系统。所谓"有机"，是指可持续的，并非短期效应的，是可以引领时代与未来的。这个系统必须集合自然科学与人文科学的不同属性，它们聚集着人类智慧的光辉，不可否定具有指导人类当代生活及未来发展方向的功效。这些是形而上的宏观理念。在形而下方面，即具体人才培养及设计成果方面，则以具有行业需要及地域特色的形式来彰显。

广西艺术学院 2010 年确定了中长期办学目标：面对广西经济社会文化发展的新格局，学校的战略目标是把广西艺术学院建设成为培养适应广西经济建设、社会发展和文化建设需要的高层次艺术人才的主要基地，成为解决广西文化建设和文化产业发展、文化体制改革重大问题的思想库和人才库，成为中国与东盟艺术交流合作和艺术生产服务的重要基地，到 2015 年，把学校建设成为以艺术学为主、多学科协调发展，优势突显，特色鲜明，在东南亚地区有一定影响的较高水平的综合性艺术大学。到 2020 年，建设成在全国及东南亚地区有影响的、特色鲜明的高水平、综合性高的艺术院校。

这些无疑为学院各个学科明确了发展定位和方向。根据学校的定位，我们建筑艺术学院认真地修改调整了各个学科专业的教学大纲，重新论证了各专业（方向）的培养计划。教学方面，认真落实"三化四结合"的课程体系，突出"三化"（即理论教学系统化、实践教学多样化、教学管理规范化）以及"四结合"（即设计创意教学与项目实践相结合、民族元素与设计创作相结合、设计教学与地域特色相结合、习作与展评相结合）的课程特色。这些制度的制定是实现设计教育系统化、特色化的前提与保证。

2　调整合理的课程结构及内容

我国的艺术教育虽然已经形成完善的培养模式，但它仍然普遍呈现出传统的单一学科属性，其局限性仍然十分明显。尤其是课程设置与教育手段，长期针对传统专业人才培养定制的教学体制造成了学生智能开发欠缺和知识结构单一、实践技能低下的现象。在传统的艺术设计教学中，教师只是按部就班地传授理论知识，学生被动地接收和练习，没有实际操作的应用。如今教育形成产业化以后，如同工厂的标准化生产，出现了一种追逐最大利润的景象，教师的使命感、责任感淡薄，甚至丧失，违背了教育本身的初衷。同时大多的教学过程中忽视了设计拓展素质的培养，许多学生埋头于设计技巧、形式的模仿或翻新，却没有从根本上获得属于自己的设计能力，又或者说，他们的设计能力很有限，没有足够的内涵和设计以外的素质，从而使得设计缺少应有的活力、应变力和拓展思维。因此，学院就根据社会需求加大了进行设计教育改革、调整的力度，制定出更加适合时代发展的设计教育体系。例如按照艺术设计学科和当下社会需求的特点以及人才成长规律，合理分配各项课程科目、授课时数，重点向专业实践应用型转型。根据建筑艺术学院各个专业的特性大量增设使用实验室的课程，促进学生的动手能力；加大社会项目技能实践课程：建筑艺术学院非常注重校外实践基地的建设，校外教学实践基地在原有的广西展览馆、广西华蓝设计有限公司、广西桂港装饰工程公司、广西赛维展览工程公司、广西高迪装饰工程公司的基础上又与广西建筑科学研究设计院、广西城乡规划设计院建立了校外教学实践基地；进一步建立了与广西桂港装饰工程公司、广西赛维展览工程公司的校企研究生共同培养基地。

3　加强艺术设计教育的产学研结合

建筑艺术设计教育改革方向除调整和完善专业课程体系外，还必须大力加强实践技能性的训练，就是开拓社会实践基地，真正实施产学研的结合，鼓励校企合作项目融入教学。对于现今高校艺术设计教育来说，所有这些都是以提高教育质量、培养创新型人才为目的的。在2010年出台的《国家中长期教育改革和发展规划纲要》为我国的教育制定了全面的指导性规范，纲要中对人才的实践技能培养有着重要的要求和建设性指导：高校在完成专业理论学习的同时要真正与社会企业挂钩实习，校企合作正是提高质量、改革创新的举措之一，以此充分地强调学生社会实践的动手能力，所以规划纲要当中也十分注重把校企合作定位成改革创新的切入口和突破口。将校企合作以项目形式融入教学中，实现"产学研"结合，将设计目标同艺术、文化、地域、产品、推广等相关内容融为一体，实现实践教学的一体化。

在这方面，我们广西艺术学院建筑艺术学院的尝试初见成效。在社会实践项目中，让学生做出具体的可行的设计方案，老师会加以指导，选出优秀的学生设计作品和设计公司、企业一起竞标，一展身手。这样的实打实战的机会一下子就把学生的创作设计欲望掀起来了。比如借助中

国——东盟博览会永久落户南宁市带来的会展业发展的契机，会展专业的学生与作为校外实践基地的广西展览馆承担了2007~2011年的中国—东盟博览会的广西展览馆分会场总体及部分展位的设计，并且参与了施工实践。2013年部分环艺、会展、景观专业的学生与校外实践基地——广西建筑科学研究院一起，为广西第三届园艺博览会室内展馆进行设计与施工，实现了社会项目驱动学校课程内容的教学模式：一是课堂上的策划、设计，二是实践中的材料运用、施工工程等项目内容，而且它们是两个前后递进关系密切的课程。2015年景观、会展专业学生为龙州县上龙村进行了新农村建设改造工程方案设计，同学们在老师的带领下多次到农村现场测量考察，设计方案得到了县领导及当地村民的好评，目前正在实施当中。此外，每年还组织学生参加广西科技活动周、房博会、汽车展、新农村建设的活动的策划、设计，达到了专业理论与社会应用实践结合的目的，可以看到结合实践性教学模式后，理论教学不再是纸上谈兵，学生的设计潜能得到了意想不到的提升。

通过这些社会项目的实施，学生可以亲身体会到由文本的方案策划、图纸的方案设计到实际施工的过程，从中得到从图纸向现实工程转换的经验，还有现场因地制宜的灵活变动的方法以及施工强度的感受。再通过实践项目的成果展示进行总结研讨会，由学校教师、设计公司设计师、企业代表同时评点。会上得到了各方面专家中肯的评价，并总结探讨了行之有效的实践教学模式，从而实现由理论到实践又回到理论（理论总结、评价体系）的收获。

通过课堂设计教学与实践项目互动，教师的角色转变成教师与管理者，企业设计师转变成施工实践课程的教师，以各自的优势通过角色转换进行互补，课堂设计教学与实践项目互动，这些成了建筑艺术学院设计课程教学的一个新方向、新举措，并且获得了较为成功的效果。

4　以地域文化为基点，凸显民族文化特色

社会的快速发展，"地球村"概念的提出，网络、信息的全球共享，所有的新的设计概念、样式，在世界的每个角落瞬间即可获得。因此，不管是建筑还是产品、环境、室内设计，均呈现出世界"大同"现象，这就是"拿来主义"使然。再加上中国式的"形象工程"、"亮化工程"，使得大江南北，全国上下千城一面，把各个地方的地域特色统统淹没。在我们西南民族地区不乏反面例子：十几年前的桂林市的改造工程中，竟然去模仿复制欧洲的铁桥、石桥、玻璃房、西洋雕塑，夜景的霓虹灯竞相闪烁。时至今日，还不乏延续这些"光辉举措"之作。2014年8月，笔者再次去黔东南考察，黎平县肇兴侗乡被改造得像城市的公园，漂亮的护栏，新建了一批规范化的建筑群，晚上灯火通明，霓虹闪烁，大大地削弱了民族村落的内涵和景象。同属一个州的黎平、雷山、台山、剑河、镇远等好几个县城也装

扮得与繁华都市别无二样。所有这些，一是淹没了地域特色，二也是一种光污染，三更是一种浪费。

几千年文化与历史积淀，形成了内涵深厚、博大的中国传统文化，而各民族又聚集了本土文化特征：本民族传统的诗、歌、舞、书、画、建筑、服饰等都可以引用到现代设计中去。"民族设计"不等于现代形式与传统图案的简单叠加，我们要抓住民族传统的"原点"，做到保留传承，并在此基础上有效创新，结合融入现代设计理念，产生新的具有地域特色的设计形式。

我们有个实践项目是在黎平铜关寨为腾讯公司的扶贫项目设计建造一个度假村，在采用当地侗族的建筑形式的前提下，根据功能需要而对建筑作了一些改良。如度假村中心的音乐厅就是按照鼓楼的样式，在外部体量上进行放大，对内部空间则重新分割。客房的空间形式因为要融入现代的起居生活功能，进行了新的空间形式分割，适合了现代人的起居生活方式。在木楼防噪声处理方面，采取了中间夹层泡沫板的工艺。建筑工程施工方面，整个度假村完全由当地村民按照传统施工方法来完成。度假村定位为原生态环境，原住民管理形式，楼旁的稻田、溪水完全按照原样保留，甚至进村的道路也是羊肠小道式的，尽可能保持、凸显当地民居村落风貌，以使当地的民族建筑特色以新的形式延续下去而得到有效的保留和保护。

我们建筑艺术学院就是充分发挥地域优势，增加了地域民族文化元素应用课程，规定每一届学生的两次外出考察课程必须要有在本地区进行民族元素考察的内容，以更好地完成优势凸显、特色鲜明的实践应用型人才培养目标。

这些举措必须在深度与广度上做足。深度，就是在地域文化方面进行深度挖掘，对历史脉络的调查分析做到细致而清晰。广度，既包括来自不同国家、地域的民族传统文化，也囊括了人类共享的现代与未来文化。这样才能够站在国际平台上设计创造出世界一流的作品，胜任社会赋予的重任。

5 结语

授人以鱼莫不如授人以渔。培养设计专业人才的关键不仅在于学习设计的技巧，而更重要的是使其拥有源源不断的创造力。艺术设计专业不是纯粹的艺术欣赏，更是实践操作能力的展示，随着时代的进步，人们生活水平的提高，会对设计水平和鉴赏价值有更高的要求。旧式的陈旧的教学模式远远满足不了时代的变化发展的需求，需要进一步作出调整和改善。高校的设计专业不仅要具备扎实的专业技能，还应具有较强的民族文化素养。充分发挥地域特色的优势，就是充分强调在课程上通过纳入地域民族文化，使其成为设计教育课程体系中重要的一部分，以凸显自己的办学特色，形成自己的优势，从而确立有特色的设计教育模式和体系。不断探讨，建立起一套适合新形势、本地区的艺术设计人才的培养教育体制，培养切合实际的艺术设计专业应用型人才，达到毕业学生与社会用人单位的无缝对接，为社会培养合格的设计人才，以更好地服务当地经济建设。这样的设计教育课程改革有着重要的现实意义和实用价值。

参考文献：

[1] 广西艺术学院关于国家级"质量工程"的"特色专业"项目实施情况的总结报告（2010 年 9 月）.

[2] 江波 . 设计类艺术硕士专业型研究生培养模式探索·道生悟成——第二届国际艺术设计研究生教学研讨会论文集 [C]，2012.

[3] 张叶蓁，等 . 现代教育的思考——创建中国特色的现代设计教育 [J]. 艺术与设计，2007（2）.

论京族民居建筑的演变与文化属性

广西艺术学院　陶雄军

摘要：论文以京族民居建筑为研究对象，探索京族历史发展过程中建筑文化的发展历程。系统归纳出京族民居建筑的初级阶段、物质成熟阶段、精神追求阶段三个发展演变阶段，并对其建筑类型与文化属性进行分析探讨。

关键词：京族；民居建筑；演变与发展；文化属性

1　京族民居建筑的历史渊源

京族原为"越人"，历史上称为"京人"，广西京族三岛的京族系于 15 世纪末 16 世纪初 从越南涂山迁徙而来，是中国少有的整体以海为生的海洋民族，同时也是跨国民族。在京族的叙事歌中，对其祖先的迁徙也有反映："京族祖先几个人，因为打鱼春过春；跟踪鱼群来巫岛，孤岛沙滩不见人。"东兴市江平镇的京族三岛是我国京族唯一的聚居地，具有得天独厚的地理优势和良好的生态环境。京族三岛在明朝和清朝时归越南管辖，为越南的飞地。1885 年中国和法国签订了《中法和约》，即《中法会订越南条约》，越南的飞地江平、黄竹、石角、句冬（现广西的江平、黄竹和白龙尾半岛）划归中国。根据清史记载：广东西南江平、黄竹一带，从思勒拓展边界到海，南北计四十里，东西共六十里。① 京族传统民居建筑主要分布在广西壮族自治区防城港东兴市的万尾、巫头、山心三岛及恒望、潭吉、红坎、竹山等地区。民居建筑先后出现了原始早期的栏栅屋，中期坚固耐用的石条屋和当代豪华宽敞的南洋法式新民居三种类型。现在的京族聚居地，三种不同时期、不同材料、不同文化属性的民居建筑同处一村的现象比比皆是，京族民居建筑以其多样的文化属性和文史价值，在中国传统民居建筑中独树一帜，具有很好的史料实物研究价值和学术价值。

2　京族民居建筑的海洋文化特征

靠海为生的海洋情结：京族的这种靠海为生的特定生活方式与民族文化背景，构成其与众不同的建筑文化地域性特征。京族以渔业生产为主，加之北部湾地区亚热带海岛的生存环境，在长期的历史变迁中，逐渐形成了有本民族特色的物质文化和风俗习惯。京族精神生活中的海洋文化与民族文化融为一体，海神信仰成为京族祈求海上平安、渔业丰收及多种信仰的核心。北部湾文化包括"海洋文化"、"珍珠文化"、"民族民俗文化"等类型。北部湾文化具有"开放性"、"多元性"、"包容性"和"国际性"等典型海洋文化的特征。②

京族对各种文明兼收并蓄，多种信仰共存，形成了京族海洋性的意识形态，民居建筑文化反映了原居住人民的民族文化情节。京族渔村文化是渔民多元文化的融合，是经过长期荡涤和汰选的文化历史积淀，它包容着民俗和宗教的意蕴。京族人向海祈祷风调雨顺、国泰民安。哈节

---

① 梁宇广．京族：我国唯一的海洋少数民族 [N]．经济参考报，2011-03-2．

② 吕余生．广西北部湾地区历史文化资源保护与开发研究 [M]．南宁：广西人民出版社，2011

是京族最隆重的节日，各地都有专门用于哈节活动的建筑物——哈亭。近年，东兴京族频繁与世界各国进行文化交流，越南也派出代表团前来参加。京族哈节被列入国家级非物质文化遗产名录。京族的民居建筑体现出了海洋性气候特点和滨海特征，民居在形态上具有干阑式建筑遗风，同时京族的民居建筑还注重地域性材料的应用。京族的村落与内地渔村相比，整个空间更为开放，没有碉楼、围墙等防御性设施。民居建筑也更为开放，没有大门、围栏，没有岭南特有的趟门等。干阑式民居建筑形态使得整个结构相对轻盈，且可以有效地让台风通过，木结构的多样性也使得建筑更为稳固。石条屋民居整体较为厚重，且整体建筑尺度低矮，其建筑形态与地域性石材的运用使石条屋民居具有更好的防台风和隔热功能。京族是中国为数不多的以海洋文化为主要特征的少数民族之一。

3　京族民居建筑的三个演变发展阶段

民居建筑的产生及发展是社会、经济、文化、自然等因素影响的综合反映，在1511年至今的这段漫长的历史岁月里，京族的传统民居建筑形成了鲜明的地方特色和个性特征，蕴涵了丰富的文化内涵。其建筑除注重实用功能外，更注重其自身的空间形式、艺术风格、民族传统及与周围环境和谐相处等特点。经过多次对京族三岛的实地深入调研，笔者认为，数百年来京族民居建筑先后经历了从栏栅屋到石条屋，再到越南法式新民居的演变发展的阶段。

3.1　第一个演变发展阶段——栏栅屋民居

原始简易住所阶段——干阑式建筑遗风栏栅屋：早期民居建筑栏栅屋是京族海洋游牧文化的体现。明朝时，打鱼的京族人最先用茅草做房，后面发展成木头做的穿枋房。干阑式建筑遗风，是以木为柱，以竹、泥为墙，从茅草为盖，属草庐茅舍一类，易于搬动。茅草房的基本大小为5米×6米、5米×3米，以茅草屋的顶部也是用茅草搭建，没有使用一颗铁钉，底面是架空离地的。"架"是利用结构柱或者自然元素界定领域和空间的手法。据旧地方志记载，京族在20世纪40年代以前，其居住房舍普遍是原始而古老的干阑式竹木结构。房屋的四角竖起四根木柱，一边高一边低，形成坡度，也有用六根木柱成金字形的，每根木柱垫以石头防腐。墙壁用木条或竹片编织，有的还糊上泥巴。屋顶盖以茅草（极少数盖瓦片），几年换一次。因为近海有台风，所以盖瓦片可防止屋顶被台风掀起。屋内分隔成两层，上层密排着粗竹片或木条作为地板，再铺上一层粗制的竹席或草垫，平时脱鞋入屋，坐卧其上。地板下面圈着鸡鸭和堆放杂物。由于它的低矮和简陋，人们称之为"栏栅屋"。这种居住形式，较多地保留了古代越

族的干阑的特征。[①]屋内用竹片隔成三个小间，老人住正间，子女住左右侧间。由于广西地处亚热带，高温多雨，地方潮湿。广西的干阑式建筑，多用竹木，一般都是一楼一底、四榀三间的木结构楼房。建筑横腰加建一披檐，用以增加檐下使用空间，形成宽敞前廊，便于小憩纳凉。栏栅屋这类建筑结构的形成正是从事游牧生产、逐水草而居的京族人们与壮民共同创造的文化。京族早期栏栅屋是海洋游牧生活方式的历史反映和写照，体现出其海洋游牧文化属性。

3.2　第二个演变阶段——石条屋民居

木石结构成型并发展阶段——石条屋建筑：草屋是石条屋的初级形式。石条瓦房是现在能看到的京族传统住房，即外墙砌石条，房顶盖琉璃泥瓦，屋脊与瓦行间都压着小石条以抵御海风，是由栏栅屋发展而来的。从20世纪50年代开始，随着生产的不断发展，京族的起居条件发生了根本的改善和变化。这种变化的明显标志就是取而代之的石条瓦房的普遍出现。京族人民具有亲石的文化情结。京族三岛一带有一种地质断裂层岩石，当地人称"红石"，质地硬中带软，容易加工，且其原始状态就是相对工整的长条形。由于取材方便，加工容易，京族人于是就地取材，利用它来建房，这种建筑形式极大地提高了住房的抗台风能力，并迅速得到普及，代替了原来的草庐茅舍。一般全用石砌的屋都较小，它受石板长度的限制，砌好后，空隙再补上灰泥。每块石条长75厘米，宽25厘米，厚20厘米。石条砌墙，房高约7米，屋顶盖瓦，稳固凉爽，可抗台风。石条屋抗风耐湿，联排或独立成座，这种独立式的单座三开间的石屋小院，室内都约定俗成地用条石或竹片之类，分隔成左、中、右三间，正中的一间是正厅，俗称"堂屋"，正壁上安置神龛，称"祖公棚"。[②]正厅除节日用于祭神外，平时又是接待客人以及吃饭、饮茶、聊天的地方，可兼作客厅。左右两间作卧室，各间的前面留出很宽的过道，并横贯全屋。家私杂物，如凳桌以及农具、工具放在过道墙脚边。厨房大多另建成间，紧靠正厅的外墙，并与屋内的过道相通。为了照顾老人，子女就住于厨房边的隔间，距厨房远的隔间就让老人住。

独立成座的石条屋建筑形成了独特的京族散点式渔村布局形态，这种散点式布局的村落形态与内地密集的村落建筑形态不同。散点式布局形态使村落更便于通风散热，还能更好地抵御台风。散点式建筑布局有其开放的一面也有其封闭的一面，由于京族是外来民族，因此其少有防范意识，这一点正好体现在民居建筑的布局上。石条屋大都建在林荫中，午休时居民们喜欢躺在挂于树间的吊床上纳凉。石条房坚固耐用又抗风耐湿，非常适合沿海地区

---

① Ivy. 京族的居住 [OL]. 福客民俗网，2007-10-30.

② 欣榆. 从窝棚到琼楼玉宇 [OL]. 防城港市新闻网 - 防城港日报，2011-4-15.

的气候和生活，是京族人民的杰出发明与创造。石条屋民居建筑是京族文化的一个结晶，是构成北部湾地区京族文化的一个重要部分。这种别具一格的石条作砖墙、独立成座、屋顶以砖石相压的居家建筑，构成了京族地区建筑的民俗特色。齐康教授在地区建筑文化分析演讲中提到建筑有使用价值、经济价值和文化价值，而各地文化形成了一个总的文化价值。[①]石条屋建筑与滨海环境很好地融为一体，石条屋民居建筑在当前各地民居渐渐趋同化，甚至建筑审美上也趋于相似化的背景下，凸显出尤为独特的地域性。因此，京族的建筑形式体现出了广西壮族的地域文化属性。

3.3　第三个演变阶段——越南法式新民居

追求精神价值发展阶段——越南法式新民居建筑：改革开放以来，京族成了中国最富裕的少数民族之一，物质的丰富带来了京族在建筑上对精神价值的追求，东兴京族传统的渔村文化开始同现代的外来文化相交汇而实现了"异质同构"，渐次生成了一种应和着现代渔村的新民居建筑文化。历史上，越南建筑受到大量中国传统建筑和文化的影响，但随后也渐渐发展出了属于越南的独特风格。东兴地处中越边境，越南曾是法国殖民地，因此东兴的建筑风格也受法国影响，现今的建筑亦带有法式风格。1850年广西北海开关后，东兴与外界的文化交流就更为密切，北部湾沿海各地也受到了外来文化的影响，如京族聚居区的竹山三德天主教堂就是受到了西方文化影响，形成了具有西洋建筑特点的典型实例，包括北部湾沿海地区的骑楼建筑、那良古镇的西洋街、涠洲岛天主教堂等。

东兴的京族与越南民族的习俗相近，在京族三岛上可以看到许多京族民居与法式建筑风格相结合的新别墅式民居，高3~5层，独立成栋、不连排，且外观多变，色彩丰富，建筑外观颜色以淡黄、粉红为主，大多由圆形拱顶、精致光滑的廊柱和半圆形开放式阳台构成，带有精致的窗棂，每层都有漂亮的法式阳台正对着道路。法式建筑为钢筋混凝土框架及砖混结构，外墙面贴多彩瓷砖。建筑门窗装饰多为法式浮雕纹样，窗形有方形、圆形、拱形等。大户型民居还装饰有欧式廊柱、三角形山花结构等，具有简约的巴洛克建筑特点。与石条屋、干阑屋相比，法式别墅民居可利用的空间增大了数倍，有多层复式结构，而石条屋仅为单层结构。法式别墅的建造不仅在技术上有所提升，同时也反映了人们生活水平的提高，如现在大多京族民居都有停车位的设计，京族家庭里设有多个电视接收器等。现在京族三岛上越式法式混合建筑风格的民居集中于一起，形成了京族聚居地独一无二的风景线。中国工程院院士何镜堂在"文化传承与建筑创新"中提出，文化的传承和发展都在原有文化基础上进行，如果离开传统、断绝血脉，就会迷失方向、丧失根本。建筑作为一种实体，却表达着文化意义，建筑文化是有层次的，包括物质的、精神的、审美的，建筑历史的演变或沉淀会产生一定的文化。[②]在改革开放大潮的冲击下，京族法式建筑风格新民居是精神文明和物质文明两方面的体现，是东西合璧建筑文化的体现，具有明显的南洋法式文化属性。

4　结语

通过对京族民居建筑的发展演变与文化属性的系统分析研究，京族民居建筑的多样形式和特点是诸多因素之间相互作用的结果。京族民居建筑反映了时代性和地域性的文化属性取向，京族三岛民居建筑独特的三种共存的文化属性，鲜明地记载了中国一个少数民族的巨大进步。综上所论，京族民居建筑具有很好的史学研究、旅游文化、建筑美学等实际价值．可以在京族三岛设立京族原生态海洋文化渔村旅游项目、京族石条屋民居度假酒店等特色文化旅游项目、还启示出应在吸收传统文化精华的基础上，发展创作有地域特色和中国文化精髓的现代民居建筑，以满足人们对居住建筑环境及其精神文化不断提升的需求。本文的研究成果在当前广西北部湾地区的城镇化建设中有一定的启发意义。

① 齐康. 我的建筑梦·我的中国梦 [Z]. 东南大学，2013-10-20.
② 何镜堂. 何镜堂南昌论道：建筑设计要体现地域文化时代的统一 [OL]. 大江网，2011-08-05.

邕江水长　蒲庙更新 *

广西艺术学院　黄文宪

摘要：古镇是遗留着过去若干时代社会形态、经济成就、民生状况的物质性载体。对古镇的更新计划，只有通过对古镇详尽的实地调研，对相关历史资料的认真分析，并运用整体规划的原则进行专业性的探讨，才能作出实事求是的可行性报告。本文试图以地域性为重要线索，摸清古镇家底，理清规划思路，作出古镇更新的一些具体方案，希望为古镇的重生贡献一种思考，贡献一分力量。

关键词：地域文化；规划思维；抓住关键；提升品质

受南宁邕宁区有关部门的邀请，我院部分教师及研究生与邕宁区的建筑、规划、文管多个部门领导和技术人员召开了一次关于古镇的再生规划的研讨会。会前我们进行了蒲庙古镇的调查，收集了现场的有关资料，为参加这一研讨会作了较为充分的前期准备，并为此提出了我们的可行性研究报告，报告分为四部分。

1　寻找历史线索，摸清古镇家底

邕宁区的建立大约可追溯到 1800 年前甚至更早，邕宁境内的五象岭，传说为秦始皇开拓疆土之时，自灵渠入桂一直向南，来到邕州属地，正向进发，见五座形似大象的山岭挡住去路，显得景观不凡，加上山色葱茏，更显祥和安宁，自感这里是一个风水宝地，下令驻地成村，于是就有了"南宁"之地名，意为南方安宁之地。又见绿水长流，一江东去，环绕曲迂，再赐"邕"之名号，邕字上有三水汇集，下为邑乡成片，意为临水之城，于是邕州就这样在古人的世代繁衍、开拓耕耘中发展了起来。"先有邕宁后有南宁"，这也是值得邕宁人骄傲的地方。事实上，邕宁古镇留下了众多的文明遗存，如顶蛳山人的洞居、原始时期的拓荒工具古石斧，还有许多人文节庆，如壮族花

婆节、汉族龙舟赛等。邕宁码头和五圣宫是邕宁现存最有价值的历史遗产，城镇上的骑楼式古街也显示了邕宁作为水路交通埠头的地理优势，在明清两代已逐渐发展成为与粤、港、澳通商，与南洋、西欧相接的桂南重镇。闻名遐迩的蒲庙榨粉、蒸棕、酸菜鱼、米粉虫更是种类繁多，不一而足。再加上这里离南宁只有 20 余里，水陆交通便利，具备了古镇更新的四大条件：衣食住行的节点、人文历史的亮点、山水交汇的地点、物产丰厚的聚点，有古镇商埠的硬件，更有节庆典祭的软件，经过几番调查，使我们更有信心了。

2　理清发展思路，认识现代价值

以现代社会发展的理念，大力进行城镇化建设，是必由之路，在农村是使农业集约化、规模化、机械化，解放劳动力，让生产资料及生产要素向技术能手集中，使剩余劳动力向城镇工业转移。农民工通过在技校学习提高生存本领，培养工作技能，从而进入城镇工厂，成为城镇居民，享受城镇待遇。在城市，则是扩大人口规模，建立居住新区，开辟就业渠道，承接产业更新，提升市民素质，由原来计划经济的城市二元化转变为市场经济的城乡一体化，最后

---

*　此文出自黄文宪所著《火花集》一书。

完成城市和农村在国民待遇、生活指数上的微差化，在社会发展步伐上的协调化，让人民生活形态的互补性进入良性的状态。在这一进程中，过快、过急、过于粗放的发展模式，没有预先规划的周密设计、科学思想指导的建设方式，显然是不行的，甚至会使好事办成坏事。盲目的开发、野蛮的拆迁、拍脑袋的决定往往适得其反，成为制造社会矛盾、破坏传统文化、造成城镇硬伤的因素。我们必须从发展思路上下足功夫，从全国各地成功和失败的典型案例中，吸取教训和经验，利用邕宁的后发优势，依托邕宁的地利优势，用好邕宁的政策优势，挖掘邕宁的人文优势，总之一句话：寻求突破点，跃上新台阶。经过资料分析和现场观察，我们认为更新蒲庙古镇应在如下方面下功夫：

2.1 抓住关键节点，带动建设全局

就外部条件而言，蒲庙古镇与南宁的直线距离不到5km，但由于水路曲折，陆路绕弯，增加了不少路程，修整公路、开通水路、增建便道，是其发展的第一关键节点。经过广西政府有关部门的高速公路建设，现在通往蒲庙的各级别桥梁、公路已有多条，从物流的角度已大体满足发展的要求，但从人流的角度还远未达到要求。有了高速公路，人们会迅速到来又迅即离开，聚集效应与离散效应相抵消，因此，延缓和增长这一过程必须利用自然水路，建设悠闲便道。大自然赐予南宁至邕宁段诸多曲折的河湾，这些河湾是大地上最优美的线条，有时一水坦荡、大江浩荡，有时急湾连绵、曲折悠长。传统的商路主要靠河道作为物流交通，速度慢，但运力大，耗能量少，利于生态保护，如能开辟南宁至蒲庙的一日水上游项目，一来市民可以通过水路观赏沿崖山水风光、城镇新貌，体会文明历史、休闲趣味，二来村镇可以通过这一航道的沟通，增加农产品的销售，增加收入来源，增加城乡人民的情感交流，共同营造客流航运、观光悠闲的一大产业的兴旺发展。开辟沿江的自行车及步行便道，助力市民自助游活动的开展，市民通过健身运动达到两重目的：释放压力，寻求乐趣。乡村的自然景色最能抚慰人们在紧张的工作下形成的心理障碍，适度的距离使邕宁蒲庙古镇成为南宁后花园的最佳选择。所谓乡思乡愁，是一直萦绕于中国人心中的千年不变的情结，乡村是城市的根，寻根认祖不仅是血脉的认同、民族的认同和文化的认同，在沿江便道中，按规律设置休息区，对沿途的乡民进行物资交换，增加财源大有好处。

从内部环境来说，修缮古渡、改造寺庙、增设古塔是其发展的第二关键点。邕宁古渡古已有之，是来往邕江上下游的交通要道，现只剩零星货运功能，应加以修缮，恢复并增强其他功能，如举办赛龙舟的水上运动，推进传统节庆和时尚体育相结合，应大力倡导及时行动，因而修缮古渡应列入政府工作的行事日程，作为推动其他工作的抓手。具体做法是在原址通过增建石阶、水上平台，对防洪堤坝改造建设形成的古镇与江河分隔的景观进行修复，增加绿化及人文景观，使其与城中古建五圣宫连成一片，在堤坝与庙寺之间的三角地带开辟文化广场，建立以水文化为根基的景观再造工程，以传统的牌坊、雕刻、祀碑为主题，建立游客与市民共享的文化乐园，并以点带面、以堤连线，在江边石壁小山之上建设一座标志性古塔，让其成为蒲庙古镇的新景观和文化怀旧的标志物。这个作用不可忽视。据调查，凡古镇、古村、古城景观之中，有无古塔是一个重要的因素，因为古塔作为标志性建筑，其选择的位置较为突出醒目，有观景和景观的双重作用，成了城镇的特色表达，起到了其他类型建筑无法替代的作用，因此，这三者连为一体，应该纳入市政建设的重点任务。通过抓住关键节点，重塑古镇面貌，引领其他市政建设的发展。

2.2 利用蓝绿两带，提升市政质量

根据城市建设学者的研究，高质量的城市必须依赖蓝带和绿带的有效建设。蓝带是指城市水网的建设，因为大部分城镇都是依水而生、沿江构建的，靠水的地方往往是生物聚集、生态兴旺的地方，邕宁蒲庙作为沿江市镇，因水而生，因水而美。搞好了这一蓝带的建设，使之成为人民安居乐业之处，正是抓住了龙头，就会牵一发而带全局。说到绿带，是指城市的绿地系统建设，这方面，应有带状的沿街绿化行植，又要有点状的古树名花的孤植，还要有片状的公共绿地的遍植，因而利用地域气候和原有植物品种，特别是加强对亚热带常绿植物的培植、当地特色品种的引种有着关键的作用。譬如沿河码头是否可以重点种植蒲葵树？这种常绿的亚热带作物叶大如扇，招摇劲挺，颇有地域特点，与蒲庙的"蒲"字大有联系的意味，是可以作为绿化选项。沿街绿地可以选种红棉树，清明之时，红棉树叶未见花先开，高大疏朗中尽显红花灼灼，似有豪气冲天之美。另外，大王椰是近年来南宁城区较为适宜的临街植物选项，枝干挺直，树叶修长，遮阳力强，不散不蔓，尽显优雅姿态。而凤凰树是一种造景的树种，在解决了虫害问题之后，炎炎夏日，满树繁花，映天馥地，引人注目……绿化还可对生硬的建筑立面、平淡的建筑墙面起到软化和美化的作用，三角梅、迎春花、爬山虎等灌木和藤生植物都可以获得增添市镇的绿化、香化、果化、美化环境，净化空气，减少噪声的生态效果，这是花钱不多，效果迅速，收益明显的生态建设措施，是可以发动广大群众自觉地按市容建设规划进行的工作，只要真抓实干、长期坚持，就会大展宏图。总之，把蓝带与绿带工作抓到位，一定能够将蒲庙建设成南宁的后花园、悠闲地、卫星城，为南宁城市发展的整体目标作出重要的贡献，成为市民安居乐业的好地方。

以上意见，供蒲庙镇政府有关部门参考，如有帮助或

需要具体实践，我们更乐意参加，毕竟作为教育学术机构，重要的是知行结合，参与到城市建设实践之中，寻求产、学、研结合的途径，使社会与教育相联系，使理论与实践相结合，为新城镇建设、新农村建设贡献自身的力量。

参考文献：

[1]　沈择红，杨秋生.村庄资源与创新项目——中国农业公园 [M].北京：中国农业出版社，2011：9.

[2]　吴一洲，吴次芳.历史街区商业化改造绩效评估与优化策略——以宁波三大历史文化街区为例 [J].规划师，2013（10）.

[3]　夏杰，朱纪圆，季新亮.整体提升，分类引导——以《苏州老城区道路街景整治导则》的编制为例 [J].规划师，2014（4）.

高等艺术设计人才培养与教学体系研究

广西艺术学院　韦自力

摘要：创新意识和综合能力是现代艺术设计人才培养的重点，要培养高素质的艺术设计人才就要把握住市场需求与人才培养模式之间的关系，本文阐述了信息时代建立完善的高等艺术设计教学体系的重要性，强调转变教学观念，创新教学方式、方法，加强实践教学环节是现代高等艺术设计教育改革的必经之路。

关键词：高等艺术设计；素质教育；教学手段；实践教学

0　序言

中国高等艺术设计教育经过三十多年的发展，教育事业规模不断扩大，教学质量稳步提高，教育体系也从过去的工艺美术教育体系发展成为多学科交叉的综合性艺术设计教育体系，在多年的教育教学中培养了无数的优秀人才，为国家和地区经济建设作出了重大的贡献。

教育体系的建立和发展与时代经济模式相对应，教育体系所培养出来的人才必须适应社会需求，因此，其课程设置与课程结构必须与社会需求挂钩，按市场经济的规律来进行，现代高等艺术设计教育的一大特征就是从计划经济时期传统工艺美术教育体系"师傅带徒弟"的模式转变为以市场为中心的人本主义教育模式，是"人才观念"层面的突破，突破了传统型教育模式对学生能力培养的局限性，避免了传统型教育"高分低能"现象以及教学体系与市场经济不相融现象的出现。我们经常在与设计公司和用人单位的交流中得到反馈："学生有天马行空般的创意而不具备将其转换为现实的能力"、"学生在实际工作中出现问题的处理能力存在缺陷"、"这样的学生几乎没法用"等，这些问题的存在是忽视实践教学环节造成的理论与实践相脱离现象，是人才培养的缺失。因此，在以市场经济为中心的现代高等艺术设计教育培养模式中如何转变观念，如

何运用创新的教学方式、方法和创新的教学手段，提升学生的创造性思维和创新能力，如何在实践教学中衔接和协调好各实践环节之间的关系，拉近教学与市场的距离，解决"学"与"用"等问题是现代高等艺术设计教育主要面临的问题。

1　现代高等艺术设计人才培养新理念

1.1　以人本教育为主导

传统工艺美术教育，重结果而不重过程，忽视了学生在学习中的主体地位，忽视了他们的个性培养，扼制了学生素质能力的全面发展，同时也导致了学习不主动、厌学、逃课等现象时有发生。因此，人本教育新理念要求高等艺术设计教育要重视学生在学习中的权利，尊重他们的人格，让他们从根本上感受到人性的关怀和呵护。人本教育的本质属性可以从三个方面去理解：首先人本教育就是在教育中以人为本，强调教育的一切目的是为了人，通过学习和实践让受教育者收获可以使他们终身受益的品质。从这个角度来讲，高等艺术设计教育培养的是做设计的"人"而不是做设计的"机器"。从事艺术设计工作，所涉及的不只是其中的某个环节，而是整个项目，处理好人与工作之间、人与人之间、人与社会之间的关系非常重要；其次高等艺术设计教育要体现针对性，学生的成长环境不同，兴

趣、爱好、专业基础、专业能力也存在差异，对问题的看法也不一样，因此高等艺术设计教育应该实施分层次教学的原则，从大多数学生的实际情况出发，兼顾拔尖学生和落后学生的具体状况，有目的、有计划地实施针对性的分层次教学，更容易为创新型人才培养提供良好的外部条件；此外，高等艺术设计教育要鼓励学生的个性化发展，学生在学习中形成的良好个性化因素，对解决实际的工作问题会有所帮助，甚至对其一身产生重大的影响，因此教师在艺术设计教学中应以引导为主，促使学生在一系列学习和实践中了解社会、感知社会，并且在社会实践中形成和发展自己独特的看法和处理问题的方式，有了这种宽松的学习环境，学生的个性化因素自然而然地会得到开发。从人本主义的角度来讲，"人人都可以成才"绝不是一句空话，强化学生的自主地位，采用针对性的分层次教学，在学习中予以适当的引导而不是简单的否定，鼓励个性化学习，那么艺术设计人才培养就会向健康、高效的模式发展。

1.2 以素质教育为核心

素质教育是把学生培养成为能够为社会作出积极贡献的高素质人才的教育模式，随着时代的发展变革，原有的人才观念和人才培养模式已不能适应现代生活的需要，日益增长的物质文化需求和精神文化需求对高等艺术设计人才培养提出了更高的标准和要求，在这种情况下，高等艺术设计教育必须呈现以素质教育为核心的全面发展。一方面注重学生的世界观、人生观、价值观、道德观等内在素质的培养，强调高素质的设计师应该具备主观追求真、善、美的良好品质，树立服务社会的责任心，树立改善人类生存、生活、生产环境的责任心，在关注社会需求的基础上，关注设计的生态化立场，坚持可持续发展模式中生态环境的负责任态度。同时注重培养积极的心态和团队精神，高素质的艺术设计人才应该以社会发展为己任，以团队利益为重，而不是把个人的利益得失凌驾于社会需求的基础上，强调团队的协作精神，在多元化的学科体系和专业体系的细化使大量的艺术设计工作呈现多学科专业人员共同协作的运营模式中与其他专业人员相配合，提升品牌效应和团队竞争力；另一方面强调学生综合能力等外在素质的培养，培养学生热爱生活、了解消费心理，熟悉市场运作规律和发展潮流及变化趋势，具有良好的社会适应能力，如实践能力、创造能力、就业能力甚至是创业能力，使学生具备深厚的专业知识和成熟的技术能力，能够在毕业之后很快地融入社会、适应社会，并利用自身的竞争能力成为社会发展的推动力量。

2　改革教学模式实现教学观念的转变

传统的工艺美术教学模式显然不能适应现代艺术设计人才培养的需要，问题主要体现在"教"与"学"关系的定位和"怎么学"的方式上。"言传身教"是传统教学的主要方式，强调教师是"因"学生是"果"的关系，在传统的工艺美术教学模式中，教师就是师傅，是教学的绝对中心，学生跟随教师一招一式地学习工艺技能，进行技艺的模仿，处于被动接受的地位。这种教学模式对传授基础知识和基础理论，自有其存在的价值，而现代教育则强调教师与学生之间的关系应该是和谐统一的关系，教师应该是学习的参与者和引导者，而不仅仅是施教者，学生也不是一味消极地、被动地配合和适应教师的教学，而是积极地成为课堂的主人。课堂地位的改变有助于学生学习热情的提高，有助于学生开动脑筋、活跃思维，变被动学习为主动思考，充分调动学生学习的自觉性，教师从高高在上的位置上走下来处于"导"的位置有助于师生之间建立平等、和谐的教学氛围，有利于师生之间的交流互动。教学实际上是师生相互探讨、共同进步、共同解决学习中出现各种问题的过程。这种"授之予渔"的方式使高等艺术设计教学的重点从"教"转变为"学"，从传授专业知识转变为教授设计方法，引导学生如何去学习的层面上来，同时强调学生是鲜活的，是富有创造力的个体，在学习中给予学生一定的时间、空间和宽容的课堂气氛，注重挖掘学生内在的潜力，不轻易否定学生的思维走势，激发学生的创造性和积极性，从而避免千人一面的"规范"和"标准"模式，让学生热爱专业知识的探索、主动学习。

3　建立完善的高等艺术设计教学体系

竞争是经济社会的主要现象，竞争使社会对人才的综合能力要求不断提高，相应地也对高校艺术设计教育体系提出了更高的要求，因此课程的设置、教学的内容、教学的方式、方法等因素的改革与调整势在必行。

课程设置要考虑人才的供求关系，设置与社会需求相适应的课程内容。把艺术设计学科发展的前沿成果与最新的概念知识融入教学内容中，体现出多元化、综合性的时代特征，培养学生用发展的眼光看待世界和勇于探索未知世界的精神信念。在创新教学的方式、方法上，采用"问题式教学法"、"小组合作式教学法"、"过程式教学法"、"关联性教学法"培养学生的创新思维，激发学生的求知欲望，发展他们的主观能动性，提高他们的学习兴趣和创作激情。同时，强调实践教学的重要性，通过实践教学，促进学生了解学科发展的状况、了解市场动态，认识设计与务实、设计与管理、设计与推广之间的关系，将感性的知识转化为理性的认识和解决实际问题的能力，增加知识运用的灵活度。

3.1　优化课程结构、更新教学内容

"掌握现代艺术设计系统理论知识，具备适应社会能力和较强实践能力，具有现代艺术设计综合素质和较高艺术修养，具有创新思维和创新精神的高素质、应用型人才"。这一现代高等艺术设计人才的培养目标为课程体系改革指

明了方向，在现代人才战略要求下的课程改革可以从以下三个方面思考：第一，保持艺术设计课程结构的合理性，强调一专多能的人才培养标准。第二，学科知识体系从单一化向多元化发展，形成多学科的交融体系，体现艺术与科技、艺术与生态、艺术与可持续发展的交融，赋予课程新的时代内涵。第三，加强艺术设计课程结构与社会的关系，拓展实践教学，把社会的实际项目引入课堂，实现课程体系的社会化。

高等艺术设计教育是从传统的工艺美术教育中转型而来的，面对现代社会的多元化需求，进行教学内容更新与完善是不可避免的，设计是艺术与科学的复合体，高等艺术设计教育是社会需求、现代科技、美学观念相互作用、和谐发展的学科体系，这个体系除了科学的课程结构研究、先进的教学手段研究之外，少不了教学内容社会化、科学化的研究。传统的工艺美术教育主要依靠行业的经验而缺乏系统的理论知识，只是经验的言传身教，世代相袭，这种单一的教学方式阻碍了高素质设计师的培养、阻碍了创造性思维的开发，也不能满足现代社会人们日益增长的多元化需求。高等艺术设计教育要实现素质教育的飞跃，必须坚持探索与现代生活相适应的艺术设计教育新理念，关注学科发展的前沿阵地，重视学科领域热点问题的研究，如新技术运用的研究、人性化因素的研究、个性化因素的研究、生态化因素的研究等，与时俱进，不断地充实和完善教学内容，保持与时代脉搏同步发展的趋势。

3.2 创新高等艺术设计教学方式、方法

教学手段的创新是完善高等艺术设计教学体系的关键，不论是何种形式的教学手段，都必须是建立在以学生为主体的框架内进行。高等艺术设计教学方式、方法的创新是针对传统的"师傅带徒弟"模式而言的，是依据开拓思维、挖掘潜力的思路，引导学生以积极的态度，吸收已有文化成果、探索未知世界，同时根据不同的教学内容灵活地采用不同教学手段保证素质教育的全面实施。

（1）"问题式教学法"。所谓"问题式教学法"就是在教学中鼓励学生围绕问题展开学习，以问题为中心，以寻找解决问题的思路为途径，以问题的解决为终点的学习过程。同一个事物有不同的观察点，同一个问题也有不同的解决方法，因此对学生来说，问题式教学法给了他们自主学习的维度空间，他们可以自由地选择感兴趣的或心存疑虑的问题去迎接挑战，而对于教师来说，引导学生掌握以问题为中心的学习方法，比问题本身的解决更为重要，因为它是构建学生知识体系的基础。艺术设计的"问题式教学法"主要体现在对某些固有知识的思维方式和习惯做法提出疑问，从而发现问题，而问题的存在使学习更有针对性，多元化解决问题的方式则是探索的结果。这种以问题为中心的学习方式对艺术设计专业的学生来说是非常有效

的提高自身素质的学习方式，因为艺术设计工作很大程度上就是发现问题、分析问题、解决问题的过程，并且以解决问题的创意和实效作为评判设计优劣的重要标准，学生在课题的磨炼中把感性的知识提高到理性的认识上来，实现素质能力的提升。

（2）"小组合作式教学法"。相对传统的教学方式而言"小组合作式教学法"是一个具有标志性意义的变革，是针对学习上的"个人主义"而提出的改革方案，合作和参与的学习方式，给沉闷的传统教学带来了勃勃生机，学生作为小组成员通过倾听、讨论、体验从而融入学习中，真正成为学习的主人。教师在其中更多的是起组织、协调、引导和帮助作用，是学习的参与者。学生与学生之间、学生与教师之间可以进行多项交流与合作，每位小组成员都是学习的主体，都有参与讨论、倾听他人意见、表达自己看法和思路的权利。

信息时代多学科交融的知识体系，使艺术设计工作呈现多元化的交流与合作，设计师作为个体要与用户之间、与合作伙伴之间、与行业管理机构之间进行多方的交流与合作，以产生积极的推动因素，便于设计工作的顺利进行。高等艺术设计的"小组合作式教学法"就是针对这一工作特点而提出的，它不单是艺术设计教学的手段，同时也是教师与学生一道探索知识的媒介，不同的生活体验使小组成员成为独特的个体参与到专业领域的交流与合作中，相互作用，产生良好的"化学反应"，学生在合作式的学习中学到的东西远比从教科书上得来的要印象深刻。当然小组合作式的学习方式也需要一定的合作基础，比如小组成员要相互信任、相互支持，要具备陈述观点和看法的能力，具备概括理解他人观点的能力，能客观地提出自己的见解，能批判性地接受他人的意见等。"小组合作式教学法"对高等艺术设计专业大学生能力的培养，尤其是对交流能力、概括能力、演讲能力、展示自我能力的培养有很好的效果。

（3）"过程式教学法"。重结果不重过程是应试教育的主要特征，也是传统教育存在的弊端，为了结果而不择手段，因此复制、抄袭、模仿现象时有发生，这一不良现象的改变要求教育工作者从教育的本质上去找原因，从素质培养的角度去看待问题，学生只有真正实践了认识事物的过程和反思问题的过程之后，才能体会到学习的乐趣和满足。高等艺术设计教育的"过程式教学法"修正了结果是教学唯一目标的观念，把对事物的认知过程看得比结果更为重要，并将其视为学生主动构建专业知识体系的重要方法，事实上"过程式教学法"与"问题式教学法"、"小组合作式教学法"等培养模式一道，都强调学习的自主性，学生围绕问题自主地收集资料，自主地归类、整理，自主地构建信息价值体系和信息处理模式，体现出认知过程与

素质教育的关系。

（4）"关联性教学法"。利用事物关联性原理进行教学的方法，是学生对专业知识进行深层次的思考和分析，形成自己解决问题的模式之后，对问题的深入反思和总结，总结同一个问题的多种解决方法之间的联系，掌握事物发展的规律，掌握事物与事物之间的关联性原理，从而掌握将事物发展规律转移至另外一个课题或领域的能力。

艺术设计是一个开放性系统，表现为多学科交融的学科体系，因此艺术设计领域的许多问题都可以从边缘学科领域中寻找到解决问题的思路和途径，同时也可以将设计领域中的知识性原理，转移至其他领域中，影响周边环境。此外学生利用知识的关联性特点进行学习有很大的灵活性，他们不仅可以在与本专业的教师交流中得到帮助，还可以寻找其他相关领域教师的帮助。有了这种自我提升的能力，学生将来会成为独立的设计师、独立的学者，可以不断地运用设计领域或相关领域的知识提升自我。

3.3 加强教学实践性、注重综合能力培养

实践是获取知识的主要途径和最直接方式，通过实践活动可以使知识、技能和素质获得提高，可以将抽象的感性知识转变为理性的直观体验，可以把书本知识转化为可以运用的知识，更好地服务社会，因此强调实践教学、完善实践教学环节是高素质人才培养的重要内容。一方面要重视课题教学与实际项目相结合，以实际项目作为教学的主要内容，将当地经济建设中的实际项目进行组织安排，给在校学生建立一个与社会接轨的平台，比如环境艺术专业的项目式课题教学可以让学生在项目的定位开始介入，通过资料收集、市场调查、项目分析、方案设计、模型设计、施工图设计及施工管理、项目总结等工作的参与，体验和感受整个项目的实际运作情况和实施过程，使学生对设计与施工、对材料、结构及工艺有更为直观的认识，从而解决高等艺术设计专业学生存在的重创意轻技术的问题，通过掌握技术性的因素来解决学生"天马行空"般创意无边际的问题，懂得新概念的创意思维与现代技术之间的内在联系，使创意思维在有限的条件下得以无限延伸，而不桎梏于原有设计模式的束缚，成为没有创意的"复印机"和重复工作的"设计机器"；另一方面鼓励学生走出校园，融入社会，进入实践教学基地和设计公司，直接面对市场的需求。这是培养素质型、应用型人才的重要阶段，在这个阶段的学习中引导者从教师变成了客户、材料商、行业管理者、企业的设计师、施工管理人员等，学生在与他们零距离接触中，不仅可以了解到市场需求，了解材料属性、成型技术、施工工艺等专业知识，还可以了解到经营策略等综合知识，使"学"与"用"的距离最小化，这种全面融入社会的实践教学过程对即将毕业的学生来说是非常重要的体验环节，学生不仅了解了市场信息，提高了专业技能，更重要的是他们具备了适应社会的能力，包括与人沟通的能力、展现自我的能力、创造能力和团队精神等，为他们毕业后更好地融入社会，迅速地就业甚至是创业提供实效性的帮助。

4 结束语

在不断完善高等艺术设计教学体系的过程中，我们应该清楚地认识到两个方面的内容：一方面要认识市场经济与人才培养模式之间的关系是相互联系、相互促进的关系，市场是检验艺术设计教育质量的标准，也是推动艺术设计教育向前发展的重要因素，高等艺术设计教育培养出来的人才要适应社会的需要，成为经济建设的推进力量，同时人们日益增长的物质文化需求和精神文化需求又对高等艺术设计教育提出更高的要求；另一方面还要清楚地认识到素质教育是一个系统化的发展过程，必须以先进的教育理念作为支撑，推广合理的人才培养计划，才能实现课程设置、教学内容、教学手段以及实践教学的有机统一，实现素质型、应用型人才的全面推进。

参考文献：

[1] 薛天祥 . 高等教育学 [M]. 桂林：广西师范大学出版社，2004.

[2] 周进 . 培养和提高大学生创新能力的方法与途径 [J]. 国家教育行政学院学报，2008 .

[3] 袁康敏 . 从科学人才观谈高等教育人才培养新理念 [J]. 商场现代化，2007.

广西风景园林地域特色设计符号构成与发展

广西艺术学院　曾晓泉

摘要：作为全国唯一具有沿海、沿江、沿边优势的少数民族自治区，广西山清水秀，拥有非常丰富的自然资源和少数民族资源，独具风景园林地域特色。从广西特有的少数民族文化、地理文化、跨文化地方特色等几个方面提取风景园林地域特色设计符号，通过对民族文化的系统性传承、对山水风貌的保护性开发、对乡土植物的优化配置与养护，可打造风景园林地域特色。强调风景园林地域特色，也要重视景观设计为使用者服务以及低碳园林发展的需要，才能真正弘扬地方特色，这是对广西风景园林地域特色设计符号的再造。

关键词：广西风景园林；地域特色；设计要素

0　引言

"园林是活景观，有文化与艺术特征，更有地域特色。"[1]

改革开放以来，经济快速发展成为中国社会发展的巨大机遇，与城市建设息息相关的风景园林绿化有了长足的进步，它为在人们面前快速出现的城市新区、层出不穷的新建设项目进行装点美化。但是，在高速发展的进程中，中国城市和乡村的个性正在迅速丧失，"千城一面"、缺乏"个性魅力"的园林景观遍布神州大地，奇奇怪怪的建筑、生搬硬套的古典欧式雕塑、西方园林成为横亘大江南北的独特风景……研究风景园林地域特色设计符号，探寻中国风景园林事业的可持续发展之道，具有非常积极的现实意义。

风景园林涉足的领域主要包括城市园林绿化、风景名胜开发、乡村环境建设等各个方面。作为吴良镛院士倡导的人居环境科学三大支柱之一，风景园林与人类发展的历史一样久远，核心是协调人与自然的关系。广西自然风光秀美，民族文化丰富，地域风景独特，通过挖掘广西风景园林设计符号，弘扬广西风景园林地域特色，可积极推动"美丽广西"生态文明建设，达到事半功倍、水到渠成的效果。

1　广西风景园林地域特色设计符号的来源

作为全国唯一具有沿海、沿江、沿边优势的少数民族自治区，广西拥有非常丰富的旅游资源，在风景园林建设方面也具有非常鲜明的人文色彩与地理地貌特征，民族文化特色、地理文化特色、跨文化地方特色共同构成了别具一格的广西风景园林地域特色[2]，成了地方风景园林设计符号的起源。

1.1　少数民族文化特色

广西自古以来便是多民族聚居区，无论在民族传统建筑、民族服饰、民族乐器，还是在自然旅游资源和非物质文化遗产等方面，都拥有丰富的少数民族资源和显著的地域文化特征。作为全国少数民族人口最多的自治

① 李景奇.走向包容的风景园林——风景园林发展应与时俱进 [J].中国园林，2007，23（8）：85-89.
② 曾晓泉.守望风景，宜居天成——广西风景园林可持续发展要素初探 [J].中国人口·资源与环境，2011，21.

区，广西民风淳朴，社会关系和谐稳定，自古以来便是汉族和 11 个少数民族的传统聚居地，四处洋溢着浓郁的少数民族风情，并积累了大量的非物质文化遗产；壮族的歌、瑶族的舞、苗族的节、侗族的楼和桥等多姿多彩的民族民间元素共同构成了广西地区丰富的民俗民情和深厚的文化底蕴。

1.2　地理文化特色

1.2.1　山水文化特色

"桂林山水甲天下"，广西处处是桂林：广西总体属于山地丘陵性盆地地貌，典型而广泛的喀斯特地貌分布成就了广西的山水美名，是广西诗意栖居的有机组成。在广西境内，许多城市都是依山傍水而建：桂林市内群山争奇不说，广西最大的工业城市——柳州市内也有数十座山峰直接坐落城中，与市民日常起居朝夕相伴，号称"中国最美的工业城市"……山水园林既是广西城乡的地理特征，又有很深的文化意味，以广西的秀美山水作为主要表现对象的"漓江画派"，是生机勃勃的当代中国绘画流派之一。山水文化构成了广西独具地方特色的风景园林发展基础。

1.2.2　海湾文化特色

作为中国唯一一个与东盟国家既有陆地接壤又有海上通道的省份，广西早在西汉时期，就是我国海上丝绸之路的发祥之地，也是 21 世纪中国"海上丝绸之路"发展战略的重要节点。2008 年 1 月，国务院批准实施的北部湾经济区由南宁、北海、钦州、防城港四市所辖行政区域组成，海岸线长达 1595km。以海湾文化为核心，北部湾经济区形成了涵盖自然遗产、物质文化遗产、非物质文化遗产资源和都市文化资源等各种基本类型的特色文化圈。其中，北海市 2010 年获批为"国家历史文化名城"，北海银滩是国家级旅游度假区；防城港市是第七届中国-东盟博览会的"魅力之城"；涠洲岛在 2005 年被《中国国家地理》杂志评为"中国十大最美丽海岛"之一，名列第二……

1.2.3　季候风貌与植物特色

广西地处低纬度地区，北回归线横穿而过，辖区内"立体气候"较为明显，小气候生态环境多样化。优越的自然生态环境、温暖潮湿的亚热带雨林气候，孕育了广西大量珍贵的动植物资源，种类繁多，目前已查明的广西本地植物种类合计达 6000 多种，在国家公布的 389 种濒危保护植物中，广西拥有 113 种。[①]

1.3　跨文化地方特色

地处南疆，除了少数民族文化之外，广西各地作为"广府文化"的重要组成，是岭南文化不可或缺的重要组成部分，其中，南宁、柳州、桂林等广西几大名城拥有 2100 多年的历史和中原文化沉淀，江山代有人才出，人文景观厚

重，遗存丰富，绝对不容小觑。当代，在这片灵秀的土地上，从《八桂大歌》到《印象·刘三姐》，从"广西作家群"到"漓江画派"，少数民族艺术与汉族文化交融，传统与现代碰撞，广西地方特色文化的发展丝毫不甘寂寞。特别值得一提的是，作为中国—东盟博览会的永久举办地，广西与东南亚国家有着千丝万缕的联系，在经济、文化、园林、建筑等各个方面出现的各种跨文化交流日趋频繁。随着广西日益站上国际化发展的大舞台，广西文化既是民族的，又是世界的，这对广西城乡风景园林发展也提出了更高的要求。

2　广西风景园林地域特色设计符号的应用

"仁者乐山，智者乐水"，中国自古以来强调人与自然的和谐共生，并对自然山水存有一分温馨与感怀之情。构成丰富的地域特色是广西风景园林设计符号应用的根基，应充分尊重地域特色，以低碳的方式实现地方风景园林对人文、地貌、使用者心理行为等各个方面的设计要求，形成风景园林设计的地域特色，实现广西风景园林的可持续发展。从系统设计的角度出发，广西风景园林地域特色设计符号的应用包括以下几个方面：

2.1　提炼少数民族传统文化精髓

在经济落后的情况下，民族文化的传承与保护很容易变成一句空话。坐拥青山绿水，与全国相比，广西各地，特别是少数民族地区的经济发展水平普遍偏低，推崇外面的世界，生搬硬套、模仿西方园林、大建城市广场现象在广西各地风景园林建设中常常可见。尊重广西少数民族传统文化，挖掘他们在语言、服饰、建筑物、风土人情、民间艺术等方面独具的民族魅力，形成独具特色的设计符号，在城乡风景园林建设中推广传播多姿多彩的民族风情，应成为广西风景园林设计的一个重要组成部分，也是构建地域特色的良好时机。若以旅游开发的名义，在少数民族地区也兴建大广场、大草地、大地标之类的园林景观，则是对民族文化的践踏与破坏。

另一方面，少数民族风貌绝不只是一些民族元素简单的堆砌和应用。广西各地少数民族文化的精髓在于与自然环境共生、充分利用自然资源的同时，保有最积极乐观的生活态度，创作最质朴的物质文化艺术。在最近几年轰轰烈烈的城乡建设过程中，借发展之名，在广西各地出现了不少形式雷同、造价昂贵的铜鼓广场、壮锦铺地，甚至在建筑风貌改造中出现了将壮锦纹样直接刻成印章盖到墙上的现象，将设计符号简单化、表象化，不具有可持续发展的意义。

2.2　展现自然山水风貌

青山绿水是广西许多城市人居生活的一部分，结合地

---

① 广西林业信息网.广西生物资源概况.广西农业厅，2008-11-8 http://www.gxny.gov.cn/web/2008-11/228937.htm.

方地理地貌，展现自然山水风貌，与山水和谐相处是城乡风景园林设计必须重视的问题。有些地方搞旅游开发，地产先行，使风景名胜惨遭破坏，引来骂声一片；还有不少城市，甚至是国家级贫困县为了各种需要，大搞城镇景观亮化工程，将城内园林、树木的照明一并纳入其中，打造出"流光溢彩、美轮美奂"的城市夜游图，却忽视了景观亮化工程的巨大能耗与当地生态平衡，剥夺了园林中的原住民——各种植物、动物和昆虫的生存适应能力……

在广西各地，有不少县城，或乡镇是城在群山中，群山在城中，风景园林设计更要以护山赏山的态度与山相处，保持每座山峰独有的个性，令居民可登可游，可将山入诗入画，城乡生活情趣盎然。尽量尊重自然的生存法则，提炼美学与人文的设计符号，而不是大拆大建、破坏山水的生态平衡，与其他物种和谐共处，是体现风景园林地方特色的重要方式。

2.3　优化乡土植物配置

乡土植物属于地方性的常规植物景观设计物种，在各地城乡园林发展过程中具有被边缘化的趋势，特别在各处政要打造海滨城市、南国风情城市的发展大潮中，常常被引进的精美化园林景观新物种所淹没。根据地理气候特点，因地制宜，优先选择利用乡土植物构建地方优势植物群落，既能体现地域特色，又可促进风景园林可持续发展。乡土物种与引进物种的科学配置可以最大程度地保护生态。

作为原生性的设计符号，乡土植物的优化配置既是低成本维护的，更可形成地方风貌的典型表征，可以大批量、普遍性应用和推广，性价比极高。例如广西南宁市，素有"半城绿树半城楼"的美称，曾经大量采用榕树及芒果、扁桃、木菠萝等热带果木作为行道树，获推广种植三角梅、大花紫薇、火焰花等亚热带花木作为景观绿化树种，一条街就是一条"生态长廊"，果树"上街"、花木"上路"成为最具南方特色的城市园林景观，散发出浓郁的地方风情，值得借鉴与推广。

3　广西风景园林地域特色设计符号再造

"园林是以人工生态系统为主体的景观；一个完美的、生态稳定的景观应该是结构和功能、形式和内容高度统一和谐的景观系统。园林的外部形式应该符合美学原理，但其内部结构与整体功能更应符合生态学和生物学特性。"[①]广西风景园林地域特色的传承与发展，不可忽视设计符号

的再造，要创造性地设计出满足今日人们生活需要、构思精巧的园林景观布置与场地设施，综合体现以人为本的价值，也要考虑低碳园林发展的需要，才能真正弘扬地方特色，跟上时代发展的步伐。

风景园林是大地的艺术，服务对象主要包括本地居民和外地游客两个部分，其中本地居民的诉求更具有可持续性。满足本地居民的群体诉求，使风景真正地为大众所有，是风景园林设计"以人为本"符号再造的内核。现实生活中，许多城市的大广场作为政绩工程，注重场面宏大，而常常忽视了使用者的遮阴、休憩需要，公共景观设施布置不足。例如到过云南丽江的游客几乎都记住了那里的"四方井"，喝水、洗菜、洗衣、涤污在井上一字排开，今天仍然非常实用，既留下了古代人的生活智慧，也成就了云南风情游中的魅力人文……

风景园林设计符号表达也应考虑低碳与节约能源，因为园林是有生命的景观，园林风貌的构成是一个系统工程。选择绿色材料知易行难，并受到设计、制造、造价等多方面的制约，可再生利用或可降解是其基本特征。当今国内水、电资源普遍日趋紧张的情况下，更需全盘考虑风景园林对资源的占用情况，才能实现园林的长期使用效果。用自然的方式通风、采光与排水，加强对雨水的收集和利用，选择适当的观赏植物品种，都是很重要的园林"低碳"方式。例如通过选择粗养护型植物，或者直接采用野生植被，或者将野生植被与人工植物群落进行有机组合，既减少了人工维护成本，节约水、电资源，又可以起到别致的景观效果。

4　结语：建设宜居广西，推动可持续的城乡风景园林发展

"对于发展中国家而言，基于低技术的可持续设计在资源永续利用、保护地域特色和实现文化可持续方面具有重要的现实意义。"[②]"天人合一"是中国风景园林可持续发展的精髓，艺术与技术的统一、生命（植物）与文化的结合构成了东方风景园林独特的魅力，在日新月异的城市变革中，地域特色是打造城市个性化名片的重要基础。"只有民族的，才是世界的"，通过守望风景，关注风景园林中的人本服务，强调民族文化的传承，重视山水原貌的维持、优化植物的配置，并采用绿色材料以低碳的方式进行景观设计符号的再造，共同促进广西风景园林的地域特色发展，建设宜居广西，从而推动城市可持续发展。

① 李景奇.我国城市园林绿地建设的契机与误区 [J].城市发展研究，1999（3）：57-60.
② 何人可，唐啸，黄晶慧等.基于低技术的可持续设计 [J].装饰，2009，52（8）：26-29.

为了失去的家园

——腾讯铜关侗族大歌生态博物馆的四维"家园观"

广西艺术学院　莫敷建

广西建设职业技术学院　陈菲菲

摘要："铜关侗族大歌生态博物馆研究中心"是腾讯基金会"筑梦新乡村"项目的阶段性成果，探索用互联网企业核心能力助力西部乡村发展的模式，用城市文化的善意输入，推动乡村价值的有效输出。2014年，"筑梦新乡村"项目正式升级为"为村计划"（WeCountry）。笔者以志愿者身份作为该项目室内外环境的总设计师，参与了该项目兴建阶段的整个过程，以设计师的视角对腾讯铜关侗族大歌生态博物馆的兴建与试运营进行了持续跟踪并开展了一系列的研究，本文将围绕该博物馆建设的多方参与者及其形成的多维"家园观"进行分析。

关键词：家园观；生态博物馆；互联网企业；为村计划

2014年11月22日，腾讯基金会以1500万元捐建的贵州"铜关侗族大歌生态博物馆研究中心"正式开馆试运营。该生态博物馆开馆，是腾讯基金会"筑梦新乡村"项目的一个阶段性成果。该项目始于2009年，计划用5年时间，探索用互联网企业核心能力助力西部乡村发展的模式，用城市文化的善意输入，推动乡村价值的有效输出。2014年，"筑梦新乡村"项目正式升级为"为村计划"（WeCountry）。笔者以志愿者身份作为该项目室内外环境的总设计师，参与了该项目兴建阶段的整个过程，并见证和关注研究了多元文化、不同阶段文明在项目推进过程中的冲突、交融并最终走向协调发展的过程，对这一项目的多维"家园观"进行了梳理，为今后对传统民间文化的传承与发展的持续、深入研究作出了基本的视角铺垫。

1　第一维"家园观"——村庄居民失落的传统家园

《京华时报》曾报道："2014年12月12日下午4点，贵州省剑河县久仰乡久吉苗寨起火，据初步统计，有60余栋民房被烧毁。"类似这样的新闻在西南少数民族地区并非偶见。五行之火带来了文明，在某种程度上亦成了与之属性相冲的木元素的毁灭性克星。中国西南地区的木质民居在漫长而缓慢的发展进化史中，一直试图与天气地理沟通和解，姿态谦恭，巧于因借，精于疏导，熬得过风雨雷电，熬得过百年，但却唯独与"火"的关系难以处理。在侗族传统木质民居中，"木"总敬畏"火"三分，却依然无法消解一旦"火冒三丈"带来的后果——从一家无到全村无的"株连九族"之痛。于是，先出自安全感的需要，再缘于对城市文明的向往，在相对于一个少数民族的数千年历史并不长的60多年时间里，以榫卯结构为核心技术，以木材为灵魂材料的传统侗族村寨，正日益迅速地颓败，逐渐消亡，传统木结构村寨以一种集体有意识却盲目的姿态向砖房结构转型，在这期间，侗族居民以弃之如敝屣的态度和速度，在否定和抛弃着曾经深入他们先民脊梁与精神的传统文化。

2　第二维"家园观"——互联网公司重新托举的"老"家园

现代社会裹挟着漫长的人类文明，泥沙俱下，将影响辗转传至村庄，在这里，一代又一代的村民们已经适应了在日常生活中，无论世界如何变迁，都能找到生活下去的理由与技巧，但他们却逐渐失去了过去遗世独立的精神图腾和文化信仰。如何能建立起理想的生存空间以及人与公共空间的和谐关系，成为铜关侗族大歌生态博物馆的项目投资方和技术支持方——腾讯公司探索和深思的问题。运用互联网＋技术，与无痕处理，用五年的时间，跨越少数民族传统村落文化与现代文明数千年的鸿沟，巧妙衔接，抢救性保护传统村庄，重塑侗族传统文化发展模式——成为腾讯人新的"老"家园梦。

"筑梦新乡村"是腾讯公益慈善基金会 2009 年 6 月发起的一项"重估乡村价值"的公益帮扶计划，该计划力图解决落后民族地区乡村教育资源贫乏，传统文化凋敝，经济贫困等一系列问题。以此为契机，2012 年 7 月，"腾讯铜关侗族大歌生态博物馆研究中心"正式落户贵州黎平县铜关村，腾讯拟用现代化的组织理念促进当地以世界文化遗产"侗族大歌"为代表的乡村传统文化的保育和发展。

2014 年 11 月 22 日，腾讯基金会以 1500 万元捐建的"铜关侗族大歌生态博物馆研究中心"开馆试运营，全面竣工后，腾讯基金会还将无偿地把整个研究中心的产权交付给铜关村民。"生态博物馆"是"为村"计划集成了为多数人设计、公平贸易、社区营造等理念后，打造的一个用以连接城乡文化的落地平台，而 2013~2014 年间移动互联网的迅猛发展，更为这个项目所探索的城乡连接插上了跨越鸿沟的翅膀。腾讯基金会希望以一套带着移动互联网元素的社区营造方式，去保护乡村文化、去连接人际情感、去推动社区治理、去增值农副产品，用互联网思维感染和影响中国乡村，从为村民们提供一份家门口的工作机会开始，用一份有尊严的收入让他们安居乐业，建设出具有中国特色的美丽乡村。

3　第三维"家园观"——文人学者的喻世家园

在腾讯铜关侗族大歌生态博物馆的建筑景观轨迹线上，有三栋能够凭栏远眺村景、山景，静谧隐世的独栋木屋，每一栋木屋都以独特的侗族大歌歌名命名，分别指代着侗族大歌的不同乐章，它们也有着自己的合名——"专家楼"。来访者总是会问腾讯人："为什么叫专家楼？"在腾讯"筑梦新乡村"早期规划中，就已将学者专家视为抢救性保护传统乡村文化的重要参与力量，在博物馆建成后，该中心除了担当传承世界级非物质文化遗产"侗族大歌"的音乐学校和剧场的角色外，还将成为一个研究基地，学者们将在这里进行侗族文化的体验、研究及原生态记录。

城市化的摧枯拉朽，城市文明话语权的绝对建立，深刻冲击着以"慢"、"静"、"专"为主题的传统型生活形态以及人与自然的相处方式。日渐式微的乡土家园生活传统，对于资本至上伦理渐成主导，贫富差距日益增大的城市生活而言，具有怎样的对比隐喻价值？它如何引导我们反观当下的生活方式以及由此映照的经济、社会、文化等多重

问题？此刻，很多学者专家都怀有承继传统与现代人文的愿景和深思，致力于在类似腾讯铜关侗族大歌生态博物馆等的多元文化平台的承载和触发下，以人文之力，唤醒人们心中迷途的精神家园。

4　第四维"家园观"——设计师的营建地

建筑师伊东丰雄曾说过："20 世纪的建筑是作为独立的机能体存在的，就像一部机器，它几乎与自然脱离，独立发挥着功能，而不考虑与周围环境的协调；但到了 21 世纪，人、建筑都需要与自然环境建立一种连续性，不仅是节能的，还是生态的、能与社会相协调的。"做好的设计，始终是设计师恒定的使命，然而，在怎样的时代，做怎样的好的设计，却是设计师永恒的命题和永变的答案。

除了抢救性保护传统的木构村寨营造形制，以纪念性意义将这一传统文化强势挽留下来，设计师还增加了新的使命。在当下，物化的生活和虚化的生活形态成为现代人的常态，实体的空间承载着越来越多的网络生活情境，作为日常功能核心的"家"、"家园"渐渐处于社交虚悬之中，面对面的实景沟通正被看不见的沟通所逐渐取代。无论是在城市还是在乡村，人与自然、人与空间、人与情感之间的疏离与隔膜愈增，这种状况正在越来越多地被设计师讨论与尝试改变。如何恢复传统家园的团聚功能和仪式功能，让其中居住生活的人们获得与实在之物相触碰的落地感，将是设计师在这个时代的全新挑战。

综合前三个"家园观"的维度，腾讯铜关侗族大歌生态博物馆的设计师对不同的使用者人群的功能需求进行了定向分析。从乡村聚落空间与传统文化发展、乡村聚落空间的塑造与可持续性、空间与自然以及建成环境的人文性等方面，对侗族物质文化遗产与非物质文化遗产的人文与艺术空间架构以及如何提供空间行为引导并为腾讯"为村"项目提供基础型文化坐标提出了构建方向。此外，在技术层面，作为按文化传承有机体形态定位的建筑，对腾讯铜关侗族大歌生态博物馆如何与原有聚落环境呼应并一脉相连；建造过程中如何协调当地材料、工艺、资源与现代理念、技术、资源之间的关系；如何通过建筑与景观轴线引导博物馆与周边社区人群产生关联；除了其物理设施的完善，如何更好地运用空间，使其富有生命力等方面进行了深入的探索。

5　思考

城市化和网络化，正将人们剥离成更为孤立的"实"个体，但也正是发达的互联网文化，为人们建构了联系更为紧密的"虚"群体。当下的传统村庄形态与文化，为什么值得用建一座生态博物馆去反思与讨论？民间机构和怀有不同家园梦想的群体在这一实验性的传统乡村文化传继的公共空间中的作用又将如何体现？腾讯铜关侗族大歌生态博物馆的兴建过程中所提出的这些问题，是对当下中

国人村庄与城市生活及生息的理想秩序的实验性探索以及重新整合。如何使其持续有效地发挥影响力，与城市文明和乡村传统文化发生密切关联？如何保证其独立性、教育性和可推广性？如何建立一套具有可推广性的工作范式？……这些问题涉及村庄居民、决策者、运营者、资源方、媒体、公众等诸多因素，该中心将承载重要的跨群体与跨观念的共享价值，而这种跨越群体的讨论与探索，正是腾讯铜关侗族大歌生态博物馆的核心魅力所在。

参考文献：

[1]　腾讯. 腾讯 2013-2014 年企业社会责任报告 [OL]. 2015：69. http://gongyi.qq.com/zt2015/2014TCSR/index.htm.

文化礼堂的建设与思考
——以嘉善缪家村为例

中国美术学院　胡昊琪

摘要：近年来农村城镇化不断发展，人口流动性增大，村民之间的情感联系越来越少，归属感减弱，地域性差异逐渐消失。笔者从中国传统祠堂建筑文化入手，以嘉善县缪家村文化礼堂设计实践为案例，尝试分析如何通过借鉴中国传统建筑形式，重塑再生当地乡土文化，塑造地方特有的文化礼堂形象，使其找到属于自己的定位，提高竞争力和影响力。

关键词：文化礼堂；祠堂；传统建筑形式；乡土文化

1　文化礼堂

礼堂一般是用来集会的场所，被用来进行歌舞表演、皮影戏、节日庆祝等活动，它承载着不同时代人们的共同回忆。现如今农村文化礼堂在原来礼堂的功能之上，增加了思想道德、文明礼仪、文体娱乐、知识技能普及的功能，成为促进社会主义核心价值体系大众化的载体，促进城市和乡村文化和谐发展。

文化礼堂以"六艺思想、以礼蕴堂、立足乡土、视觉榜样"为指导，主要是对过去的祠堂、校舍或者其他旧建筑进行改造后，赋予它新的功能，将文化礼堂的思想根植于传统民间智慧之中，成为村中有特色的公益性的文化设施，从而实现旧建筑的转型再生。

2　传统祠堂的文化意义

"祠，春祭曰祠。从示司声。堂，殿也。从土尚声。"[①]

"祠堂"的正式出现是在汉代，当时祠堂大部分都建于墓室附近，所以也有"墓祠"的说法；祠堂建筑到了宋代成为贵族的特权；元朝时期得以在民间发展；至明清时期祠堂被广泛推广。祠堂分为宗祠、支祠和家祠。"宗祠"一般位于村落的最中心位置，是被用来供奉、祭祀和宗族议事的场所；"支祠"的位置一般围绕着宗祠，同一脉的子孙在这里举行祭祀、婚、丧、嫁、娶等活动；"家祠"分布于"支祠"周围，是祠堂类型中最小的一种，是直系亲属祭祀的场所。宗祠、支祠、家祠，这样一来整个村落以祠堂为核心团结成了一个整体。

祠堂是中国传统儒家文化的产物，祠堂文化属于乡土文化，是中国传统文化中不可或缺的重要部分。正如朱熹《家礼》中说的："或有水溢，则先救祠堂，迁神主遗书，认及祭品，后及家财"。当人们在都市文化审美疲劳时，乡土文化会成为一种心灵的守望；当同事间的关系功利化和职业化时，更能体现祠堂族群血缘关系的亲密。所以，祠堂文化必须保留属于自己的特色，才能不至于被湮没在都市文化之中。费孝通先生认为："从基层上看去，中国社会是乡土性的。我说中国社会的基层是乡土性的，那是因为我考虑到从这基层上曾长出一层比较上和乡土基层不完全相同的社会，而且在近百年来更在东西方接触的边缘上发生了一种很特殊的社会。[②]"

---

① 许慎.说文解字（现代版）[M].北京：社会科学出版社，2005.

② 费孝通著.乡土中国[M].北京：人民出版社，2008.

3　以缪家村文化礼堂为案例分析传统祠堂在文化礼堂中的运用

3.1　嘉善县缪家村概况分析

嘉善县缪家村区域面积 6.43km²，现有耕地面积 4796 亩，户籍人口 3343 人，外来人口 3100 多人。缪姓一支是从金陵迁入，定居于现在的西缪浜、杨庵浜、史家桥，另一支是从甘肃兰州兰陵迁入，定居于现在的东缪浜，而三个浜中的农户基本上都姓缪，缪家村因此而得名。近年来，缪家村积极发挥经济上的引领作用，通过引进"金凤凰"、念活"土地经"，不断发展壮大村集体经济。2013 年全村共完成工农业总产值 8.9 亿元，村级可支配资金 800 万元，农民人均纯收入 26727 元。新农村文化广场、图书阅览室、文体活动室等文化阵地不断健全，丰富的文化活动满足了村民的日常娱乐活动需求，公共配套有社区卫生服务站、养老服务照料中心、社会服务管理站、邮政服务站等，多样性的公共设施满足了村民的日常生活需求。

文化礼堂建筑由弃用农贸市场改造而成，该农贸市场始建于 20 世纪 90 年代，位于缪家村聚居区中部，临入村主干道，总面积 600 余平方米。随着新农村社区建设的不断推进，农贸市场的杂乱无章影响到社区居民的正常生活，所以政府已于其他位置另建新的农贸市场，该农贸市场遭到废弃。考虑到该建筑的地理条件优越，面积宽阔，建筑为单层钢结构建筑，仍旧可以加以使用。为了资源最大程度地合理利用，选择该地作为文化礼堂的建设基地，达到弃用农贸市场的转型与再生。建筑南侧有一面积约 4000m² 活动广场，目前正处于建设之中。

3.2　缪家村文化礼堂活化建构

3.2.1　建筑空间建构

浙江南部的村落，在建筑的传统形制和宗法礼制方面保存得相对完好，由于浙江南部的村落地理位置上主要在山里，经济发展相对落后，对外交流贫乏，受外来文化的冲击相对较小，人们的思想更加乡土化，建筑形制从古流传至今，保存得更加完好。而浙北地区受历史上三次大移民的影响，外来人口增多，本土文化与外来文化融合。后又受长三角经济的冲击，人民对于生活水平的要求相对增高，宗族礼法制度在文化的融合中逐渐淡化，古建筑在经济的发展过程中遭到拆除与破坏。尤其是嘉善县缪家村，由于经济发展迅速，人们对于高水平物质生活的要求增多，新农村不断建设，至今为止古建筑已经荡然无存。在设计过程中考虑到这些因素，希望达到的是以古代的"符号"和"意趣"来让村民产生"情感"上的共鸣，勾起更多的"乡土记忆"。所以，在建筑外观设计上采用黑瓦白墙，色彩典雅大方，符合浙江古民居的建筑配色形式。装饰上选用木材为主，木质窗棂、楹柱，墙线以木条为装饰，错落有致，室内以石板铺地，

以适合浙北温湿的气候。

中国江南古民居建筑形式以四合式为主，借用浙江民居中"堂室之制"的形制，以堂为中心，室围着堂转，建筑格局采用坐北朝南式。根据省级标准要求，文化礼堂应包含"礼"、"村史"、"励志"、"文化"、"成就"五部分内容。文化礼堂建设基地正好为方盒子结构，中间设计为堂，四个角可分别设置为四个空间，符合以堂为中心、室将堂包围的"堂室之制"的理念。所以，在空间格局的设计中，将中间设计为"堂"，面积居大，内部设置根据浙江民居中"堂"的设置形式，建筑坐北朝南，将主席台安置于北侧，观席台安置于南侧，以木质桌椅安置其中，堂内可容纳两百余人。堂的外围设置"廊"，廊的位置略高于堂，犹如古民居中天井的设置，有"四水归堂"之意。廊的外围为四个室，其中一间为卫生间，另外三室为展览、活动室。由于在空间格局上设置了一个堂，三个展览活动室，所以简称"一堂三室"。又由于省级标准要求文化礼堂需具有"村史廊"、"文化廊"、"励志廊"、"成就廊"四廊，所以又简称"四廊三厅"。建筑外部设计的敞廊可以供休憩使用，平常也可以举行一些小型的休闲活动，例如拉二胡等。

3.2.2　室内展陈设计

根据对于缪家村的调研及资料整理，将展陈内容确定为农耕文化、民俗民艺、文化活动三个方面。与之相对应的依次为"互助"与"农耕记忆"、"传承"与"活态展示"、"乐学"与"先锋书社"。

"农耕记忆"的内容包含种子、农具、农作物衍生品等。力图通过物物交换的形式，体现传统农耕生活中的"互助"。以展柜、展台的形式展示农耕器物，希望村民能够牢记农耕时代淳朴、传统的乡风民俗。

"活态展示"是对于传统礼仪、技艺、乡风民俗的展示。其目的是通过"教与学"的形式，让传统的非物质文化遗产得以"传承"和"发扬"。民俗展览室以静态的展览形式来向村民呈现优秀的遗产文化，其中主要以展台展示与墙壁悬挂、半立体模型展示形式为主。同时，考虑到文化的传承，在展厅中设有专门的区域，可供展览者向非遗传承人现场学习。

"先锋书社"是以文化活动的形式来促进"人与人"、"人与文化"之间的交流。它不仅具有图书阅览的功能，同时兼具文化活动的传播、文化活动的展示等功能。文化活动室内放置大型的书柜及桌椅，可供大家借阅图书使用。墙面悬挂宣传板，节假日及活动时可供张贴宣传海报使用。

4　结语

农村文化礼堂建设不仅仅是对"堂"的建设，也是对"礼"的重塑与再生。无论是对原有的旧建筑的扩建、改建，还是空地新建，都需要对当地的传统文化进行深入研究，通过设计手法将"礼"在"堂"中再生和发展。

嘉善县缪家村文化礼堂设计实践，根据当地调研分析及村民需求，建构出"一堂三室"、"四廊三厅"的布局形式。通过对传统文化的传承与发展，找到属于自己的独特文化，打破千城一面的社会现象。

参考文献：

[1]　许慎.说文解字（现代版）[M].北京：社会科学出版社，2005.

[2]　费孝通著.乡土中国[M].北京：人民出版社，2008.

[3]　李秋香.宗祠[M].北京：生活·读书·新知三联书店，2006.

[4]　楼庆西.乡土景观十讲[M].第2版.北京：生活·读书·新知三联书店，2013.

地域文化与城市建设的关系分析

河南大学　倪　峰

摘要：在21世纪的今天，伴随着城市建设的迅速发展，地域文化正在快速消亡。从城市本身的发展来看，亟须在人、城市与地域文化之间建立相辅相成、相互促进的合理关系，达到三者的和谐统一，从而实现城市的可持续发展。地域文化是指人类在一定区域中，经过长期的历史进程，通过劳动创造并不断得以积累和发展的物质与精神的全部成果。它是对于地域自然环境本身的反映，关联到区域内的经济、科技、宗教、文化艺术、人文风俗等各个层面。在构建和推进城市化进程中，城市"文化定位"正在成为许多城市关注的焦点问题。更多的城市已经认识到地域文化的重要性，在迅速城市化的进程中，以地域文化指导城市的定位与规划，将从城市的基因方面确保城市的个性和魅力，而不会使未来的城市面目全非。

关键词：地域文化；城市建设；城市文化

1　城市建设的定义

城市建设是指以城市规划为依据，开发城市建设工程并对人居环境进行改造，对城市设施进行建设和完善，是城市管理的重要组成部分。其目的是为城市居民创造和谐、美好的生活环境，保障和促进城市经济的进步与发展。理想的城市建设不仅为人们提供了良好的生存环境，同时又以其精神和文化气质感动和影响着人们，一个特色鲜明、生机盎然的城市不但能使我们感到愉悦和舒适，更能唤起城市居民的自豪感，从而增强了城市的社会凝聚力。我国自改革开放以来，城市文化发展与城市建设都取得了很大的成就，但两者之间的不协调关系也越来越明显。在经济全球化背景下，两者之间互动影响的不和谐现象已呈现出更为复杂的局面，因此，研究它们的互动规律，提出相互协调的方法和措施，对于合理解决城市建设中的"趋同"问题，进而更好地体现城市文化特色，促进城市文化与城市建设可持续发展具有重要意义。

2　地域文化的特征

地域文化是指人类在一定区域中，经过长期的历史进程，通过劳动创造并不断得以积累和发展的物质与精神的全部成果。它是对于地域自然环境本身的反映，关联到区域内的经济、科技、宗教、文化艺术、人文风俗等各个层面。因为地域的不同，人们利用和改造自然及建设人类文明的方式也存在着不同程度的差异，形成了各具特色的文化现象。总体来说，地域文化有以下几个特征。

1）地域性

中华民族的疆域辽阔，文化丰富多彩。一方水土孕一方人，一地有一地的特点，由于地理环境和社会结构的不同，形成了各地不同的文化形态和风格。如：中原文化、三秦文化、巴蜀文化、吴越文化、岭南文化、荆楚文化等。

2）历史性

纵观中国历史上下五千年，在历史的演化中形成了各地不同的文化形态。一个地区往往因其历史遗存丰厚，形成发达的地域文化。中国地域文化的命名大多源于春秋战国时的诸侯国名，如上述的"秦"、"楚"、"吴"、"越"等，这些诸侯国作为各自区域的文化形态延续了下来，并对人们起着长期的影响。

3）包容性

中国传统文化之所以博大精深，川流不息，正是由于其吸纳百川的结果。儒学主张泰山不辞细壤，故能成其大，河海不择细流，故能就其深。这种精神使中国传统文化具有巨大的包容性。朝代的更迭，历史的变迁，使不同地域文化互相影响和渗透。在多个文化区域的交界地带，更形成了多元并存的特色文化，如陕西汉中地区，就兼有氐羌文化、关陇文化、巴蜀文化和荆楚文化的特点。

3　地域文化对城市建设的影响

城市建设与地域文化之间相互作用、相互影响。将地域文化的特质溶于城市建设之中，从文化的角度塑造着城市的区域风格，塑造了城市的独特气质，使城市成为人们的精神寄托和情感归宿，从而产生文化认同感。

3.1　形成城市独特个性

地域文化是历史文化的积淀，是城市不可再生的宝贵资源。内在的文化是城市的灵魂，一个城市如果没有了文化特质，那么这个城市就没有了内在的动力和前进的方向，而赋予城市独特个性的正是其内在的文脉。城市的建筑格局、景观风貌、民风民俗以及各个时期的文化遗存诉说着城市的成长经历，构成了城市的特色和个性，蕴涵着回味与思考，激起市民的浓烈乡情。遗憾的是，在中国城市化进程中，有些城市的决策者忽视了文化的传承与表达，在商业利益下大拆大建，割裂了城市的历史脉络，破坏了城市的文化传承，导致了大量城市文化符号的消亡。

3.2　构建城市文化与精神

城市的文化与精神是一个长期形成的过程，地域文化在这个过程中起着重要的作用。地域文化的缺失会导致城市居民失去对这座城市的归属感，在城市建设中整合地域文化，使之成为构建城市精神的重要部分，可以促使广大市民增加对自身城市的认同感，理解其中的文化精神，进而增强市民的凝聚力，激发其作为其中一员的自豪感和优越感。

3.3　发展城市经济

众所周知，文化也是生产力，文化产业化是现代城市发展的重要策略，是城市经营的一种重要方式。美国的文化产业是国家第二大经济产业。文化产业被誉为未来最具潜力的产业之一，正在成为世界经济强国崛起的重要支柱产业。我国历史悠久，文化源远流长，具有得天独厚的优势。许多城市文化积淀丰厚，是文化出版、文化娱乐、文化旅游、文化传播、文博会展的理想场所。通过挖掘本地丰富的民族文化资源，培育地域文化形成城市新的支柱产业，以文化带动经济，从而极大地促进城市的经济发展。在城市建设中，很多城市已经认识到地域文化的重要性，城市的"文化定位"已经成为城市的发展战略的一部分。

4　城市建设对于地域文化的作用

在人类文化发展史中，城市以一种文化载体的形式而存在，最新的文化成果总是产生在城市里，并且是在与城市建设的互动作用中不断发展的。

4.1　开拓城市空间，形成地域文化

城市建设产生大量建筑物，从而组成群体空间对地域文化的形成、发展提供了空间的支持。而城市中的地标建筑形成的占领空间和群体建筑形成的围合空间，共同构成含有一定文化内涵的具体物象，成为城市文化的空间载体。因此，城市建设构成城市空间，而城市空间蕴涵的文化意义，能引起人们的感官和感情上的共鸣，从而加强对城市的认知和理解，经过历史的积淀逐渐形成具有地域特色的城市文化。

4.2　更新历史，发展地域文化

地域文化的形成是长期活动积累的，在这个过程中，城市的环境也在不断地发展变化着，文化的演变与不断变化的外部环境具有内在的联系，城市建设以其物态的形式在历史空间中注入新的文化内涵，旧的形式和元素被新的形式和元素代替或补充。受其影响，社会个体的思想也在不断地变化着，对新形成的文化现象慢慢适应、接受并最终与之融合。这也说明文化的社会性与经济是同步发展的，城市的历史空间通过城市建设而不断更新，从而引导城市文化的演变方向。城市建筑应该通过对传统形态的提炼，演绎出新型的建筑形式，在保持传统城市文化特色的同时，使之更适应现代城市对使用功能和经济性的要求。

5　重视地域文化，合理发展城市建设

5.1　合理定位城市文化

在21世纪初，我国许多大城市受"国际化"的思潮影响，快速扩建，对国外大都市的片面模仿越演越烈，城市中道路越修越宽，楼群越建越高，传统特色越来越少。究其根源，在于城市建设规划中城市文化定位的缺失，从而导致城市建设与地域文化两者互动作用的不协调。为此，加强城市文化定位，使城市建设与文化建设形成良性循环，将城市文化融入城市建设中。城市建设应该有正确的文化定位作指导，才能借助文化的内在力量促进城市的发展，最终形成城市的个性和特色。例如，苏州的园林特色、曲阜的孔子文化、杭州的山水元素、开封的宋都古韵等都用优秀的历史文化形成城市的文化定位，从而提升了城市的文化品位，极大地促进了城市建设的发展。

5.2　合理规划城市格局

随着城市的进步与发展，城市建设不断更新城市文化内涵，形成新的城市空间，人们的生活方式和文化意识也在不断地变化，城市功能和城市文化必然由单一走向多元，文化的定位使城市发展方向上取得一致，并使城市总体格局的空间形态得以确定，而城市物质形态的建设反过来又

可以巩固新的城市文化。在此背景下，如何规划一个多元统一的城市格局变得尤为重要。如厦门市将八闽文化中的"海洋文化"确定在新的城市规划中，体现了由海岛型城市向海湾型城市转变的发展格局，形成"镇定自若，冒险进取"的"新海洋文化"精神，提高了城市文化意识。

5.3　合理制定城市环境基调

城市环境基调是指在城市环境建设中对建筑色彩、文化符号、尺度体量等基本环境要素的控制原则。城市环境基调整合了城市建筑形态的差异，明确表达了城市的文化氛围。在城市建设中合理传达城市文化的内涵和理念，就必须协调好城市建设中环境基调与城市文化的关系，通过对开放空间中文化符号的合理设计，运用统一的色系设计、建筑风格、形态语言等，表现出具有浓厚城市文化氛围的城市空间环境。不同城市应具有不同的环境基调，体现各自的城市特色和文化审美差异，只有这样，才能切实反映出一个城市的文化氛围。

6　小结

总之，城市建设是展现城市面貌的窗口，也是城市文明和进步的重要标志。不同城市、不同地区、不同时期的景观，都以不同的形式展示着城市的文化、历史和特色。同时，城市建设也是关于城市自然环境、历史传统、现代风情、精神文化等的综合体现，既反映了城市的空间景观，又蕴涵着地方的地域文化。地域文化是由特定区域的地理环境、人们的生产方式和社会生活方式在一个相当长的历史时期中逐步孕育和形成的。地域文化的形成和发展虽然是多种因素综合作用的结果，但是，地理环境因素和社会人文因素及其相互作用，则是地域文化形成的主要因素。城市建设受到各方面的影响。目前我国许多城市建设所蕴含的地域文化逐渐消失，导致城市建设失去了其所应具备的地域景观特色，城市建设形象受到很大的影响。如何将新与旧、传统与现代、外来与本土文化有机地融合在一起，日趋成为当下城市建设者和决策者应积极解决的首要问题。

小居·巧思妙设

广西师范大学 孙启微

摘要：近年来，经济的快速发展和人们生活水平的不断提高，使得住宅需求量亦不断增加，但城市土地资源的稀缺决定了城市住宅发展的日益局限。因此，以面积适当，高舒适度，高性价比为主体的小户型住宅应运而生并成为主流。本文通过调查受众群体对小户型空间的要求，从住户特点和使用需求着手。运用理论对现有精彩案例进行分析，重点从实用出发，对小户型室内环境中功能空间的组织，各元素间的搭配以及情感的传递等一系列设计手法进行探讨；并结合具体的案例探析小户型设计手法中的利与弊，提出以简洁与舒适为主，实用与装饰并重的室内设计手法，使小户型空间设计能小空间大利用。

关键词：小户型；设计；空间

1 相关小户型的概述

小户型的概念

小户型的定义有按面积界定的，有按居住舒适度界定的，也有按居住人群界定的等。众多的说法均从某一特定方面去界定其概念，较为偏颇。因此，应综合众多观点从它的内涵及外延来诠释其定义：

内涵：小户型住宅是按照人体工程学原理预测出要能够满足人正常生理需求活动空间的房屋；外延：小户型住宅是可供人居住和办公的房屋，由于受面积的限制，居住人数相对较少，居住紧凑、不宽敞，户型的结构较为单一，功能相对简单。

综上所述，可以把小户型定义为能够达到人体工程学中人体活动空间的基本要求，并具有相对完全的配套及功能齐全的"小面积住宅"。在本次调查中多数人认为小户型面积在 $60~80m^2$。因此，本文调研的小户型是室内使用面积介于 $60~80m^2$ 内的空间。

2 小户型住宅居住人群调研

在小户型住宅设计研究中，立足需求、提升空间，对于小户型住宅设计至关重要。本文以调研形式展开，综合受调研群体的意见和建议，使小户型设计合理运用有限空间。

由于年龄、职业、家庭结构、经济状况以及价值观等的差异，对小户型的需求将有所区别。

2.1 受众群体总体需求（表1）

受众群体需求调查统计表 表1

	20岁以下	20～30岁	30～40岁	40～50岁	50岁以上	选择率
注重空间布局	5	25	2	3	0	70%
注重个人空间	4	21	0	1	1	54%
注重室内光线	6	26	1	2	0	70%
注重色彩搭配	5	21	0	3	0	58%

2.2 小户型的功能空间需求（图1）

2.3 小户型的装饰风格需求（图2、图3）

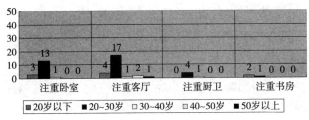

图1　调查统计功能需求图

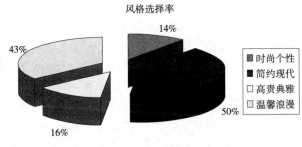

图2　风格选择率

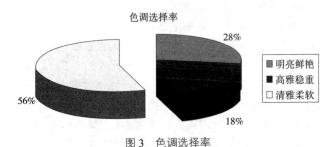

图3　色调选择率

3　小户型设计手法探析

3.1　空间的处理

空间有限，创意无限。对小户型来说，善于运用巧妙的构思、合理的设计，才会让小空间变得开阔明朗。小空间追求的是实用性和灵活性，居住空间是由各空间功能相互组合、渗透、衔接而成的，因而空间的处理上功能性应起主导作用，同时弱化空间界限，使得人与周围环境产生互动，这种处理手法既是空间的扩展，也是居住文化的展现。

3.1.1　多元化流动空间组织

小户型设计中，创造多元流动空间是强化与细化空间的关键。如合理规划室内空间的活动路线，消除狭长通道的空间运用，把各单元空间顺畅有机地联系起来；设计中要尽量避免空间的单一性，注重空间导向性，在有限的空间里通过合理的设计使其功能发挥至最佳。

设计中不能因面积有限，为达到视觉上的均衡感，省略必要的功能空间，也不能一味地追求功能需求而忽略了

视觉走向。还应借鉴景观设计中移步换景、借景、透景等设计手法，达到良好的室内视觉走向，满足人们精神层面的追求和视觉上美的享受。

空间的大小不完全在于面积，恰当的设计手法可以增加小空间的开阔感：第一，提升室内房门的高度和宽度，可以使顶棚高度有向上延伸的效果；第二，墙面与顶棚用同一色系也能使顶棚看起来有增高的感觉；第三，墙体界面隔断处擅用玻璃和镜子可以增加空间的穿透性和延伸感；第四，室内外空间的沟通，可以扩大空间感。

3.1.2　多样性设计空间构成

1. 静态空间组织

静态空间一般说来形式比较稳定，常采用对称式和垂直水平界面处理。静态空间比较封闭，空间构成比较单一，视觉常被引导在一个方位或落在一个点上，空间常表现得非常清晰明确，使用功能一目了然。[①] 在空间布局时要注意静态空间的设计，如卧室空间要符合居住者的要求，其设计成败直接影响人的睡眠，关系到人的健康；卫生间则是生活中不可缺少的一部分，由于较潮湿，在装饰材料上，地面较多采用防滑防水的石材、瓷砖等。

2. 动态空间组织

动态空间，也称流动空间，一般具有空间的开敞性和视觉的导向性特点。[1] 空间组织具有连续性和节奏性，构成形式富于变化性和多样性。空间的运动感既在于塑造空间形象的运动性上，如室内空间曲线、弧线、斜线等连续性的运用；又在于组织空间的节律性上，如小空间中不同形式、造型有规律重复，使视觉能够不断地跟随空间在流动。

因此，动态空间能引导人们从动的角度去观察周围事物，把人带到装饰的运动性空间。越是小居室，越要强调空间动感，才不至于单调乏味。动态空间的组织一方面是要设计出层次感，如用色彩和材料来营造，带给人视觉上的差异；另一方面是追求空间的灵动感，如玻璃作为小居室室内隔断材料，既巧妙利用镜面弥补采光不足，还可以让空间富于变化。

3.2　元素的搭配

室内陈设设计是为室内空间服务的，其对改善和优化室内的环境具有非常重要的作用。具体表现在：改善空间形态；柔化室内角隅；表现空间意向；烘托室内环境气氛；强化室内空间风格；调节室内环境色调等。在小户型住宅中，要营造宽敞的空间，就要学会以小赢大，见微知著，运用各元素间的合理搭配，让小空间宽敞明亮。

室内装饰元素可随居室空间的大小、户主的生活习惯和兴趣爱好，从居室的整体装饰装修出发。家具是室内空

---

① 来增祥，陆震纬. 室内设计原理 [M]. 北京：中国建筑工业出版社，2006.

间分隔的重要元素，不仅可以组织空间，还是设计风格的表现。在布置家具时应该考虑好空间的尺寸和动线三角，选取体量适中，有一定通透性的家具，这样既能延续景观视线，又能弱化空间功能分区。具有伸缩性、收纳空间并注重竖向墙面划分的可移动家具为首选，这样的家具可以最大限度地利用小居室墙面空间，既具有一定的隐蔽性，又具有较强的储藏功能性。

室内装饰品往往体现了装饰风格，充实和完善了室内空间艺术氛围的表达，小户型室内装饰可以借助少而精的装饰品来扩充空间，营造室内环境的情趣和风格，如选择透视感强的装饰画、具有通透性的雕花屏风等。

3.3　情感的传递

3.3.1　材料的情感属性

材料是室内环境的物质承担者。"审曲而势，以饬五材，以辨民器。"（春秋时期《考工记》）强调的是先审度出多种材料的弯曲形态，然后根据它们固有的物质特性来进行加工，方能制造出所需之物。《荀子》中也提到了金属工艺要"刑范正，金锡美，工冶巧，火齐得"。其中，"金锡美"也是材料美的具体化。因而，在室内设计中使用材料的质地对人的感觉起关键作用，材料的质感在视觉和触觉上是同时反映出来的。

3.3.2　色彩的情感属性

色彩是直观的表达，也是室内设计中情感传递最直接的手法。不同的色彩会给人心理带来不同的感受，室内设计的色彩主要是通过光、材质、造型等因素结合而给人视觉感受的，所以在确定居室与饰物的色彩时，考虑空间与人行为的互动后，还应注意材质和造型等的应用。

大部分小户型设计青睐和谐明亮的色彩作为装修的主色调，地面采用深色，深色有延伸空间的感觉，以增强空间的整体性和采光效果。调查发现，选择中性色调（清雅、柔和）的占调查总人数的56%，对客厅灯光要求和谐优雅的占调查总人数的58%。因此，在小居室中，由于房间的面积小，就尽量要避免使用杂色和与色距较远的色彩。简单和谐的色彩容易使人产生空间扩大的错觉，将功能区的色彩统一，视觉上会增强空间的延伸。

色彩与光线的布局是映射户主个性特点和艺术审美的手段之一。小居室特别要注意色彩的色调统一，过多的色彩会使整个空间眼花缭乱。夜间以人工照明为主，包括装饰性吸顶灯具、嵌入式灯与壁灯混合照明等保证居室的敞亮明亮，通过灯光来增加空间的层次、烘托气氛，白天尽量将自然光引入室内。在设计时需要考虑光源对色彩产生的影响所带来的不同感受。

4　结语

面对社会资源的日益紧张，家居面积构成逐渐缩小，小户型住宅的发展亦成为当今社会发展的趋势之一。小户型住宅设计与创新将成为新的课题和研究的热点。如何利用好小空间，使室内空间合理化，是我们努力追寻的目标。小户型住宅设计任重而道远，需权衡各方面要素，因地制宜、综合考虑，设计出既符合国家政策又满足居住功能需要的理想住宅，创造更加舒适和人性化的居住环境。

桂式竹家具的传统继承与设计创新

广西艺术学院　贾　悍

摘要：桂式传统竹制家具在历史长河中有着悠久的优良传统，但其中的一些固有的弊端和设计上的缺点严重制约了桂式竹制家具的向前发展，桂式竹制家具应转变设计思维，紧密地与时代的设计潮流相融合，立足于继承、创新和发展的基础上，在风格独有化、材料多元化和结构可拆装化等方面进行有机的改革与创新。

关键词：桂式竹制家具；传承；创新

竹子作为文化符号在中国传统文化中享有极高的地位，因其虚心、有节、清拔凌云、随遇而安等特点与传统文化中的审美趣味、伦理道德意识有着很好的契合，而成为社会伦理美学的代表之物。竹子除了是中国伦理美学的"代言"之外，还表现在其物用方面，竹子用于制作家具、器物自古在广西地区就有着极广泛的应用。但是，我们却遗憾地发现，以竹子为原料、蕴涵着广西传统文化的竹制家具在我们的日常生活中却鲜有出现，可以说基本淡出了我们的视线。

1　桂式传统竹家具走弱的缘由

用现代设计的观点来看待广西传统竹家具的设计，制约其向前发展的缺陷主要在于以下方面。

1.1　缺乏系统化的理论研究和记载

尽管我们认为桂式传统竹家具产品在某种意义上讲可谓源远流长，但缺乏从设计思想到设计方法、设计技术等全方位的理论体系，缺乏便于设计知识传播和积累所必需的典籍，从笔者在查阅桂式传统竹家具相关文献时竟几乎一无所获，就足以可见桂式传统竹家具理论的匮乏程度。与中国传统家具的《鲁班真经》、《营造法式》等古籍以及近代的如《明式家具研究》、《中外历代家具风格》等研究文献相比，显得多么单薄。桂式传统竹家具对于家具设计的理解和交流更多的是口头上的阐述和文字上的游戏，对于设计和制作的研究和积累却十分缺乏。

1.2　设计思想的守旧与落后

桂式传统形式竹家具的设计和制作，存在着较为浓厚的乡土的淳朴气息和简易的制作加工手法，但在家具设计形式上，尤其在现实家具设计形式、设计多样化上，其思路绝不应是唯一的。笔者认为：随着现代设计潮流的不断推进，最能体现对人生理、心理需求关怀的后现代设计将不可阻挡地成为设计的主流风格。后现代设计风格强调的重点就是体现人文关怀，主张弘扬民族文化、地域文化以及本土与世界文化的交融和协调，后现代设计所包含的这些内容都是为了更好地满足人们的使用要求，都注重理性的运用。相对于桂式传统竹家具广泛存在的乡村田园风格，后现代风格的设计形式更注重情感和个性，因而在设计手法上更强调效能和融合新的形式，从而达到创新发展的目的。二者在设计意义上殊途同归，但有一点是可以肯定的：在形式设计上后现代设计将取代现有的风格。虽然在特定的时期和区域内将会被延缓，但这一进程却不可阻挡。

2　桂式传统竹家具设计思维的传与承

2.1　继承传统文化，促进传统产业开发

对桂式传统竹家具设计和加工工艺开展研究，不仅可

为桂式传统竹家具的升级换代、规模化生产、高档化、工艺化发展打下坚实基础，为开创具有民族特色的桂式竹家具业探寻出路，而且在竹子高洁、淡雅的气质中糅合进设计潮流和时代气息，凸显其自然朴实的现代桂式竹家具风格，以此为载体弘扬广西民族文化的同时，进一步促进广西具有资源优势和产业优势的桂式竹家具的国际化发展。如何给桂式传统竹家具赋予新的生命力，将材料的特性、家具的形式与结构完美地结合，对我们设计师既是一个新的挑战，又是一项艰巨的新任务。本着"越是民族性的就越具有世界性"的理念，我们应该用现代设计理念对传统材料予以新的注释，用具有深厚民族文化韵味的竹子制造现代造型与气质的竹家具，在充分继承和吸收桂式传统文化的基础上，我们结合现代家具生产工艺、设计理念，力图让传统的竹材在现代家具业中焕发出新的魅力。

2.2　增进国际交流，弘扬广西民族文化

随着国际文化交流进一步扩大以及每年一届的东盟博览会在广西南宁举办，广西作为中国与东南亚国家进行交流和贸易的桥头堡作用越发显现出来，广西的民族文化在中国、东南亚乃至世界范围内的影响也越来越大，当然，广西民族传统文化影响的延伸是全方位的，它也包括桂式传统竹制家具文化在内。民族的才是世界的，广西的竹制家具产品要走向世界，必须立足于桂式家具自身独有的风格之上，优秀而具有广泛影响力的广西传统家具，如广西红木家具简约的设计风格、贴近自然等，正是这一过程中最具借鉴性的要素，同时也为桂式竹制家具走向世界奠定了扎实的基础。

2.3　保护环境，提倡绿色材料

竹子的繁殖与生长的速度是树木望尘莫及的，如用现代的观念来衡量，它是一种可大量开发利用却不会对生态环境造成灾难性破坏的环保原材料。广西处于亚热带，气候温热潮湿，具有适宜竹子繁殖与生长的良好环境条件，因此，开发和利用竹子是完全符合广西可持续发展及环境保护的一项切实举措。社会不断地向前发展，人们的审美和精神需求亦在不断地发生着变化。人造材料家具冷漠的触感和回归自然的心理，使得人们对自然材质的家具有着越来越强烈的需求。回顾家具的悠久历史，人造材料总是有阶段性的，只有天然的东西才是永恒的。塑料家具、人造板家具等可以风行一时，但像走马灯一样不断被更替，长盛不衰的却是竹制家具、实木家具、藤艺家具等天然材料制品。因此，国外许多消费者在选购家具时，首先不是选择款式，而是看是否绿色、环保和有利于健康。竹家具的天然材质、自然清新的外观、浓厚的文化底蕴正好顺应这种历史潮流。

竹质家具所用的竹材3~4年就可成材，且砍伐后还可再生，对于林木存量甚低的我国来说，不失为一种优质家具材料。竹质家具制造过程的能耗也远远小于钢铁、铝等的能耗，对环境的污染也小得多，单位重量的竹子的加工能耗只相当于铝的1/126，玻璃的1/14。而且在制造家具的过程中使用的是特种胶，避免了甲醛对人体的危害，有益于人体健康。最后，废弃的竹质家具可以回收，可以自然分解，既不会形成白色垃圾，也不会释放出有毒物质，是非常有利于环境和人体健康的优良家具材质。

3　桂式传统竹家具设计思维的创新

3.1　坚持以人为本的设计思想

中国传统文化主张人的核心作用，即以人为本，在家具的设计中也有所反映：关注人的社会情感需求和个人情感需求；符合人的尺度，遵从人体工学的基本原理；崇尚工艺美，装饰考究（精湛的工艺是人的智慧的具体反映，装饰是人的情感在产品上的依附）。进行桂式传统竹家具设计研究，应立足于从中国传统文化、哲学思想、人性化设计、装饰中的情感因素等方面入手，借鉴以及有机地融合中国传统家具"以人为本"的设计思想。总之，中国传统家具是广西传统竹制家具设计思想的典范，又是桂式传统竹制家具设计创新的重要思路。

3.2　创新设计风格加强形式美感

中国传统家具尤其是明式家具无论是造型、装饰还是结构、品种、功能等方面，都倡导着一种平和、中庸的设计风格，儒家文化思想在其中得以充分体现。桂式竹制家具亦是广西民族传统文化和精神的一个代表，它的设计取向也必须是与广西的努力奋斗、积极进取文化精神所相符合的，这就要求桂式竹制家具在外形上不能有着繁多、华丽的装饰，而竹质材料又使得外观更趋于直线条的风格形式，当然，这种朴素和直线、简约的形式相对于传统的桂式竹制家具的简易而言，不能是一种简单形式上的改良，它必须是具有精湛制作工艺的、强烈现代简约形式美感的、传统文化与当代社会审美相联系后作出的一种提炼和概括。

3.3　崇尚材质的自然美感

人对自然有着一种由衷的敬畏之心，因为我们从自然中来，也要回到自然中去。人虽为万物之灵，但自然材质的气味、触觉和给予人的心理感受是任何质地均匀、缺少天然的细节和变化的人造材料所不能替代的。桂式传统竹制家具最为显著的特点之一是崇尚材质的自然美感，自然材料的大量使用无不反映了这一点。竹子表皮坚硬却又触感光滑、细致，竹竿坚强、刚直却又略带弧线，竹质朴实无华却又富于细节，自然界的一切无不向人揭示，在自然力量支配下的生物世界充满神秘的多样性和复杂性，这是一种自然生命的美，是千百年来的生命活动而逐步形成的。应在产品中融入这种自然材质，使生命的神秘性和多样性能够在产品中得以延续，通过材料的调整和改变以增加自然神秘或温情脉脉的产品情调，使人产生强烈的情感共鸣。

而现今所倡导的"回归自然"、"生态设计"、"可持续发展设计"的设计思想均是崇尚自然美的具体反映，恰巧这是桂式传统竹制家具所要体现的东西，也是它的优势所在。

4　另辟蹊径的桂式传统竹制家具设计思路

4.1　汲取广西民族文化，建立特有的形式风格

形式与风格就是一种文化与精神的结合，是设计意图与设计思想内涵的表象化，而真正反映形式风格的全部意义和内涵的就是设计思想、设计手法、设计技术以及所有的综合体。

桂式竹制家具就设计的形式与风格而言，可以是一如既往的淳朴自然，但绝不简单行事而显得简陋；亦可以做后现代主义的极致简约，却不失自然的质感与触感。就设计手法而言可以对设计手法进行概括，也可以对设计师的不同个性进行总结，还可以对设计作品所产生的时代进行归纳等；也可以从广西现有的竹制家具、器件的造型出发，对其进行改造，保留其朴实气韵、造型别致的同时，赋予其新的功能或者内涵。因此，桂式竹制家具的设计创新研究应从文化的角度出发，深层次地、全面地分析其设计思想，并提炼出其精髓要素，结合现代文化的发展以及社会现状，力求在造型上神似，又能突显广西民族性情、地域特色的竹家具的设计风格。

4.2　桂式竹制家具材料的多元化

中国传统家具的用材类型以木材为主，却不乏辅以其他材质作为装饰或者配合，如：藤、石材、金属铜和银等，形成造型多变、风格迥异的家具款式。

桂式传统竹制家具并非一定在材质上要"从一而终"，也可以在以竹子或者竹质产品为主要材料的基础之上，结合多种材质，利用材质不同的质感、纹理、触感和特性创新出不同的形式和风格，以满足人们不同的审美要求和应用上的需求。

除了传统的天然竹质材料，木质材料、金属、塑料、石材、皮革等都应该进入竹制传统家具开发的视野之中，而家具材料是为了设计内涵服务的，因此，无论是竹子和木、布、皮、藤、金属或者多种材料的结合，都将出现更为丰富和精彩的形式、风格以及感觉。

4.3　结构可拆装与可折叠化

桂式传统竹制家具以手工拼接为主，它是一种结构相对简单，但设计和制作工艺比较松散的模式，不利于生产和产品的标准化、系列化以及产品的远途运输，给大规模生产和销售带来了极大的不便。开发具有广西传统特色的竹制家具产品并让其扩大市场覆盖面乃至走向世界，使其产品结构可拆装化、折叠化或许是一个可行的途径。

对于桂式传统竹制家具设计思路的探索，使我们认识到竹子作为一种材料所散发出来的无穷魅力。对于竹制家具中的美学价值和市场潜力，尤其是在造型设计上，应以延续与继承广西传统竹制家具的思想精髓为主，辅以新时代的创新和发展，只有这样，才能使其与这个不断发展的时代相契合而生生不息。

参考文献：

[1]　杨燕南.家具界的后起之秀：竹家具[J].中国林业产业，2004.

[2]　李赐生.竹家具，竹文化[J].家具与室内装饰，2004.

山地居住区规划设计的地域性探索
——以南宁市恒大苹果园为例

广西艺术学院 玉潘亮

摘要：顺应地形是地域性建筑创作中利用与创造环境的重要方面，尤其在山地居住区规划设计中，对建筑用地进行必要改造的同时，建筑也应尽可能地结合和顺应地形。本文以南宁市恒大苹果园修建性详细规划为例，从规划布局、景观及建筑设计三个方面对山地居住区的地域性表达进行探索。

关键词：山地；居住区；规划；地域性

南宁，简称邕，古称邕州，是广西壮族自治区首府。南宁市地形是以邕江河谷为中心的盆地形态。这个盆地向东开口，南、北、西三面均为山地围绕，随着南宁城市的发展，日益增长的人口与土地之间的矛盾越来越突出，城市由盆地中央向外扩展，在山地丘陵进行开发建设是开拓生存空间的需要。由于山地丘陵的地形、地质和自然气候条件的影响，山地丘陵居住区的规划方法应当有别于平原地区，广西传统的山地村落通过与地形的巧妙结合形成了很强的地域特征，但在技术高度发展的今天，在南宁的山地丘陵工程实践中，存在随意对原有山地环境进行破坏等问题，城市地域特色逐渐消失。因此，在南宁市恒大苹果园修建性详细规划中，我们希望探索一条山地居住区的规划之路，塑造当代广西山地居住形态。

1 项目概况

南宁市恒大苹果园居住区位于南宁市快速环道以东的凤岭新区，南临南宁青秀山风景区，距高速公路入口收费站约600m，距南宁市中心区约10km，项目总用地面积约1100亩，总建筑面积约160m²。

2 用地分析

建设用地处于南宁盆地地貌区，属丘陵地貌，地势起伏较大，地形复杂多变，绝对高程最高点130m，最低点80m，高差达50m。地形坡度一般为15°~20°，局部山体坡度较大，最大达30°，且坡面不完整。根据地形地貌以及工程地质特征可将场地划分为三类地质区：残坡积土覆盖较厚斜坡区、水体稻田覆盖低洼区以及残坡积土覆盖较薄斜坡区。

3 规划理念

基于对基地地形的认识和尊重，本规划在充分调查基地现状和历史的基础上，充分尊重"绿色母体"，尽量保留现有植被和水系，确立了结合地形、亲近自然的人居理念，在丘陵、山谷综合交错之中创造一个与当地自然景观相得益彰的具有现代化生活品质的居住社区，充分发挥自然和谐性，让居民感受到青山绿水、山水交融的意境。

4 规划布局

用地内的三座山丘，依山就势规划为三个山地住宅组团，环形道路网绕山而升，将居住建筑统率在一个个"苹果"中。在三个山地组团的边界，充分利用山谷低洼处较平缓的用地布置两条大型商业带，即极具浓郁民族风情的东方文化街和富有现代气息的西方商业街，两条商业文化街分别以居住区西侧和南侧的入口广场为起点，横向和纵向穿越三个组团之间的峡谷向内部延伸并交汇于整个苹果园的核心，并将商业开放空间与中心绿地形成交接、延续，可以较好地为居住区内的各个组团的居民服务。此外，沿用地内的水系——汇春湖布置学校、运动设施及小体量住宅，让建筑与自然环境达到充分的融合。"三山、两街、两广场"构成了苹果园规划的灵魂。

5　景观规划

恒大苹果园的景观规划为点、线、面三个层次。

5.1　点

点,即各山地组团建筑围合而成的景观节点,是各组团居民聚会、休闲、活动的中心场所,以绿化、小品、水体等多样化的景观手法积极创造宜人的小环境。

5.2　线

线,即用地内的线性景观轴,整个苹果园小区的线性景观轴可分为山景轴线、水景轴线和人文轴线。山景轴线:各组团的山顶点遥相呼应,形成多条山与山、组团与组团之间的景观轴线。利用不同种类的植物营造出不同的轴线景观,并利用多样化的建筑形式,创造出景观轴上的视觉通廊。水景轴线:原有的自然特征形成了校区内独特的狭长水体——汇春湖,是各组团的视觉焦点,也是整个区域的景观视觉走廊,以水体作为小区内东西向的一条蓝色景观轴。整体上突出营造疏林草坡的滨水景观,配以南宁的适宜植物,营造具有南方特色的山水相依、自然和谐的景观。人文轴线:东方街、西方街是小区内两条各具特色的景观商业步行街,东方街着重突出广西少数民族传统文化,西方街则体现现代风情,传统与现代、东方与西方交相辉映,共同构成苹果园校区丰富多彩的人文景观轴线。

5.3　面

小区内丘陵连绵起伏,轮廓清晰、层次分明,构成苹果园优美的背景环境。用地内的现状绿化尽可能保留,形成总体的面景观。同时,拟将现状大片桉树、马尾松林及部分果林逐步改造为具有广西亚热带特色的雨林景观,既保持了自然山林的形态又改善了局部小气候。

点、线、面景观之间相互依托,共同构成了苹果园具有南宁地域特色的整体景观。

6　建筑设计

6.1　结合地形的处理

苹果园住宅包括低层、多层和高层几类,单体设计可充分体现山地建筑的特色,或平行或垂直于等高线排布,从建筑、山体、等高线、道路、绿化等方面综合考虑,创造理想的人居空间。

在建筑单体与地形的结合上,主要运用以下几种处理手法:

(1)提高勒脚法:适用于缓坡、中坡坡地,适合于建筑垂直于等高线布置在小于8%的坡地上,或平行于等高线布置于坡度小于15%的坡地上。

(2)筑台法:适用于平坡、缓坡,可使建筑物垂直等高线布置在坡度小于10%的坡地上,或平行等高线布置于坡度小于12%~20%的坡地上。

(3)跌落法:建筑物垂直于等高线布置时,以建筑的单元或开间为单位,顺坡式处理成分段的台阶式布置形式,以解决土方工程量,跌落高差和跌落间距可随地形的不同进行调整,适宜于4%~8%的地形。

(4)错层法:将建筑相同层设计成不同标高,利用双跑楼梯平台使建筑沿纵轴线错开半层高度,可垂直等高线布置在12%~18%的坡地上,或平行等高线布置于坡度为15%~25%的坡地上。

(5)掉层法:将建筑物的基地做成台阶状,使台阶高差等于一层或数层的层高,沿等高线分层组织道路时,两条不同高差的道路之间的建筑可用掉层法。可垂直于等高线布置在坡度为20%~35%的坡地上,或平行等高线布置于坡度为45%~65%的坡地上。

(6)分层入口法:利用地形的高低变化,为方便并满足建筑的不同使用功能,分别在不同层数的高度上设置出入口,适用于陡坡、急坡地形。

将以上多种方法,结合苹果园实际地形灵活设计,产生出具有山地特点的居住区空间形态。

6.2　地域文化的营造

东方文化街的设计融入了广西民居、岭南建筑等地域建筑风格,并有各种不同的户外空地和庭院,建筑延续整体设计风格,巧妙组合各种建筑符号,用建筑的语言,绵绵悠远地向我们传达历史的、文化的深沉底蕴。采用圆、曲、折的表现手法将古塔、拱桥、流水贯穿在一起;休闲空间点缀南宁当地特有的植物,充分体现当地风物人情。主要庭院通过一座风雨桥与河道相连,沿河道的边缘建有三层楼的亭阁,为游客提供休闲场所,这里不仅仅是东方建筑的综合群,更是中国传统文明的延伸地,引进中国传统饮食文化、街市文化、茶文化、水文化、民风民俗文化等。古朴的建筑与东方特有的人文气息相得益彰,可充分体现当地及东方的文化及民俗。整条街形成了民俗采风、购物、旅游、休闲等多功能于一体的极具特色的东方文化街。

西方商业街的设计则采用现代风格,相对独立,整体统一,采用虚、实、藏、镂等设计手法,体现简约而又丰富的建筑形象,辅以热带植物、叠水瀑布、公共艺术、广场铺装等景观元素,给人以自然、宁静、艺术的购物享受。商业步行街穿插于水边,临水面设置部分咖啡休闲吧,为游客提供消遣的场所。

7　结语

建筑的地域性是一个复合的概念,其中包含了对地域自然环境的适应和融合,对地域文脉的延续和升华以及对地域时代特征的表达,三者是相辅相成,不可分割的关系。在南宁恒大苹果园规划设计中,我们就遵循这一原则。积极应对场地本身特殊的山地地形条件,创造与自然环境和谐共生的新型居住区形态。

中国—东盟环境下广西侗族建筑的传承与保护研究

广西艺术学院　罗薇丽

摘要：本文从中国—东盟环境的背景出发，探讨了广西侗族建筑的传承价值，指出了其传承保护的现状，并提出了相关措施，旨在传承与保护侗族建筑文化与建筑风格，以维护世界文化的多样性和创造性，促进中国与东盟，乃至整个人类社会的共同发展。

关键词：侗族建筑；广西；东盟；传承

1　中国—东盟环境下的相关背景

东盟是东南亚国家联盟的简称，包括马来西亚、泰国、菲律宾、新加坡、印度尼西亚等 10 个东南亚国家，东盟以平等合作为原则，目的是促进东南亚国家的经济、社会与文化发展和繁荣。早在 1991 年，中国就与东盟开始了正式对话，2010 年中国—东盟自由贸易区的建成标志着中国与东盟的经贸关系进入了一个全新的发展阶段，而广西作为我国唯一一个与东盟国家既有陆地接壤，又有海上通道的省份，当之不让地成了中国与东盟合作开发的重要口岸，中国—东盟博览会在广西的永久性举办，给广西的社会经济，文化交流，旅游文化带来了新的发展机遇。2013 年在广西南宁举办的中国—东盟文化论坛提出了"对话与合作——非物质文化遗产的保护与传承"主题，论坛就中国及东盟各国的非物质文化遗产传承与保护等问题展开探讨，提倡以礼敬、自豪、分享的态度善待、传承并保护民族传统文化，旨在弘扬中国与东盟各民族传统文化，共享中国与东盟各国在非物质文化遗产领域的突出成果与先进经验，促进中国与东盟各国在文化领域的深层次对话，以推动双方的进一步了解及交流。广西有 37 个项目被列为国家级非物质文化遗产的代表性项目，其中包括侗族木构建筑、壮剧、靖西壮锦等，侗族木构建筑营造技艺传承人杨似玉等人被命名为国家级非物质文化遗产代表性项目的代表性传承人，获取中华非物质文化遗产传承人新传奖，为推动中国与东盟的民族文化研究合作，增强中国与东盟各国的文化交流，促进中华文化走向世界，拓展广西对外交流合作提供了有力的渠道。

2　侗族建筑概述

作为国家级非物质文化遗产的代表性项目之一，广西侗族传统木构建筑在大量吸收汉族建筑精华的基础上，以其独具匠心的设计、独特的造型结构、精妙绝伦的工艺、璀璨的建筑艺术风格，融合实用性与理性的优势，承载着深刻的侗族人民思想观念、独特的审美情趣、宗教信仰和生活习惯，其独特的地域性、民族性和文化性，使侗族建筑彰显出极高的建筑艺术价值、历史价值和民族文化价值。

侗族传统建筑主要集中在广西桂北三江的侗族村寨，这里依山傍水，鼓楼、风雨桥、民居、戏台、萨堂等木构建筑鳞次栉比，造型壮丽，工艺精巧，风格独特，古朴典雅。典型的侗族建筑主要以杉木和松木为材料，不论其规模大小，不论是穿梁接拱，还是打眼立柱，均不用一根钉子，全是用榫卯连接，铆接缜密，结构坚固，彰显了侗族人民高超的建筑工艺。进入侗寨，首先映入眼帘的是侗族进寨的通道——寨门，寨门不仅是进入侗寨的标志性建筑，还标志着侗寨的地域感和凝聚力，在过去，还承载着防卫性的功能，主要分为门阙式寨门和干阑阁楼式寨门两种类型。

侗寨下方的河面上，或是田间，可见到一座座风雨桥。风雨桥，顾名思义，是可供人们躲避风雨的桥，以大青石作为桥墩，以巨大的杉木作为桥亭、桥身，以青瓦盖顶，集梁、廊、桥、塔、亭为一体，桥梁两边设置了长凳与栏杆，风雨桥雕梁画栋，以侗族人民的生活场景和美好愿望等图画作为装饰，其中刻绘的仙鹤及各种飞鸟图案有着民族发达腾飞的美好寓意。风雨桥还被侗族人民视为龙的化身，每年的除夕，侗族人都到风雨桥上祭桥，祈求族人平安长寿，来年风调雨顺。风雨桥是侗族人民民族特性与民族文化在建筑上的结晶，是侗寨建筑的精华及标志性建筑之一。侗族建筑的另一个标志性建筑便是鼓楼，鼓楼一般位于侗寨的中心位置，高达十多米，形似巨大的杉树，因其顶层悬挂一长形大鼓而得名。鼓楼造型精美、结构巧妙，既无一钉一铆，也没有木楔，全以杉木凿榫衔接，其顶部以穿斗结构为主，又将抬梁式和井干式结构融合起来，使得鼓楼顶层檐口猛然增高，表现出冠冕的意味，与中国古代常规的塔楼建筑截然不同，表现出了侗族人民独特的审美情趣和超高的建筑艺术。鼓楼不仅标志着侗族建筑技术及其审美观，还具有多项民族社会功能，是侗寨的公共活动中心，在侗族人民的社会生活中占有非常重要的地位，人们在鼓楼议事、聚会、迎宾、唱歌跳舞，鼓楼承载着外显吉祥、内聚人心的功能，是侗族民族精神文化的象征。侗族的民居也是风格独特的木质建筑，先是在地面上树立木柱，然后在立柱上用杉木或松木筑成屋架，以树皮或瓦片、茅草为屋顶。根据地势的不同，侗族民居也是多种多样，有吊脚楼、高脚楼、矮脚楼、平地楼等，无论是哪种类型，均采用主体构架体系，即用枋将主柱与瓜柱穿串成排，再将数排相对竖立，再以穿枋连成骨架而成，结构独特，建筑手法独具特色，造型精巧，经济实用，具有极高的热工性能、力学性能及显著的建筑艺术效果。吊脚木楼顶上设计了独特的挡雨檐，不仅非常实用，还表现出了侗族民居重檐迭次的艺术特色，使其富有独特的节奏感及韵律感。此外，侗寨的萨堂、戏台及随处可见的井亭和路亭均是具有侗族特色的木构建筑，与寨门、风雨桥、鼓楼、民居融为一体，构成侗族建筑艺术的整体。当前社会经济逐步走向现代化、全球化，许多特有的文化被人为破坏，许多建筑风格被雷同化、单一化，毫无民族特色、地方特色可言，为此，中国—东盟文化论坛提出善待、传承并保护民族传统文化，将中国与东盟各民族传统文化弘扬开来的理念，中国—东盟环境下，独具民族性和地域性的侗族建筑文化与建筑风格应得以有效地传承与保护，从而维护世界文化的多样性和创造性，促进中国与东盟，乃至整个人类社会的共同发展。

3　广西侗族建筑的传承与保护现状

广西侗族建筑是具有代表性的侗族非物质文化遗产，被列入国家级非物质文化遗产名录，然而其传承与保护在一定程度上受到了制约。随着社会经济的发展，侗族的生活方式与生产方式发生了天翻地覆的变化，现代文明及汉文化不断冲击着侗族的建筑风格，在现代建筑元素的渗透下，侗族传统建筑正逐渐消失。年轻一代的侗族人民大量接受并盲从外来文化，逐渐抛弃本身的原生态民族文化，加之常年受到雨水的腐蚀和火灾带来的损失，用以建造侗族建筑的木材一度面临匮乏，且形式多样的现代建筑材料迅速发展，并传入侗寨，许多富裕起来的侗族人民将自己原先的木质结构住房推倒，重建以钢筋、水泥、瓷砖和玻璃为建筑材料的现代洋房，或是一楼用钢筋水泥建造，二楼沿用侗族建筑风格，显得不伦不类，这使得侗寨的建筑风格不再美丽统一。质朴的、融于自然的侗族建筑逐渐被砖混结构的"方盒子"所取代。

许多侗族村寨的公共建筑，诸如寨门、风雨桥、鼓楼、戏台、萨堂等，因年久失修，且得不到有效管理，逐渐走向没落，甚至消失。侗族建筑工艺独特、高超，整个建筑不需一钉一铁，均是榫卯连接，结合了穿斗式、抬梁式，而这些技艺没有相关的文字记载，均是在建筑工匠口传身教下得以继承的。侗族传统建筑技艺的工匠们收入并不高，现代文明的冲击下，年轻一辈的思想观念有所更新，希望通过其他途径来提高收入，发展自身，因而不愿学习这种古老的建筑技艺，侗族建筑面临着后继无人的局面，前景堪忧。在中国—东盟的环境下，只有善待、传承并保护好广西侗族建筑，才能充分发扬其丰富的民族信息及民族文化，维护世界文化的多样性和创造性，促进中国与东盟，乃至整个人类社会的共同发展。

4　传承与保护广西侗族建筑的相关举措

4.1　地方政府参与协调保护

在中国—东盟的环境下，对广西侗族建筑的传承与保护具有极其重要的意义，为此，应该充分发挥地方政府在协调决策上的主导地位，协调建筑、规划、文化等各个部门，使各部门积极参与到保护侗族传统建筑的工作中来。详细调查广西侗族传统村寨，掌握各个侗寨的实际情况，根据侗族建筑风格的代表性及其完整性、艺术性，划分重点保护村寨及一般村寨，对于重点保护的侗族村寨，需尽可能地保存建筑原有的功能和结构，使其以原来固有的形态不作任何改动地保存下去，可将这些重点保护村寨建设成为侗族建筑文化保护村，或是开发成为旅游景点，对其进行合理利用，在创造出社会效益与经济效益的基础上，更好地保持与发展其建筑风格。政府应充分发挥协调的机制，加以正确引导，各级主管部门要加大宣传力度，向侗族人民宣传绿色建筑理念，倡导与自然和谐相处的生态建筑，并积极开展宣传与教育工作，提高侗族人民对侗族建筑这一非物质文化遗产保护的重要性的认识，使广大侗民能认识到侗族建筑的精华及灿烂的历史文化，引发侗民的民族认同感及自豪感，增强其文化保护意识，使侗族建筑的保护工作得到侗民的理解与支持，并能自觉参与到保护工作中。对于侗族已被人为破坏的村寨，政府在充分考虑侗族民居的地域性、民族性、安全性、舒适性等特点基础上，出资引进专业人士，进行侗族建筑的设计与建设工作，可引进新的建筑技艺与建筑材料，使这些侗寨更具安全性、现代性，对于风雨桥、鼓楼等侗寨的标志性建筑，可进行重点保护，使侗族民居建筑形式走向民族特色化、舒适化、现代化。对侗族建筑进行保护的过程中，需要建立明确的责任制度、研究机制、分工协作机制以及检查监督制度，由广西非物质文化遗产保护工程领导小组负责管理与督导，切实将保护工作落到实处。

4.2　传承侗族建筑工艺

侗族建筑工艺精湛，技艺高超，结构合理，且造型独特，功能繁多，是我国民族建筑文化的瑰宝。传统的侗族建筑工艺是没有文字记载的，只能在建筑工匠的言传身教下得以传承，为避免将来这些建筑工艺失传，相关部门应对侗族各村寨的风雨桥、鼓楼、民居、寨门等木构建筑以及建筑工匠进行调查，在充分了解并研究侗族建筑艺术风格的基础上，寻找其独具地域特色的范式，并去粗取精，提炼要素，融会侗族建筑文化，总结传统建筑的构建方式和工艺，通过现代手段记载下其建筑工艺，详细记录并造册，为今后对其历史与技艺的研究提供可靠的文字资料，使侗族传统的建筑风格得以有效保护和传承，还利于向外界传播侗族建筑文化，维护世界文化的多样性和创造性。此外，专业的侗族建筑技师是传承侗族建筑工艺的重要载体。由于侗族建筑工匠的待遇不高，致使许多年轻一代摒弃这一行业另谋发展，为此，应相应提高侗族传统建筑技师与工匠的待遇，鼓励年轻一代学习并继承这一传统建筑工艺。邀请现有的侗族建筑工匠进行技艺交流切磋，从中选定技术相对高超的师傅，并进行建筑技艺模拟比赛，给比赛中脱颖而出的师傅授予侗族建筑技艺传承人的荣誉称号。定期举办侗族技艺培训班，请获取侗族建筑技艺传承人这一荣誉称号的师傅进行授课，授课内容可采用理论与实际操作相互结合的方式，不断提高侗族建筑队伍的水平。

4.3　减少人为及天灾破坏的因素

随着社会经济的发展，可以发展广西侗寨特色旅游业，使侗族建筑在得以传承与保护的同时创造出较大的社会效益与经济效益。旅游业的发展势必吸引大量游客，为避免侗寨的原始性及侗族建筑遭受人为性的破坏，需要加强对侗寨的管理与保护工作，根据实际情况，确定村寨环节能承受的最大游客量，并控制游客的月数量及日数量，侗族的重要景点不设置商业点，将商业点设在村外，以减少人为因素的负面影响，保持侗族的原始风貌。此外，由于广西侗族建筑均属木质结构，容易遭受风雨等自然灾害的侵蚀，侗族建筑布局紧凑，一旦发生火灾，损失惨重。对此，政府需要筹措资金，加强对现有的侗族传统建筑的维护和管理，研究抗风蚀和水蚀的技术，以延长传统建筑的寿命，并设置消防设施，预防火灾，与此同时，可通过媒体或是学校等各种途径，加大对侗寨的防火知识宣传，利用侗族人民的同宗集体意识，组建全民性保护措施，最大限度地减少自然灾害引起的破坏。

参考文献：

[1] 刘喆，刘月月.重视建筑文化传承 加强民族建筑保护 [J].中国建设报，2007.

[2] 燕夫.以建筑传承民族文化 [J].中国房地产报，2003.

[3] 蔡凌，邓毅.侗族建筑遗产及其保护利用研究刍议 [J].湖南社会科学，2010.

环境艺术设计教学中学生创新能力培养的研究 *

广西艺术学院 钟云燕

摘要：学习者利用各种学习资源，确定学习目标，选择学习方法与内容，评价学习结果。笔者从环境艺术专业教学的特点出发，结合笔者的教学实践，研究如何在高校中将学生学习与专业教育进行紧密结合，分析了培养学生学习的途径，并提出了培养环境艺术专业学生创新学习能力的思考。

关键词：环境艺术；创新能力；教师角色；学习策略

环境艺术设计是介于科学与艺术边缘的综合新兴学科，涉及建筑设计、室内设计、城市规划设计、风景园林专业等。环境艺术设计，概括来讲就是利用现有的自然环境，配以恰当的艺术元素，在满足功能性的前提下，使之达到自然环境与艺术元素相互协调、相辅相成、浑然一体的美感艺术。环境艺术设计既要有科学的理论作为基础，科学技术作为实践的手段，又要有较高的审美艺术价值，综合性很强。作为一个应用于多种用途的环境艺术设计专业，其教学应在艺术设计专业、建筑设计与规划专业、风景园林设计专业这个大平台上形成资源共享。

大学教育的重要责任是帮助学生建立正确有效的思维与工作方法的系统，建立起合理的知识结构。自学是指学生在教师的指导下，通过独立学习获得知识技能，发展能力的方法，是学校教学的基本方法之一。对于刚进入大学的学生，引导、培养自主学习能力就显得尤为重要。在自主学习的实践中，学生是主体，通过自己的教育而提高素质，老师只是客体，起辅助作用。要做到自主学习，首先要做到"会学"，即要掌握一定的学习策略，并且有效地把这些策略运用到学习过程中。

1 充分发挥教师在自主学习中的引导作用，鼓励发展学生学习策略

自主学习成为现代素质教育的发展趋势，近年来，对"自主学习"的探讨也越来越引起了广大教师和学习者的关注。但是在教育界对自主学习的含义有着不同的理解，Higgs 认为"自主学习是一个在一定的教学环境下，学习者基本上不依赖作为教学管理者与方法提供者的教师而独立完成学习任务与学习活动的过程。" David Little 认为，自主学习是"学习者的学习过程和内容与其心理的关系，是其进行批评性反馈、作出决定和实施独立行为的能力。"我国著名语言学家胡壮麟则认为"自主学习是建立在心理学的建构主义理论上的，是研究学习者如何在自己的头脑中建立知识的。学习知识的过程是主动理解并学来的而不是被动接受教会的。"

目前教育中仍存在着教师是知识的传授者，学生是知识的接受者的观念。素质教育要求我们改变教学观念，改变传统的以教师为主的单一教学模式，从教师的单向灌输

* 基金：广西艺术学院教改项目"广西特色装饰元素在室内设计教学中的研究"（项目编号：2013JGY34）；广西艺术学院科研立项"广西特色装饰元素在室内设计中的应用研究"（项目编号：YB201305）；广西高校科学技术研究项目"广西民族建筑装饰艺术应用研究"（项目编号：KY2015YB202）。

式教育转向师生双向互动式教育，使教学重心由"教"到"学"，让学生真正具有终身学习能力及学会学习是时代发展及现代教育的需要。怎样启发学生的求知欲？怎样调动学生学习的积极性？怎样培养学生的综合素质？都需要教师在教学实践中发挥作用。

合作学习是提高学生自主能力的学习策略之一。合作学习指在班级课堂教学中，通过小组、组际、师生间的讨论、交流与合作，互相交流信息，集思广益，取长补短，共同解决新问题，掌握新知识的一种教学形式。这种方式能够培养学生的团队精神和协作能力，为学生创造自主学习的氛围。在课堂教学中，可以几个人为一个小组，小组活动通常以通过完成某种任务的形式进行，如安排学生通过速写、拍照等方式收集与课程相关的图片与文字资料，可以多方收集相关信息，并对收集的信息进行分类、存储、鉴别和整理，然后准确地概括、表述所需的信息，使之简洁明了，运用多媒体的手段把考察内容进行分析总结，制作成PPT。让学生走上讲台在班上演示，搜集资料、代表发言等都要有理有据，翔实可靠。活动的参与者处于一种互动的状态，通过合作学习有利于学生积极思考，学生在共同探讨、归纳、创造信息的过程中，扬长补短，共享群体的智慧。教师应及时肯定各小组的独到发现，独到见解等，这样学生一定会在业余时间主动地搜集资料，分析问题，达到事半功倍的目的。

2 注重对学生进行创造性思维的培养，以赛事促进教学

根据环境艺术教育的特点，对学生的培养应重视设计技能和表现技巧的培养的学习方向。教师对学生的培养也应从重知识的传授，逐步转变为注重学生的创新能力的培养，因材施教鼓励学生发挥自己的个性并加以正确引导；在教学过程中，培养学生的创新精神，激发学生的创造性思维，调动他们主动参与学习的积极性、主动性，不随意否定学生的构思，不以老师的想法代替学生的想法，鼓励其创造性的发挥。只有充分尊重学生的主体地位，才能使学生的创造性思维能力有可能充分开发，适应终生学习。笔者在《室内陈设与配饰》设计课程的教学实践中，通过课堂教学与安排学生做具体操作训练相结合的方式培养学生的多媒体操作能力和创作能力；通过案例教学、小组协作等方式提高学生的团队协作能力、问题解决能力；通过情景模拟、角色转换等方式将知识转化为实际能力和行为。笔者曾经以中央电视台的《交换空间》栏目作为具体案例，给学生播放了前部分的背景资料，然后要求学生根据所掌握的背景资料分析房间结构的优缺点，提出自己的设计方案，最后各小组制作PPT上台作报告，对《交换空间》的设计方案和学生自己的方案进行评析、对比，讨论分析各自的着眼点，并互动答疑。这种教学方法既提高了学生的

学习兴趣，又要求不断地增强自身的综合能力和思维方式，避免千篇一律的教学结果。

关注业内赛事，将社会奖项引入课堂教学：我院鼓励学生积极参加各种大赛活动，比赛与展评相结合，以比赛促进教学，一方面能够给学生以适当的压力来提高学习主动性；一方面进行阶段性的总结，使学生在比较中认识到自己的优点及不足，从而提高各方面能力；此外，展评所体现的对作品的评价及效果，为今后的设计课程以及其他课程的教学积累经验。

3 学校教育和社会生产实践相结合、社会项目与教学相结合的模式

在教学实践中，笔者发现，由于环境艺术设计专业学生来自艺术高考生源，绝大部分学生的美术基础都比较扎实，他们在艺术创造力、灵感、直觉以及图解表达等方面具有一定优势，但理工基础较弱，特别是对建筑结构的理解，常常造成学生重艺术而轻实用的畸形发展，只注重美化问题，而不考虑环境设计的实用性，导致环境设计不严谨，满足不了社会的实际需要。应加强建设产、学、研结合的完整而良好的教学模式，实践教学与社会活动、专业实习相结合，实施学校与企业联合，逐步建立学校与企业合作培养人才的机制。

实践是高校教育的重要环节之一，作为学生参加社会实践可以在实际的工作中检验自己所学的知识，同时也可以弥补在学校所学知识的不足。校外实习基地是高校教学和科研工作的重要组成部分，是培养具有创新精神和实践动手能力的高素质人才的重要基地。为了提高学生的综合能力，环境艺术设计专业学生参与实践教学的方式之一就是与装饰装修公司等企业密切联系。聘请校外专家、企业人员参与课程教学，这些人员有着丰富的实践经验，通过学习，学生能够尽快地转换观念培养角色意识。

环境艺术设计专业来源于社会，又服务于社会，需要学生具有很强的解决实际问题的能力。把实际的社会项目引入课堂这种方式既能保障学生的学习时间，又能使学生直接参与到社会项目中来，而非"纸上谈兵"地做一些虚拟项目，以此培养学生关注本专业的发展趋势，将在校所学的理论知识运用到实践中去。目前我校与本地的数家装饰装修公司建立了友好合作关系，把企业作为实践教学基地，为学生提供学习与实习机会。学生以工程技术人员的身份到作为校外基地的企业中去参与工程的设计、施工与管理，使专业必修课在社会实际项目中完成。我校教学团队根据市场经济建设和社会发展所需调整教育思想，更新教育观念。成立项目专题教学小组的教学尝试，让社会项目进入课堂教学，在毕业设计中尝试整合项目教学实战，以实际工程成果来作为毕业设计和实践的内容，加强了应用能力和动手能力的培养。

这些为适应市场经济发展而培养人才的教育教学尝试取得了良好的教学效果和社会效应。

4 改进教学的措施

4.1 艺术 + 技术的教学方法

包豪斯（Bauhaus），它是一所新型的培养设计人才的学校，1919 年创办，创始人是德国著名设计师格罗皮乌斯。包豪斯可以说是世界上第一所专门培养设计人才的学校，集中了 20 世纪初欧洲各国对现代主义设计的探索，它所建立的设计教育体系直到今天还具有现实指导意义。包豪斯把手工技术和工业技术作为艺术家的创作工具，除了研究艺术规律也进行技术创造和观念创新的训练。包豪斯采用作坊也就是今天的工作室制，要求学生熟练掌握各种工艺加工技术。

我们引入德国包豪斯的教学及设计理念，动手能力和理论素养并重，在设计上强调学生的艺术 + 技术。加强实验室建设，建立制作车间，比如有木工制作车间、模型工作室、灯具工作室、陶艺工作室、纺织工作室等及相应设备可以进行作品制作。《建筑模型设计与制作》、《室内陈设与配饰》、《家具设计》以及《灯具设计》等环境艺术设计中相应的课程可以依托制作车间这个教学场地，加强学生技术操作能力培训，在学中做，在做中学，实现理论教学和实践教学的交替渗透。此外，还能把教学的成果直接以产品的形式展现出来，将教学成果与社会效益和经济效益联系起来。学生能掌握各种生产技能、操作规范和施工机具的使用、维护，提高动手能力；掌握工程质量的控制方法及检查、验收标准，使其具备进入社会市场的初步条件。

4.2 加强网络教学建设

网络教学过程是教师、学生、教学内容、教学媒体四个要素之间的动态过程。网络资源具有丰富性、快捷性，教师事先必须对各种来源的信息资源进行反复研究、整合，制作成信息库，把最新的作品和学术动态接入校园网提供给学生，保证网络教学的高效和优质。学校要积极引入新颖、科学、实用的网络资源，为学生提供网络实验和成果展示的存储空间，利用网络辅助教学平台消除课堂时间的限制与老师深入地交流互动。在网络教学中，如何自主学习、如何调用信息、如何区分良莠信息，坚定今后自主学习的信心，都需要教师的耐心引导。学校也应加强对网络资源的规范和监督，指导学生有效地使用网络资源。在网络教学这个以"学"为中心的教学模式中，学生首先应该是自主学习者。在自主学习过程中，学生创造了一种完全属于自己个性的学习方案和学习策略，并不断突破，不断获得新的知识，不断发展自己的研究能力。这种以正规的课堂教学为主的显性的培养方式和以课外的网络上的隐性学习为辅的学习方式应该说是教师教育专业学生多媒体信息素养学习和养成的最为有利的方式。

4.3 重视师资队伍的建设

教师是学生学习的引导者、督促者，教学模式的创新和学生学习能力的培养，需要不断地提高教师的素养，也需要对教学方式进行必要的改革。改变传统教学观念，强调培养、提高学生的综合学习能力。我校对艺术设计大学生教育理论进行积极的研究与探讨，就业工作管理部门在校内也开展教育实践活动，包括举行大学生设计大赛、开展大学生创业培训、组建大学生创业实践营等诸多活动，为进一步提升大学生各方面的能力进行了大量积极而有益的尝试。鼓励教师积极开展教学内容与课程体系改革的研究，支持教师参加全国性的与本专业相关的学术会议、教学研讨会，扩大对外交流。到一些著名高校开展实地调研，学习经验；到企业调查研究，了解社会需求；到学生中去调查研究，了解他们的学习特点和兴趣。充分发挥优势学科的引领作用，将教学内容改革与学科专业发展趋势紧密结合，将教学工作与科学研究工作相结合，鼓励教师将科研成果引入课堂教学。

"良师授以则、拙师授以法"，现代知识的交叉重组使大学教学不再单纯追求某一学科知识的全面性和完备性，而更加强调学科的综合性和整体性，面对新形势下的环境艺术设计教学，应更多地指导学生思考和学习的方法，全面培养学生的自主学习能力、动手能力和创新能力。如何推进环境艺术教育中培养方法的探索，实现构建"和谐社会"的理想，是每一个艺术教育者不可回避的重要问题。

参考文献：

[1] 张琳 . 大学生自主学习能力培养初探 [J]. 科技信息，2007.

[2] 周卫 . 对高职环境艺术设计专业素描教学的思考 [J]. 环境艺术设计教学与研究，2010.

基于地域色彩的小城镇传统街区保护修缮探讨
——以广西恭城镇传统街区为例

广西艺术学院 彭 颖

摘要：以国家历史文化名镇——恭城镇传统街区为例，结合国家关于"新型城镇化规划"的要求，提出对于城镇中的"自然历史文化禀赋"的重要载体——传统街区，从地域色彩出发，依照色彩原理与客观的色彩标准系统，分析城镇地域色彩体系，形成色彩谱系，对传统街区风貌保护修缮进行色彩设计，探讨"发展有历史记忆、文化脉络、地域风貌、民族特点的美丽城镇"的可行性路径。

关键词：地域色彩；小城镇；传统街区；保护修缮

1 问题提出

传统街区作为城镇的"自然历史文化禀赋"[1]的重要载体和样本，应当是城镇保护修缮的重点，然而由于资金等原因，当前大多数的城镇传统街区，尤其是小城镇传统街区，要么被简单低劣地"穿衣戴帽"，要么居民只得通过自发的、无序的加建或改建来满足基本的日常生活需求。由于缺乏保护意识和专业技术指导，一些失当的建设行为对传统居住空间和历史环境造成严重破坏，传统街区的历史、人文风貌荡然无存。

城镇色彩以其第一视觉属性，先声夺人地表达其文化品位和地域风情，从而产生最直接的城镇意象，统揽国内外历史文化名镇，均具有优秀的色彩环境，或是建设者大量使用某种地方建材的结果，或是本地自然环境色彩基因的表现，或是对当时人文背景的呼应。故此，本文拟从地域色彩出发，以国家历史文化名镇——恭城镇传统街区为例，探讨"发展有历史记忆、文化脉络、地域风貌、民族特点的美丽城镇"[1]的可能性。

2 城镇地域色彩分析策略

城镇地域色彩是城镇风貌的重要组成要素，从其构成类型出发，我们通过自然色彩和人工色彩两部分进行分析。自然色彩包括自然地貌和地表植被的色彩。人工色彩包括人工环境色彩和人文环境色彩。建筑物、构筑物、街道、器物和交通工具等属于人工环境色彩；民俗、节庆活动的主要色彩，历史文化传统中的色彩偏好和色彩禁忌等属于人文环境色彩。其中，人文环境色彩在城镇总体色谱中，占比例最小。

我们通过自然色彩系统标准对比、24色环对比、拍照等方法，实地调查，并利用专业软件，提炼城镇地域色彩，比照自然色彩系统（NCS）色彩标准[2]，按照色彩原理进行分析。其中，自然色彩系统（NCS），以黑度（S）、白度（W）、彩度（C）构成的色彩编号判断属性，NCS色彩三角由色彩空间的纵轴（W-S）和色彩圆环上纯彩色形成的垂直剖面表示颜色的黑度、白度及彩度等的关系。NCS色彩圆环呈现40个NCS色相，每1/4圆被等分为100阶，Y为黄色、

---

[1]《国家新型城镇化规划（2014-2020年）》要求："根据不同地区的自然历史文化禀赋，发展有历史记忆、文化脉络、地域风貌、民族特点的美丽城镇，形成符合实际、各具特色的城镇化发展模式"。

[2] 瑞典自然色彩系统（NCS）色彩标准。

R 为红色、B 为蓝色、G 为绿色。

对城镇空间的地域色彩色谱，按照不同功能属性色彩与不同时代建筑色彩图谱分类，通过分离、融合等色彩分析技术整合自然色彩和人工色彩色谱，利用色谱对城镇风貌从总体层面、分区层面和重点地块层面进行配色设计，以实现对城镇风貌的延续。

3　恭城镇地域色彩分析

恭城镇为恭城瑶族自治县政府所在地，位于桂东北部，桂湘两省交界，是瑶族进入广西后最早的聚居地之一，也是中原儒家文化传入广西的入口之一，特殊的地理位置、民族文化沿革形成了恭城镇独特的地域色彩。

3.1　自然色彩

恭城镇属中亚热带季风气候，典型的作物有大榕树、小叶樟树、茶树、柑橘树等乔木，种植甜柿、蜜柚、金银花、槟榔芋、桃树等经济作物，全县东、西、北三面为中低山环抱，河谷、平地、台地、丘陵相互交错，属喀斯特地貌。

3.2　人工环境色彩

3.2.1　传统历史建筑色彩

恭城镇是依托水运而兴起的古镇，素有"华南小曲阜"之美称，目前集中保存有孔庙、武庙、周渭祠、湖南会馆等四处国家级重点文物保护古建筑群。由码头延伸形成的太和街—兴隆街—吉祥街—付家街等历史传统街区，是明清时期南方瑶族社会的缩影。

恭城镇传统街区的民居多为清代建，坐北朝南，两侧设厢房，砖木结构，硬山墙，小青瓦盖顶。民居建设色彩较统一，墙面采用青砖砌筑，仅在檐口、山墙轮廓和门窗套处采用白色粉饰，彩画纹饰纤细、颜色淡雅。

传统民居的墙面色彩是构成色彩文脉的重要部分，现有墙面色彩的特色为：①传统建筑多采用当地石材造墙，呈现出不同色彩倾向的灰色；②部分传统建筑对局部墙面的粉刷采用当地盛产的白土，干后呈现米白色（略带浅黄）；③新建建筑多为红、黄、蓝色系粉刷，间或有绿、紫等色。

3.2.2　民俗节庆等人文环境色彩

恭城为瑶族聚集地，瑶族男女服装主要用青、蓝土布制作，在衣襟、袖口、裤脚镶边处有红色的图案花纹；以红布或青布包头，喜爱以银簪、银花、银串珠、弧形银板等配以彩色丝带做头饰，形成以青、蓝为主，配以饱和度较高的红、黄的服饰色彩组合。

恭城瑶族主要的节庆有瑶族婆王节、恭城关帝庙（武庙）庙会及还盘王愿等，节庆时瑶族同胞的吹笙挞鼓舞和羊角舞、瑶族八音、民间唢呐曲牌、恭城打油茶等。在民俗节庆活动中运用的器物为木质、竹质和动物皮毛等暖灰色调，装饰以大红、黄色绸布。

3.2.3　现代建筑色彩

恭城镇从 21 世纪初开始进行城镇美化建设，现代建

筑墙面主要采用白色、灰色釉面砖和灰调本地石材饰面，配以仿木色装饰条，屋顶混凝土或琉璃材料，整体为以冷灰为主、暖灰为辅的色调。

4　地域色彩在历史传统街区保护修缮中的运用探讨

按照上述色彩分析策略，通过大量色彩采集及整理和分析，客观地得出小城镇地域色彩数据图谱，明确城镇文化传统中的色彩取向和色彩偏好，形成自然色彩和人工色彩色谱，在历史传统街区的保护修缮中，通过对地域色彩进行合理提取与控制，以色彩为载体，延续城镇习俗和文脉，实现对传统历史街区的保护。

4.1　恭城镇太和街传统街区现状

太和街是以茶江码头为源发展起来的一条现存恭城镇最古老的街道。从建筑肌理上可以看出，太和街两侧建筑多为当地典型的"铜鼓楼"形式，面宽窄而进深长，以清朝民居为主，还有少量明朝民居和民国时期的建筑，多为砖木结构，硬山屋顶，出檐较短，檐下山墙稍微上挑，墙上浮雕装饰多精美，浮塑灰批多灵动。民国时期的民居多受海外基督教的影响，门窗多呈拱形，浮雕装饰具有明显的欧式风格。

太和街建筑墙面以青砖、原木为主，部分批灰刮白；屋面以青瓦为主，门窗采用原木者居多，部分民国时期民居采用当地大理石材；街道路面采用青石板和鹅卵石铺装。

太和街街区建筑墙面、屋面、路面等基调色彩，按照 NCS 色彩标准，彩度较低，整体以中低明度为主导色，为同一类色调，陪衬低调黑色，色彩的黑度跨度在 10~90 之间，辅助色为门窗的原木色，彩度跨度在 0~40 之间，形成较典型的低明度长调构成色彩，色彩沉闷缺乏活力。

4.2　街区色彩分析与保护修缮方案

结合前期对恭城镇地域色彩进行研究得出数据，利用分离、融合等色彩分析技术，整合恭城镇自然环境色谱和人工环境色谱，比对恭城镇色彩总谱，组合太和街拼接街区图，并对其进行色彩分析，

"修旧如旧"方案，保留街区原有黑灰基调，在街区色彩中高、低调区通过不同明度、纯度或冷暖倾向的同类色对比，达到"淡墨有五彩，墨中可求彩"的色彩搭配，但单调色彩相对沉闷，可以结合地域色彩总谱色彩，将饱和度较高的红色对联条幅点缀其中，形成一种较和谐的对比调和关系。

"色彩交替"方案，以街区原有暖灰为基调，提取恭城镇色彩总谱冷基调色为辅助色，同时注意在统一中低明度下，控制好街区冷暖色比例，交替调和。

5　结语

对于传统街区的保护修缮，延续其历史记忆、文化脉络、地域风貌、民族特点是我们的共识。充分采集城镇空间的自然色彩、人工环境色彩和人文环境色彩，依照色彩

原理与客观的色彩标准系统，利用色彩创意软件，分离、融合形成地域色彩色谱，根据色彩总谱对传统街区展开配色设计，尊重城镇历史、文化与民族特点，对传统街区保护修缮无疑是积极的。

与大中城市相比，小城镇由于其用地和人口规模均较小，功能分区简单，更容易形成整体、独特的地域色彩环境，在色彩控制上比大中城市更具可行性和可操作性，从城镇总体层面、分区域层面和重点街区层面，由宏观、中观推及微观对城镇色彩进行控制和引导，将为城镇地域风貌的延续与发展提供有效路径。

参考文献：

[1] 崔唯. 城市环境色彩规划于设计 [M]. 北京：中国建筑工业出版社，2006.

[2] 恭城县人民政府，广西城乡规划设计院. 恭城中国历史文化名城申报报告 [R]. 桂林：恭城县人民政府，2014.

[3] 吴云. 日本历史文化街区景观风貌调研方法及启示 [J]. 建筑学报，2012（6）.

明性见心
——空间设计中肌理营造的心灵之力 *

广西建设职业技术学院　陈菲菲
广西艺术学院　莫敷建

摘要：现代建筑正逐渐步入从多元角度进行突破的时期，肌理营造在空间设计中越来越受到设计师的关注。如何通过物化的肌理材料营造"精神之境"？本文从肌理的选材阈、叙事角度以及肌理的张力特质几个方面对其方法论进行了分析。

关键词：肌理营造；选材阈；叙事角度；肌理张力

"从设计方法论的角度来看，传统的现代建筑设计中较为强调的体块构成、组合、立面、空间等设计方法已慢慢穷尽，以材料及构造为突破点正逐渐成为建筑设计特别是形式设计中的另外一种重要的语言，甚至成为建筑创新生成的原动力。"[1]当下的设计时代在逐步进入一个多元期，一部分设计师正将设计概念从"我"走向"忘我"。传统设计师倾力于通过设计作品向时代传达雄心勃勃的"我是谁"，而另一群设计师则倾向于向时代传达"世界是谁"，一花一世界，这个"世界"可大可小，究其核心，体现的是被设计师精神化的物质世界。"精神"是一个抽象的概念，在设计作品中，它可能被还原成空间结构、场所形态、光感印象，在细部上，它则很大程度被映照在肌理质感上。日本小说家谷崎润一郎在其《阴翳礼赞》中提到："美，不存在于物体之中，而存在于物与物产生的阴翳的波纹和明暗之中。"[2]所谓"肌理"，指物体表面的组织纹理结构，即各种纵横交错、高低不平、粗糙平滑的纹理变化，表达了人对设计物表面纹理特征的感受。一般来说，肌理与质感含义相近，对设计的形式因素来说，当肌理与质感相联系时，它一方面作为材料的表现形式而被人们所感受，另一方面则体现为通过先进的工艺手法，创造新的肌理形态，

不同的材质、不同的工艺手法可以产生各种不同的肌理效果，并能创造出丰富的外在造型形式。当代空间中的肌理设计有何特点呢？

1　肌理的选材阈

1.1　自然

自然材质方是永恒材质，尤其在东方世界。它多半与禅意有关，浸透着寒素枯涩的美。在传统东方设计中，自然素材是压倒性的建筑语言要素，渗透着入定般的纯粹素净，在时间的磨砺中会愈发显现出无畏的阳刚，又阴柔稳定如钟摆，蕴涵着谦逊淡薄的品质。自然肌理在现代设计中的运用呈现的是传统与非传统的对偶，反而能喷薄出异常现代的感染力。

1.2　人工的自然

混凝土在古代西方曾经被使用过，天然混凝土具有凝结力强，坚固耐久，不透水等特性，使之在罗马得到广泛应用，大大促进了罗马建筑结构的发展。19世纪20年代出现的波特兰水泥，由于其具有工程所需要的强度和耐久性，且原料易得，造价、能耗较低，被广泛使用。20世纪40年代以来，以勒·柯布西耶、路易斯·康等建筑师为代表，深度开发了混凝土的肌理表现力，以异于早期古典建

---

* 基金项目：2012年度广西艺术学院科研项目"空间元素——建筑内部空间界面组合形式的探索"（项目编号：QN201215）。

筑语汇的形式，建造了一系列令人难忘的现代建筑。如在坎姆贝尔的建筑材料中，路易斯·康重点运用了灰白色的现浇混凝土、灰米色的天然钙华石和橡木，他认为这些材料在质感上有其内在的联系，将这些材料和谐地组织在一起，反映出了康对材料自然本质的热衷和追求。

在20世纪，带圆孔的清水混凝土墙面是安藤忠雄建筑的显著外表，这种墙面不加任何装饰，墙面上的圆孔是自然残留的模板螺栓。同时，安藤忠雄在材料中既糅合了日本传统手艺，又利用了现代技术，将混凝土运用到了高度精练的层次，传统手工艺和现代建筑之间相映相成，联手造就了"安氏混凝土美学"。

1.3 旧物

复原之物，既能还原先前的美，也会融入现代人对美的追求。侘寂是日本美学意识的一个组成部分，主要指残缺之美，不完善的、不圆满的、不恒久的，也有朴素、谦逊、自然的意思。旧物原本的伤口，因为新材料的加入，变得醒目却不突兀，还有了别样的残缺美。旧物演变的肌理，不仅是一种技艺，更是一种审美，一种完善，一种创造。如果说残缺即是美，那么修缮和更迭过的旧物能够呈现出别样的美感。古时的匠人惜物，因为只有珍贵的东西，才需要修补，而当代设计师们已能在旧物的再用中，找到旧时代与新时代两个时空平行对话的方式——肌理。

1.4 平常之物

惠特曼在《草叶集》的序言中提及："最伟大的诗人能从细微之处发现壮丽的世界和生命。他是先知。"在空间设计中，经过精心再设计的平常材料通过结构化的层次生成全新的构架，让人产生新的景观联想和空间感受。而在细部，则进一步刻画、强调，引导界面至诗意境界，产生使人心沉静、气平和的力量。

2 肌理的叙事角度

2.1 洗练

"凡物之清洁出于洗，凡物之精熟出于炼"（清·杨廷之），洗练乃"二十四诗品"之一。洗练者，务去陈言，务去赘物，宁简勿繁，宁少勿多，宁缺毋滥。这种美学理想推进的过程，就是省略的过程、否定的过程，崇尚减法美学，单色、单质。凡是注重肌理感觉的空间设计，"专一"是一项重要原则，因为设计师们认为，杂糅的肌理拼贴只是二维图案列表，而非时间和整体感受陈述。

2.2 素朴

洗练，再进一步，势必归于素朴、质朴以至拙朴之境。肌理的运用不尚雕琢，而追求自然、本分、素淡、和谐，颜色讲究本色美。自然而然是其运用要旨，形状也力求保持原样。原型尽量不设色，以原色最佳；概不饰纹，认为原纹最美，纵使风化雨淋、满柱裂纹、疤节累累，也听之任之。对于空间设计师而言，在相当敏感的肌理品相认知

上，其实不太看好品鉴专家所谓的"品相"，而往往觉得有点个性特征反而更为动人，甚至有缺陷美之说，追求一种完美语境中的残缺，十全十美的残缺，匠心独运的古拙，洗尽铅华的素朴。

2.3 阴柔

早期的现代设计尚大、尚力，推崇阳刚之美或曰壮美。而在肌理设计中，尚洁、尚简、尚素、尚小，以小为美，以纤为美，崇尚阴柔之美或曰优美，它更关注局部、细节，关注微观世界，撷取自然的一角。相较于昂扬、凌厉和工致，它显得内敛和朴实，本分和谦和。但在施工过程中，其工序之多，用料之繁，费时之久，非工业化时代的大生产所能企及，更显其精妙与细腻。

2.4 感伤

受禅宗影响，侧重于肌理设计的设计师往往已对人生、生命形成一套具有伤感美学特质的人生观、世界观和价值观，并希望在其空间设计过程中通过设计体现对生命本质的自觉，肌理作为线性时间的代表，恰到好处地能体现出衰亡乃生命本质的真相，其质感叙事的方式能够让人回味人生况味。

2.5 象征

肌理也意图叙述一个不假外力、不假人事的自成一统的世界，亦即绝对独立自足的精神天地，其审美指向，在本质上都是含而不露的"景外之旨"，即通常所说的意在言外，由此繁衍出无数廓然空寂、萧疏淡雅、幽远缥缈的诗情歌境。

2.6 时序

肌理本身就暗示着四季更迭和四时风物，无"四季"、"四时"，便难以称述时间，是陆机《文赋》中所讲述的"遵四时以叹逝，瞻万物而思纷，悲落叶于劲秋，喜柔条于芳春"之境界。

2.7 群体

与出类拔萃、脱颖而出、异军突起，注重个性的凸显和个人才能的发挥，留意与众不同的孤傲不同，当肌理以群化姿态出现的时候，都显示出惊人的群体性和协调性以及魄动人心的冲击力和感染力。

3 非悖论——肌理的张力缘于其退守

肌理以其单纯、抽象的特质，成为空间设计中的一门独特语言，诉说的是当代设计师群体中独特一支的处世哲学、生活理念，他们自省、缄默、含蓄，甚至带有几分懒散，以退避三舍、静观世界、静观内心的设计来映照自身对于投入世界的那种积极进取。现代建筑长久以来封闭的设计格局，人为地阻隔了人与自然的某种联系，将自身隐蔽起来，似乎只有这一片浓重的自我包围，才能保护人们安全惬意地栖居，可是，如何于封闭、内敛中与自然遥相观望，自觉地将自身圈入自我构建的一

方圣地,以此获得最大的精神愉悦,这大概就是躲在肌理设计背后的精神诉求。

谷崎润一郎说:"窃以为我们东方人常于自己已有的境遇中求满足,有甘于现状之风气,虽云黯淡,亦不感到不平,却能沉潜于黑暗之中,发现自我之美。"肌理技巧在室内空间中的运用所传达的只可意会的东方式意境,在愈发一体化的全球文化面前,犹如人们埋在内心深处无法言说的情感断面,包含着时间的气息,文化的体温,诉说着人们一直试图厘清的生命脉络。

参考文献:

[1] (美)布莱恩·布朗奈尔.[M].南京:江苏科学技术出版社,2014:序言.

[2] 谷崎润一郎.阴翳礼赞[M].台北:脸谱文化,2009:1.

艺术设计专业毕业论文与毕业设计存在问题及解决策略探究

——以广西师范大学艺术设计专业为例

广西师范大学　刘　英

摘要：本文围绕广西师范大学艺术设计专业毕业论文和毕业设计教学模式，分析现有模式所面临的问题。通过调查总结存在的问题，提出相应的解决方案，为更合理的毕业教学环节提出理论依据，进而优化艺术设计专业课程设置，提高艺术设计专业教学质量。

关键词：艺术设计；毕业论文与毕业设计；现状；解决策略

0　前言

毕业论文和毕业设计是专业教学计划的重要组成部分，是对学生四年学习成果的一项综合性考核方式，具有承前启后的重要作用。部分艺术设计专业的毕业生由于承受着日益严峻的就业压力而忙于奔走在各大招聘会现场，无暇顾及毕业论文和毕业创作，其质量日渐下滑。

如今艺术设计专业学生对毕业设计与毕业论文越发不够重视，一些高校对毕业环节的设置也有待商榷：存在着时间安排不合理、毕业论文与毕业设计选题及导师分离等诸多问题。如何实现毕业论文与毕业设计环节在本科课程设置中的地位和作用，优化艺术设计专业本科课程设置，本文就广西师范大学艺术设计专业毕业论文与毕业设计教学环节现状进行研究分析，探讨更为合理的毕业论文与毕业设计教学模式，提升整体教学质量。

1　研究背景及意义

各高校就艺术设计专业毕业论文与毕业设计模式一直在不断摸索和探讨，如我学院从最早的毕业论文与毕业设计并存，但二者选题可毫无关联，到毕业论文与毕业设计任选其一，再到如今的取消毕业论文只有毕业设计，也不过五年时间，几乎每届毕业生都经历着不同的毕业考核。这种快速变换的考核方式极不利于教学质量的提升，并且扰乱艺术设计专业课程设置，而受冲击最大的是学生们。

广西师范大学艺术设计专业学生人数众多，2010年4月前隶属美术学院，艺术设计专业所占比例分别如下：2006级66.0%，2007级70.0%，2008级78.3%和2009级80.6%；2010年4月后新成立设计学院，暂时只有艺术设计专业学生。

艺术设计专业毕业环节模式受众面广，而合理的教学模式就尤为重要。因此，笔者以2006级和2007级艺术设计专业毕业生为研究对象，对其进行毕业论文和毕业设计教学环节现状调查，针对现状问题提出解决策略，从而为课程设置和教学模式的调整和优化提供依据。

2　研究内容及存在问题分析

2.1　研究内容

笔者根据2007~2011年艺术设计专业毕业环节的相关问题针对性地设计了调查问卷，主要对2006级和2007级艺术设计环境艺术设计方向毕业生进行了问卷调查，问题涉及"毕业论文与毕业设计时间安排"、"毕业论文与毕业设计选题及内容"、"毕业论文与毕业设计写作培训"及"毕业论文与毕业设计管理"四个方面。2006级随机发放100份调查问卷，占专业总人数的59.2%，收回有效问卷93份；2007级为150份，占专业总人数的74.6%，收回有效问卷135份。

2.2　存在问题分析

艺术设计专业属于艺术类学科，部分现行毕业论文和毕业设计教学模式中存在着时间安排不合理、毕业论文质量差、毕业论文与创作毫不相关、管理机制松散等现实问题。

2.2.1　毕业论文与设计时间安排不合理

艺术设计专业课程设置中，毕业教学在最后两学期进行，第七学期主要进行确定选题、资料收集等前期工作。调查中6.6%的毕业生认为时间安排合理，63.7%的学生认为与找工作相冲突，42.9%的学生认为与就业单位要求实习相冲突。总体而言，这一安排方式存在以下问题：大四上学期有2~3门专业课，学生根本无暇顾及；大四是学生找工作和考研的关键时期，严重影响了毕业论文与设计的按期完成和完成质量。

2.2.2　毕业成果质量差，毕业论文与毕业设计选题毫不相关

调查发现，82.4%的学生为自定选题，41.8%的学生存在着选题困难，48.4%的毕业生没有写过课程论文。而目前，大多综合性院校艺术设计专业的毕业论文要求与其他专业一样，写一篇理论性论文，而艺术设计专业的毕业设计实质是设计实践和创作实践，从而毕业论文与毕业设计相互脱离，无法起到论文总结实践或者理论为实践作指导的作用。而艺术类扩招以来，学生综合素质明显下降，学生论文选题过大、空洞，难以与其设计作品结合起来，只好照搬书本内容或直接下载网络相关内容敷衍了事。更为严重的是毕业论文与设计选题毫无关联，指导老师各不相同，这给导师带来了指导的困难，影响了毕业成果的质量，同时也极大地挫伤了学生的积极性和自信心。

2.2.3　毕业论文与毕业设计答辩形式单一

艺术设计专业经过多年的扩招，专业方向增加，学生规模不断扩大。大多院校答辩形式统一，没有考虑各专业方向特点，在作品展示、成果示范及答辩形式上受到比较大的限制，没有充分发挥毕业设计的作用。而答辩时，在时间、场地、答辩教师、评分标准等方面都无法体现不同专业的特点，常常许多答辩现场专业教师不对口、评分标准不一致，造成答辩不够深入、评分不公正等问题。更有甚者，有些院校只进行毕业论文答辩，而毕业设计根本就不存在答辩这一教学过程。

2.2.4　毕业过程缺少详细操作规程与管理措施

院系在布置上严格要求，但无详细操作规程和措施，无法实现督促教师认真指导、师生定期交流和设计审查，致使毕业环节流于形式，管理形同虚设，甚至有些学生整个过程都没有同指导老师交流过。同时，大多院校存在着师生比例失调，几乎每个指导老师要带十多个毕业生，而大部分老师还有繁重的教学任务和科研任务，也是指导老师无法顾及每位毕业生的最主要原因。

3　解决对策及建议

如何解决上述毕业论文与设计中存在的问题是本文研究的重中之重。针对上述问题，应从时间安排、选题来源、毕业论文与设计形式、毕业答辩形式以及毕业论文与设计管理形式等方面进行改革，从而提高艺术设计专业整体教学水平和毕业生的整体质量。

3.1　毕业论文与设计时间安排改革

毕业论文与设计时间安排要考虑多方面的因素，如课程设置、学生考研以及就业等。虽然大四上学期就布置了毕业任务，但此学期还有2~3门专业课程，学生根本无暇顾及毕业事宜，而只利用答辩前一个月时间仓促完成。因此，应整合教学大纲和课程设置，最后学年不安排专业课程，要求学生至少提前两个月回校完成毕业论文与设计。

3.2　毕业论文与设计选题来源改革

根据以往选题来源单一、学生选题质量差等问题，可从以下几种模式进行选题：①毕业论文（设计）与导师科研相结合。真题真做，有利于形成师生良性互动。另外，项目经费可以弥补学生毕业论文（设计）经费的不足。②毕业论文（设计）与学生创新课题相结合。③毕业论文（设计）与大型竞赛相结合。鼓励学生参加各种校内外与专业相关的竞赛活动，然后根据毕业论文（设计）要求，进行完善和补充，作为毕业论文（设计）的选题。④指导教师负责，课题组联合指导。吸收其他学科教师，成立指导课题组，根据教师所长，分工合作，由一位指导教师负责，其他教师协助，进行联合指导。⑤毕业论文（设计）与实习单位项目相结合。

3.3　毕业论文与设计形式改革

针对上述学生论文与设计内容不一致等导致的系列问题，针对本专业特点，毕业论文根据毕业作品或创作过程和成果加以完成，或写成专业报告的形式。论文或报告对设计灵感来源、素材收集、构思与草图、设计过程与技法分析、表现语言与作品，以及设计收获与不足等进行阐述。学生可通过论文对其设计进行审视与反思，也提高了表达创作思想的能力。其设计具有独一性，围绕设计完成的论文也具备了独一性，从根源上杜绝了抄袭现象的发生。

3.4　毕业答辩形式改革

针对答辩形式单一等问题，应根据不同专业方向的特点进行答辩，修订评分标准，改变答辩程序。平面设计中包装设计、书籍装帧设计、VI设计、海报设计等，环境艺术设计中以模型、雕塑、家具及效果图等设计为实物，重点突出实物展示，举办毕业设计展，组织专业教师现场答辩。网页设计、二维动画等则通过媒体进行演示答辩，服装设计与表演则要组织服装秀。同时，邀请社会相关专业人士参加答辩，对学生毕业选题的可行性、市场前景、市

场价值给出评价与意见，使学生知道其作品在社会中的认可程度。

3.5　毕业管理形式改革

针对上述缺乏详细毕业设计规程的状况，学院应对毕业环节进行全程监控。明确学院、系以及专家检查小组的职责，保障毕业设计各个环节的工作质量。对毕业设计全过程进行监控，做好前期检查、中期检查和后期检查。学院组织院专家组、各系负责人对学生毕业设计质量和学生答辩资格进行审查，为毕业设计质量把关。同时，制定科学质量评估体系。在选题质量、教师指导质量、学生工作质量、物质保障质量、设计成果质量、毕业答辩质量及组织管理质量等方面制订指标体系。

4　结论与讨论

研究发现，毕业论文与设计的现有教学模式还有待改变和完善，上述建议从理论上提供了参考，而具体操作则需要进行更进一步的研究，应根据各院校现有资源和课程设置进行合理的安排，完善本科教学过程，提升教学水平，最终提升毕业设计学生的整体水平，为社会输送专业素质强的技术人员。

参考文献：

[1]　周宇.环境艺术设计专业毕业设计教学改革研究 [J].广西轻工业，2009（2）：126-127.

[2]　刘佳妮.环境艺术设计专业实践教学体系的构建与管理 [J].湖州师范学院学报，2009：112-114.

[3]　谢志远.艺术设计专业实践教学体系的构建与实践——以温州大学为例 [J].中国大学教学，2006（12）.

[4]　吴振宇.高校艺术设计专业毕业论文质量的分析与思考 [J].齐齐哈尔师范高等专科学校学报，2009（4）：22-23.

[5]　马宁.关于本科毕业设计（论文）选题方法的探究 [J].产业与科技论坛，2009，8（8）：196-197.

[6]　徐泳霞.艺术设计专业本科生毕业论文写作存在的问题及解决对策 [J].期南京工程学院学报（社会科学版），2008（8）：60-62.

[7]　朱金华，杨建生.艺术设计专业毕业设计联合教学模式初探 [J].期美术大观，2009（12）：156-157.

在城市建筑中寻求色彩的地域性

广西师范大学　覃丽琼

摘要：随着社会的发展，城市规模的扩大，城市特色丧失、"千城一面"的"趋同"倾向以及城市环境色彩污染日益严重等问题的出现，城市色彩问题已经逐渐引起许多城市决策者的关注。本论文从建筑色彩的地域性入手，有针对性地分析了目前我国城市建筑色彩存在的诸多问题，对城市建筑色彩的设计进行了探讨和研究，并通过对一些国家城市建筑色彩的成功规划案例进行对比、分析和借鉴，提出了几点关于改善我国城市建筑色彩的建议和方法。

关键词：城市建筑；地域性色彩；色彩规划；公众参与

0　引言

随着我国城市建设规模的迅速扩大，城市特色丧失、千城一面，城市建筑色彩污染（色彩噪声）日益严重。如色彩缺乏规划与管理，建筑形式和色彩的杂乱无章、单调贫乏无创意、没有地方特色、趋同倾向等诸多问题；同时，随着城市建设由解决基础设施的浅层次向追求城市文化、城市品位和人居环境质量高层次的演进，以及城市规划和建筑专业自身的发展与完善，城市建筑色彩的研究和运用已成为城市发展必须面对的重要课题。

1　相关概念

城市色彩，是指城市公共空间中裸露物外部为人类所感知的色彩现象，由自然色彩和人工色彩（人文色彩）组成。其中，自然色彩是由于地理、植被、季节、气候、日照、透视等自然因素产生的色彩关系，如城市中裸露的土地山石、树木草坪、河流海滨以及天空等的色彩；人文色彩指的是民居器物、服饰绘画等人造物的色彩现象，如城市中的建筑物和构筑物、广场铺地、交通工具、行人服饰的色彩。如同一切有形的物体都离不开色彩一样，城市本身也离不开色彩。如果说空间是城市的灵魂，结构是城市的骨架，那么色彩就是她的衣服了。城市建筑色彩是城市的重要组成部分，它既是城市景观识别系统，也是城市文脉、民族习惯、地方特色、时代精神的综合体现。

2　色彩的社会属性及地域性

不同的地理环境直接影响了种族习俗和文化等方面的成形和发展，这些因素直接导致了不同的色彩表现；每个国家和城市或乡村都有着他们自己的色彩，而这些色彩又在很大程度上浓缩汇聚成一种文化特征。因此，色彩是一个丰富而生动的主体，它是一种符号，一种形式，一种象征，也是一种文化。自然色彩和人文色彩之间是相互关联和影响的。在人类发展的历史长河中，人类不断地从自然色彩中去发现、感悟和利用，创造和美化自己的家园，同时也为后人沉淀出各种具有不同时代精髓、民族习惯、宗教信仰、哲学观念和地方特色的建筑色彩。

早在15万~20万年前的冰河时代，人类居住在洞窟中，以狩猎为生。在这些洞窟的石壁天顶上，人们用从矿物质、动物或人体的血液中提取出的红褐、黑、黄等颜色，描绘出野牛、猛犸、长毛象及人类狩猎的生动劳动情景，这些岩画图案轮廓粗犷简练，用色鲜明强烈，包含着特有的原始生命和艺术感染力，标志着人类已经开始用色彩装饰自己的居所。其中，最具代表性的有西班牙的阿尔塔米拉洞窟和法国的拉斯科洞窟。

中国古代的建筑，我们从皇家宫殿建筑的琉璃金顶、朱漆圆柱及富丽堂皇、绚丽多彩的色彩装饰，与庶民百姓灰瓦、黑柱的朴素灰暗对比中，对中国封建等级制度的森严一目了然。这种现象越靠近国家的统治中心，就表现得越明显，而在西藏、闽南、两广等地"山高皇帝远"，中央统治相对薄弱，民俗、祠堂、寺庙、园林色彩就稍显活跃，热闹许多。这些地方的人们充分利用当地的建筑材料，因地制宜地建造出形形色色，富有民族传统和地方特色的民居形式。如红砖砌筑的泉州民居，粉墙黛瓦的江南民居，乱石堆砌的红、白、黑调的藏族碉房，陕西黄土高原与地貌一致的土黄色窑洞民居，以竹木原色为主的干阑式傣族竹楼，装饰色彩丰富华丽、造型参差变化的白族民居……

古希腊建筑是西方建筑的先驱。在一定的宗教信仰、社会经济和技术条件下，他们利用当地盛产的大理石为主要材料，建造了形形色色的宏伟的神庙建筑。如雅典卫城内的帕提农神庙、伊瑞克先神庙等。为了打破大理石墙柱沉闷单调的视觉形象，希腊人在浑厚的建筑局部（如柱头、山花、檐部、瓦当）装饰着各种精美花饰的浮雕，并涂上分别代表着大地、火、水、空气的蓝、红、绿、紫以及金色，有的镀上金箔，在朝阳的照射下熠熠生辉，使整个建筑洋溢着威严肃穆、幽深秩序而又欢快喜庆的气氛。

3　城市建筑色彩设计原则

城市建筑色彩主要包括城市建筑整体的色彩，整个规划区的规划色彩，建筑自身（单体）色彩，从建筑内部到外部，从平面图底关系到立面色彩、三维色彩——即建筑或建筑群自身与周围环境、背景的关系；建筑白天景色和夜景的色彩；色彩色相、明度、纯度三大要素之间的关系；以及色彩的物理性、生理性、心理性，这也是设计师们在建筑色彩设计过程中应考虑、重视和把握的因素。

进行建筑单体设计时，要根据建筑的功能而赋予相对适合它的建筑形式和色彩。如工业建筑的色彩要求简洁、明快；商业建筑的色彩要求醒目、艳丽、新颖别致；文化建筑的色彩要求雅致含蓄，能够展现当地文化特色；体育建筑的色彩要求活泼、奔放、强烈，富有朝气，能够调动人的兴奋情绪；办公建筑，往往采用中性偏冷的颜色（如白、浅蓝、浅灰、浅绿等），为了体现理智、冷静、高效率的工作气氛；而城市居住建筑，多以暖色系、中高明度、中低彩度为主，这样的颜色会给人带来健康、明朗、愉悦、轻松、温馨、安全的感觉，这也符合人们对色彩的心理审美要求。当然，我们这里所说的都是指建筑整体的色彩走向，而为了打破色彩的单一性，突现建筑自身的造型特点，丰富建筑的视觉效果，设计师们也会对建筑的局部采取相对自由的，或变化或对比的色彩进行点缀设计，这样往往会起到画龙点睛、锦上添花的效果，让建筑活泼、丰富而

又不乏整体性。

城市中的新建筑，要有配角意识，要表现出对传统建筑文化的谦恭与尊重，必须谦让周边建筑已形成的色彩环境，其色彩尽量与原有景观、环境色彩相协调。如果原有建筑色彩已经不和谐，则应使用能中和色彩冲突或形成过渡色的色彩，而不要再使用醒目冲突的新色彩，标新立异，乱上添乱。

4　关于改善我国城市建筑色彩的一些建议

4.1　建筑色彩设计应该富有民族性和地域性

世界上很多国家、民族和地区都因为地理、气候、风俗习惯、宗教信仰、文化背景多方面因素的不同，逐渐形成了具有不同特色的传统色彩和地方色彩，同时也体现在色彩的载体之一——建筑物上。如巴黎以黑色屋面，灰白色或淡茶色的墙作为城市基本色调；佛罗伦萨则以红色屋面，白色或淡黄色的墙作为基本色调；希腊人用色彩去加强大理石神庙的视觉效果，把群像雕塑装饰的山墙正面涂成浅蓝色或赭石色，给城市增添幽深的感受；意大利圣索菲亚和圣马可教堂上的陶瓷锦砖与大理石，在阳光下闪闪发亮，给城市带来轻快的空间感受。一提到北京，人们会想到色彩浓艳、金碧辉煌的宫殿建筑群，青灰色的四合院和老胡同；蓝的草原城市——内蒙古呼和浩特市；提起东北哈尔滨市，我们就会想到它"米黄色的城市"、"东方莫斯科"的美称，以及市区矗立的一簇簇米黄色小楼……

城市色彩直接反映着一个城市的整体风貌和历史文脉，因此建筑色彩设计应该体现地方特色，富有地域性、民族性、时代性和个性。正如哈尔滨的米黄城市主色调，也是其诞生和发展的独特历史背景积淀而形成的与其地域和气候特点相适宜的色彩。哈尔滨作为现代城市，是随着1898年中东铁路的修建发展起来的。哈尔滨濒临俄罗斯，20世纪初，由于铁路的延伸，俄罗斯移民陆续来此居住，那时就落成了很多米黄色俄罗斯风格的小楼；其次，哈尔滨地处北纬45°，属温带大陆性季风气候，一年中将近有大半年的时间被大雪覆盖，气候寒冷，为了适应当地人们对色彩的心理感受，从而在城市色彩规划上选择了暖暖的米黄色。

而中国的热带海滨旅游胜地三亚，曾经因为在黄金广场的用色方面引起很大的争议。三亚地处热带，年均气温高，气候炎热，日照量大，黄金广场周围的大厦却大面积地运用明度、纯度过高的橙色和明黄色，在日光的直射下，显得异常刺眼、炎热，让人烦躁不安，破坏了整个城市环境色彩的协调。近两年三亚城市建筑开始注重追求热带南洋风格，出现了一批色调柔和淡雅、清新明快、健康的冷色调建筑，洋溢出浓厚的热带风情。

由此，设计师的作用可见一斑。为了促进多样化与丰富的色彩文化，凸显城市的地域特色及人文风貌，塑造城

市形象的个性魅力，使自己的城市从城市部落中脱颖而出，就需要设计师们在建筑色彩和环境色彩中把握好对地方及传统色彩的认识，加以提炼，从中找出设计元素并将之运用到设计中去。

4.2　城市建筑色彩应进行整体规划与管理

长期以来，我国很多城市之所以出现建筑色彩杂乱无章，"色彩垃圾"、"色彩污染"、"色彩骚动"等现象，其主要原因是长期以来建筑色彩的规划设计没有得到应有的重视，没有科学有效的管理，没有把城市色彩建设真正列入城市规划当中去。我们在城市总体规划阶段或建筑造型、立面、外观设计的时候，就应该将色彩作为一个单项列出，对城市色彩进行宏观调控，在一定范围和程度上引导整个城市建筑色彩的协调，使之在城市详规和具体的设计中得到落实。另外，还需要政府部门的介入，制定相关的法规和设立规范的操作方式，制定一套完整的管理措施，只有这样，城市建筑的色彩才有可能走上良性的发展轨道。

西方一些城市很早就已开始对城市色彩进行规范管理。意大利的都灵市政府，早在19世纪下半叶就整理出自己城市建筑的"色谱"，为房主、粉刷工及规划设计人员提供参考，随后不断地对城市色彩进行规划和完善，从而才形成了现在呈现在我们面前的和谐、温馨、典雅、舒适、充满文化意蕴的城市面貌。在德国、奥地利、法国、荷兰等国家，尽管他们的城市大都历经数百年，但行走在这些城市的街道上，感受不到杂乱无章的刺眼色彩，更没有色彩迷幻闪烁的霓虹灯、五颜六色的巨幅广告和刺眼的玻璃幕墙来骚扰视线，这便与其城市环境色彩的规划调控直接相关。美国、日本对公共环境色彩的规划也是值得我们借鉴的。日本东京在20世纪70年代初，因为经济高速发展，出现了新的建筑造型与传统景观的矛盾，以及城市色彩污染的严重现象，影响了城市形象和市民身心健康，东京市政府在有关专家的建议下作出了整顿城市色彩混乱的决定，并委托都市色彩研究中心完成了《东京色彩调研报告》，后来这份报告成为东京城市色彩规划的蓝本。1981年日本建设省提出了《城市空间色彩规划》法案，以立法形式对城市色彩规划设计作出规定，科学的规划使得这些城市呈现出和谐有机的整体面貌。美国许多州就有规定，住宅区严禁设立广告，以保证生活区内视觉清洁和安静。我国台湾在进行城市改造时，也要求制定改造区的环境色彩规划及其详细设计，以与整体的环境色彩取得协调，并在此基础上塑造富有个性的城市色彩环境。

我国历史上由于长期处于中央集权的封建统治下，对建筑、服饰色彩的运用等级森严分明，以及意识形态上的

局限，不善于借鉴外来新生事物，生产力相对落后，经济等各方面的原因，使得我国关于城市色彩问题的研究起步较晚。20世纪90年代，首都规划委员会曾经对北京新建的小区提出了进行色彩规划的要求；为迎接2008年奥运会的举行，2000年8月，北京出台了《北京建筑物外立面保持整洁管理规定》，为我国在城市色彩规划与管理法规的制定方面迈开了第一步。但是由于法规的执行还处于探索阶段，设计不到位，缺乏规范的操作方式和管理上的薄弱，规范并没有得到真正的落实，从而出现了外墙色彩表现多样化，色彩纯度明度过高过于艳丽（大红、橙红、橘黄、翠绿、钴蓝等），整体景观不协调等诸多问题，把原本上千年历史沉淀下来的有浑厚文化底蕴的古都风貌转眼间变得异常浅薄。对此，中央美术学院建筑学院教授韩光煦建议："城市色彩需要立法，色彩设计应成为城市规划设计尤其是区域性规划设计中的一道必不可少的程序，这项工作完成后再提交主管部门审批，通过了方可交付实施。"[①]其实，日本、中国台湾等地都是如此实行的。

加强对旧建筑外立面进行翻修和定期维护，也是城市色彩规划管理的重要内容。目前，我们的城市中使用了20~30年甚至更久远的建筑随处可见，由于长期的风雨侵蚀，常年失修，这些建筑的外立面又脏又旧，面砖、涂料大面积老化剥落，褪色，损坏严重，不仅影响到城市的外观形象，也影响到市民的安全和建筑本身的使用。

可见，政府部门和专业部门应当并迫切需要参与色彩学研究，加强城市色彩管理，让城市色彩管理更加简单、科学、规范、有序和文明。

4.3　建筑色彩设计应该诠释其功能性

如同人的服饰要体现人的身份一样，城市色彩也要服从城市或区域的功能。一座大城市与一座小城市，一坐商业城市与一座文化名城，工业城市与旅游城市，其城市色彩应该有所区别；同一城市中不同功能的区域，其色彩也不一样。

曾经在一个电视采访节目中，让嘉宾用不同的颜色来比喻北京、上海、香港这三座城市。嘉宾觉得北京比较官方，作为六朝故都，有浓厚的文化底蕴和文化背景，有古典美，但是比较凝重，不活泼，气候干燥、风沙大，所以是灰色的；上海是粉紫色的，比较多彩，像位优雅的、小资情调的女性，既有旧上海的历史风貌，也有现代都市的一种时尚美，快节奏、有活力，是个正在崛起的国际商业大都市；而香港则是彩色的、绚丽的，色彩混合杂乱，由于历史原因，感觉不中不西，是个文化浅薄但很现代化的商业城市。三个城市之所以给人以截然不同的印象，其最大的原因是因为城市功能的不同。对于像香港这样的商业大都市来讲，城

---

① 人民网《市场报》（2004年11月12日第七版）。

市的色彩服从于商业目的，从而出现了色彩多样混乱的现象，但即便这样，人们也能容忍；而像北京、巴黎、维也纳这样具国家首都职能的文化名城，从规划定性来说，第一位是政治中心和文化中心，经济发展要从属或服从于它，因此应保持其原有的灰色调，才更能体现其文化背景和品位，假若也不受限制地使用斑斓色彩，只能蚕食古都风貌，损害城市形象；而欧洲的一些旅游小城，其色彩都比较艳丽、活泼，给游客留下鲜活的印象。从同一城市的不同区域来说，市行政中心、广场的用色，一般应凝重些；商业区的色彩，则尽可能营造热闹、繁荣的氛围，可以活跃一些；居住区的色彩，应素雅一些；旅游区的色彩，则要强调和谐悦目。

4.4　建筑色彩的规划设计与管理有望多方参与

建筑色彩的规划设计与管理需要有市政府、开发商、规划师及市民的同时参与。如果把城市的规划作为产品，那么市民（公众）则是它最终的用户。城市建筑是为广大市民提供生活、工作的场所及环境，因此，其外观色彩的规划应广泛征求市民的意见，调动大众的参与积极性。

在法国，很多城市建设项目在方案出台前公之于众，征求广大市民的意见。每位市民都可以发表自己的见解，提出意见或投票作出选择，充分的民主给予了市民决定自己生活环境的权利，同时也为设计者及业主带来了许多启发。加拿大和美国纽约，公众参与城市规划的全过程被视为规划合法的不可或缺的因素和规划成败的关键。

而我们在城市规划的活动中，往往只限于市政府、开发商和设计师之间，甚至是只凭少数决策者的主观"意志"，来驱动城市规划的方向，忽视了公众的知情权和参与权。规划透明度不够，开发商和市政府部门主观拍板，定位，"官"为民做主，导致了少数人的好恶却左右着大多数人的生活环境，这是对人权的一种漠视。再者，一些有权势的单位或企业，从显势露贵心理出发，不考虑城市色彩的协调，选择最时髦的装饰材料，滥用材料色彩，使各种色彩斑斓的庞大建筑争相斗艳地矗立于城市中。由于这些建筑本身体量就大，造成的色彩污染非常严重，对人的视觉神经产生很大的干扰和压迫。例如，20世纪末曾经被重庆装饰界和民众评为"十大最差建筑"

之首的重庆南坪金台大厦就是一例，六七十米高的大厦被整片火红的玻璃幕墙包裹着，不仅造成光污染，色彩污染更是严重。由于前期规划设计不到位，大量完工不久的建筑因用色不当而被反复拆建、返修。为了防患于未然，避免无端的人力物力的浪费，应当在建筑设计阶段就尽量使色彩规划到位。

不顺应社会发展的事物，必然会被时代所淘汰。同样，不符合市民工作、生活环境和审美要求的城市建筑色彩，也迟早会被否定。市民有权决定和经营自己的生活环境，公众参与城市规划已成为一种发展趋势。在城市规划活动中，要处理好设计师、市政府、发展商及市民的关系，同时设计师需要提高设计修养，具有专业知识的规划师和设计师应从中起到中介作用。

5　结语

现代城市建筑设计中，色彩的或千篇一律或冲突问题对每个城市或地区来说都是不可避免的。当城市建筑扎根于本区域时，在建筑设计中不应忽略对当地气候、风俗、历史文脉、传统地域元素以及城市的整体风貌等因素的考虑。当然，人对色彩的感觉不是一成不变的，人对美的欣赏水平也是在不断提高和变化着。所以，我们对建筑色彩的运用也不可能一步到位，而是有待在规划实践中逐步提高和完善。

参考文献：

[1] 焦燕.建筑外观色彩的表现与设计 [M].北京：机械工业出版社，2002.

[2] 焦燕，詹庆旋.当代中国大城市居住建筑色彩的现状与分析——以北京、上海、广州、深圳、香港等五个城市为例 [J].城市住宅.

[3] 阎树鑫，郑正.城市设计中的色彩引导——以温州中心为例 [J].城市规划汇刊，2003（4）.

[4] 马卓.建筑色彩的地域性浅析 [J].陕西建筑，2008（8）.

[5] 陈志诚，曹荣林，朱兴平.国外城市规划公众参与及借鉴 [J].城市问题，2003（5）.

[6] 陈飞虎，彭鹏.建筑色彩学 [M].北京：中国建筑工业出版社，2007（1）.

连云港市温泉镇尹湾村温泉产业河流景观改善策略研究

广西师范大学   何秋萍

摘要：本文通过选取温泉产业乡村河流景观现状进行研究，探索其人居环境中河流元素的保护及改善策略，分别针对河流景观的各构成部分进行现状分析与改善方法研究，特别对于河流景观中水质的优化提出人工湿地景观化的处理方法；文章对"美丽乡村"人居环境河流景观改善提出实践性策略。

关键词：城乡规划；河流景观；改善；策略

0   引言

在中国进入全面建成小康社会的时代形势中，十八大报告中提出了"美丽中国"的建设目标，其中做到环境中"水清"是"美丽中国"的目标之一，面对时代的任务，笔者将研究视角置于广大乡村中的河流环境，2012年，在参与《江苏省乡村人居环境调研现状与改善策略课题》中，发现乡村目前河流环境的污染破坏现状让人忧心。于是，本文想通过对乡村河流景观环境的研究探讨寻求提升乡村河流景观的方法，力求能对乡村河流未来的建设作出一定的引导。

文中重点分析了东海县温泉镇的尹湾村，尹湾村是温泉产业的临近村庄，温泉镇与尹湾村相邻处建设有一处针对洗浴产业污水的人工湿地处理绿地，对尹湾村河流环境具有初步的保护作用，但通过调研发现，该河流环境景观的保护仍需要进一步提升，文中将针对该提升策略进行研究。

1   河流景观

河流在人类发展史上一直是孕育生命的源泉，人类寻水而居、依水而居的古老文明一直流传至今。国内众多的乡村境内都至少拥有着两至数条河流，这是村民生活生产用水的来源。河流在农村生活生产中发挥着众多的作用，分别为农田灌溉、洗衣洗菜、排洪泄洪等。从生态学角度看，河流是乡村环境中不可多得的天然湿地，有着水土保持、形成小气候、保持生物多样化的生态效益；作为乡村景观中的滨水空间承载体，河流营造出了江南水乡的诗情画意。

近来十八大报告中首次提出"美丽中国"的建设目标，寓意深远。"美丽中国"首先注重生态文明的自然之美。从"人定胜天"的万丈豪情到"必须树立尊重自然、顺应自然、保护自然的生态文明理念"，再到可感、可知、可评价的"美丽中国"。我们中华文化最强调天地人的和谐相处，既要金山银山，也要绿水青山。"美丽中国"是以"给自然留下更多修复空间，给农业留下更多良田，给子孙后代留下天蓝、地绿、水净的美好家园"的美好愿景为奋斗目标，由此可见"水清、水净"显然将是未来环境评价体系中至关重要的一项指标。

在调研活动中，河流现状一直是调研的重点。由于乡村经济发展的相对滞后，乡村传统的生活习惯等，使得农村河流环境处于逐步污染恶化的现状。中国农村数量众多，超过一半的人口居住在农村中，可见乡村河流环境景观具有很大的研究价值。

本文研究的河流景观要素主要包括以下部分：河流水

体、水质，河流驳岸、河流自然生态及变动要素、河流周边的人工景观要素、河流人文景观要素、人类活动与河流的关系等。

2　项目背景分析

连云港市东海县温泉镇尹湾村是一个依托于温泉镇温泉产业的半务农半务工乡村。由于温泉产业主要以洗浴、旅游为主，产生了大量的洗浴型、厨余型的污水，为此温泉镇在紧邻其的尹湾村村口附近建立了一个人工湿地污水处理厂。该厂处理后的中水直接排放到了尹湾村村口的九龙湾水系里。在课题调研中发现，温泉镇建立的人工湿地污水处理系统虽然进行了一定的污水净化，但是由于其系统结构中的复合垂直流部分存在设计局限性，污水的净化效果并不好，经该系统处理后的中水仍然发白发黑，并直接排放到了九龙湾水系尹湾村河段中。针对尹湾村河流现状的特殊性，本文选择其作为案例进行分析，对乡村河流景观改善策略进行运用性研究。

2.1　村庄概况

尹湾村位于连云港市东海县温泉镇南部，距温泉镇镇区约1km。温泉镇位于江苏连云港东海县城西北部，因温泉而远近闻名，被誉为"华东第一温泉"。是游客旅游度假、疗养休闲的胜地。

尹湾村土地平坦、肥沃，水利条件较好，气候宜人，村庄北面紧临温泉镇区，中部有峰泉公路穿过，村庄交通较方便，通过峰泉公路、南环路和西环路联系，此外还有村庄周边的环路联系周边村庄。村庄周边有九龙湾等水系，形成带状水系。

本村属于较为典型的务农村庄，以养殖业与外出打工为生。

村庄内植被相对单一，林地都是以杨树为主。调查中发现：乔木类植物品种有枸橘、黄樱桃、银杏、毛白杨、杏、柿子树等；灌木及草本类植物品种有多花蔷薇、月季、罂粟、大叶黄杨；藤本类植物有爬山虎、地锦、凌霄、藤本蔷薇、迎春等。

2.2　村庄居民社会现状

村庄户籍人口有3346人，常年在外（半年以上）打工人口520人，其余人口谋生方式主要以务农与温泉产业服务类工作相结合为主，村庄常住人口的就业状况是：就业总人数是1509，其中，农林牧副渔业946人，工业0人，服务业887人，同时从事服务业与农林牧副渔业324人。可见依附温泉产业谋生的村民占多数，温泉镇的温泉产业为村民提供了不少的就业机会。

3　场地解析

3.1　村庄河流环境现状

村庄地理属于平原地区，村庄背靠207国道峰泉公路，沿九龙湾水系向西南方向发展。九龙湾水系河水水质较差，沿河区域垃圾成堆，由于早期水边是祖坟所在地，1988年祖坟迁移至汉墓周边后，这里一直是村庄入口的一块空地，村民建筑没有新建到此。河流与居民区隔着一条细长的杨树林带。村庄轮廓成长方形平整展开，村庄绿化乔木较少，主要以农作物为主。村中的排水系统比较原始，属于明沟、泥土型。家家户户的废水都直接往道路两边排放，特别是农家厕所与饲养家禽排放的粪水，又脏又臭，直接流在村中道路两旁，十分影响村容与村民的健康。

3.2　村庄河流相关管理体系现状

在公共配套设施方面，村内有少量的私营小商店，在村庄内建有垃圾回收站点7处，村内有2名垃圾收运人员，镇上监管会不定时过来拖运垃圾，据村民反映，由于拖运垃圾的次数太少，村内垃圾站里的垃圾常过满为患。公共厕所（包含村委会内部公厕）较少，只发现2~3处，村委会提供的数据显示有公厕保洁人员2名，村民房前屋后的厕所都属于村民自建自用。

村庄内供电、供水、有线电话等基本的生活基础设施是齐全的，主要缺少污水排放和处理的设施。村庄自来水管网建于2008年，服务了420户；垃圾环卫设施建于2010年，共有7处，分布在村庄内；供电设施建于1976年，服务人口420户，为全村通电。由此可知，本村急需建设排水管网与污水处理设施。

村内建立过有关村庄管理的规章制度，有垃圾收运2人、公厕保洁人员2人，没有绿化养护人与河道管护人及污水设施管理人。村庄公共环境管理相关人员与活动现不归尹湾村村委会管理，而是属于温泉镇监委会管理，职权归属地相分离是造成村庄环境管理欠缺、不到位的主要原因。

3.3　温泉镇污水处理厂对尹湾村的影响

在课题调研中发现温泉镇的人工湿地净化系统存在一些问题：村庄西北面的九龙湾河流，水质较差。其河水来源主要是村中生活污水与温泉镇人工湿地的污水。位于上游的污水厂，虽然经过人工湿地的处理，但是由于人工湿地在设计上存在一定的技术问题，污水并没有得到完全的净化，处理过后排放的水体并没有达到安全排放的指标。在调研中发现出水口的水颜色是偏黑，出水口周边水塘水质因为污水的侵蚀变得发白发黑。

温泉镇处理后的中水，直接排放到了九龙湾尹湾村段，该河段流经村庄东面，尹湾村主入口正是横跨于该河段的一处石桥，可见该河流景观环境的优差直接影响着乡村的人居环境。

4　尹湾村乡村河流景观改善策略原则

温泉镇人工湿地公园是一处景观化的人工湿地绿地，也是一处难得的休闲湿地。由于湿地下游直接与尹湾村村委会相临，可以将其与尹湾村的村口公共绿地、河流湿地进行一体化的规划设计，让温泉镇人工湿地为更多人服务。

4.1 整治定位与目标

将尹湾村打造成为温泉产业劳力储备型的"美丽乡村"，集生产、休闲娱乐、汉文化传承为一体的生态型旅游乡村。

4.2 整治理念

4.2.1 生态工法

整治手段的生态化将取代传统的硬化工程法，注重工程实施建设的生态性、系统性，尽可能利用河流自身系统的循环原理来指导改善策略。

4.2.2 绿色低碳

通过人工湿地的低能耗净化原理将现有河流景观系统治理成为低碳化能量转化、自我循环、自我维护的绿色生态河道。

4.2.3 全面协调、共同发展的可持续发展战略

通过全面协调的整治理念，将尹湾村河流景观打造成为集污水处理、农业生产、休闲娱乐于一体的人文景观场所，形成共同发展、持续发展的乡村景观。

5 乡村河流景观改善策略在尹湾村中的运用

重点把握村庄河流景观污染的关键因素——生活垃圾与污水处理。分别对这两项因素作重点整治。

5.1 水质整治

建立合理的排水排污体系，集中污水处理。疏浚河道以恢复河流生态系统，污水处理使用复合型垂直流人工湿地。北面人工湿地处理流经村中河段温泉镇污水厂处理不到位的污水；南面人工湿地处理村庄南面区域的污水。

5.1.1 人工湿地营造

本次水质整治主要采用复合型垂直流人工湿地技术进行处理，村庄的南北两面根据不同的基地条件分别设置了各不相同的人工湿地。

1. 村庄北面人工湿地

北面人工湿地设置了四级湿地进行污水处理，上、下行池湿地各两级，经四级湿地处理后的中水排入清水塘，可作为景观水、农业生产用水等。清水塘设有溢水口，多余的中水可排入九龙湖下游。

村庄北面复合型人工湿地污水处理系统技术流程为：温泉镇污水厂处理未完全的污水→复合型人工湿地→清水景观池→达标排放。

2. 村庄南面人工湿地

南面人工湿地设置了四级湿地进行污水处理，上、下行池湿地各两级，经四级湿地处理后的中水排入清水塘，可作为景观水、农业生产用水等。清水塘设有溢水口，多余的中水最终排入村庄西面原有的水利灌溉沟渠中流入下游。

村庄南面复合型人工湿地污水处理系统技术流程为：

进水→隔离栅沉淀池→接触氧化池（曝气）→复合型人工湿地→清水景观池→达标排放。

5.1.2 村庄排水系统设计

尹湾村污水排放系统根据村庄北高南低的地形，将总排水方向设计为由北向南，由于村庄西面是村庄内最大的农业灌溉沟渠，故系统的一级排水管道沿用该灌溉沟渠，二级排水管道沿村庄主要道路分布，三级排水管线是入家入户的管线，根据村庄入户路排设。排水管网的污水最终汇集到了村庄南面的人工湿地中进行污水处理。

5.1.3 村庄垃圾整治

村庄内建立垃圾回收处理站点，站点分布应合理，服务半径不得大于25m，从设施设置的合理性上杜绝村民乱扔乱丢垃圾的现象。垃圾回收处理站应配备专人负责，定时清理垃圾，处理垃圾，将垃圾运往垃圾处理厂。大力宣传将垃圾分类的优点，引导村民合理地自行将垃圾分类。垃圾站点放置方法使用交叉补空法，防止出现无垃圾站点辐射到的村庄死角。

5.2 人文景观营造

尹湾村汉墓挖掘时出土过一面七乳四神禽兽镜，造型优美，具有浓厚的汉文化风格。在村口公共滨水空间的广场设计中，天枢台广场的造型源于七乳四神禽兽镜，是一个立体的汉文化载体。

北斗七星是中国传统二十八星宿中最受人朝拜的星宿，主吉祥、富贵。村口的水景布局设计根据北斗七星的朝向、布局而定位，寓意尹湾村尊崇文化、崇尚自然的风水人文思想。

5.3 公共空间营造

设计将重点塑造村口公共空间，将温泉镇人工湿地厂、尹湾村村口空地、九龙湾水系尹湾村河段连成一体规划设计，打造成为一处集污水处理、汉墓文化宣扬、休闲娱乐、生产生活于一体的综合型活动空间。村口人工湿地周边的空间设计，根据北斗七星的布局方式构图，场地命名也由此而来，分别用各星座的专用称谓来命名空间。

5.4 村庄河流景观中人工湿地运行数据预测

下面为针对村庄南面区域河流景观中的人工湿地承载力进行的数据预测：根据连云港市村庄居民平均日用水量为90L/人，尹湾村常住人口有3346人，可得出尹湾村一天的污水产生量为301.14m³。设计中湿地每级的平均面积为791m²，预测湿地的最小有效水深为0.4m，则湿地单位时间内处理的最小污水量为316.4m³。湿地污水处理一个循环的时间根据污水情况一般需要2~8h。

经分析可得，村庄南面的人工湿地的单日污水处理能力大于全村每日产生的污水量，可以从水质上改善村庄的河流景观。村庄北面的人工湿地是一个针对温泉镇污水处理厂未净化合格的水流的深度净化湿地系统，由于本次调

研针对的是尹湾村，缺少了温泉镇温泉产业等的详细数据，故本文不对北面人工湿地的污水处理能力进行分析。

6　结语

　　文中分析了尹湾村的河流环境现状，并提出改善策略；侧重运用人工湿地处理河流水质问题，将人工湿地技术引入到乡村河流环境整治工作中来，进一步缓解河流景观恶化的局面；同时提升设计中不仅运用了复合型人工湿地污水处理技术，同时也将人工湿地与其周边环境景观营造相结合，将人工湿地处理系统与村口景观空间设计融合成一体，营造出因地制宜的乡村湿地景观，该人工湿地景观化的手法对于未来乡村河流环境改善具有实践借鉴意义。

参考文献：

[1] 东海县温泉镇污水处理厂可行性报告与初步设计文件（由温泉镇管委会提供）[Z].

[2] 黄国平，马廷，王念．城市水系景观评价的模糊数学方法 [J]. 中国园林，2002.

[3] 谢龙，汪德耀．花叶芦竹潜流人工湿地处理生活污水的研究 [J]. 中国给水排水，2009，25（5）：89~91.

[4] 汪霞．城市理水——水域空间景观规划与建设 [M]. 郑州：郑州大学出版社，2009.

[5] 吴良镛．人居环境科学导论 [M]. 北京：中国建筑工业出版社，2001.

居住区雨水收集景观设计途径探析

广西师范大学　李舒萍

摘要：本文是以海绵城市的试点为社会背景，以雨水收集为理论背景，以居住区景观设计为依托，展开对居住区景观设计结合雨水收集在设计途径中设计要点的探讨，并对旧的居住小区雨水收集改造提出相关建议。

关键词：居住区；雨水收集；设计途径

近年来，水体的自然循环速度已经远远赶不上人们对水的需求。城市缺水的情况越来越严重，地下水的供给也日益捉襟见肘。然而遇到暴雨的时候，很多城市却无法消化突然增加的降水量，城市洪涝情况一直困扰着人们。

1　海绵城市与雨水收集

海绵城市是指城市能够像海绵一样，在适应环境变化和应对自然灾害等方面具有良好的"弹性"，下雨时吸水、蓄水、渗水、净水，需要时将蓄存的水"释放"并加以利用[①]。2015 年推出了"海绵城市"的试点城市名单，国家十分重视城市环境的改善，要实现海绵城市的理想目标，海绵城市建设要以城市建筑、小区、道路、绿地与广场等建设为载体，而这些载体里面作为城市重要组成部分的居住区绝对是构建海绵城市的主力军。在居住区里推广使用雨水等非常规水和节水设施是发展趋势。

居住区里进行雨水收集，建造与自然条件相适应的雨水调蓄装置，利用这个装置来实现雨水的资源化管理，让雨水设施重新焕发生机与活力，解决雨洪问题，水资源的循环利用，实现节水蓄水的节能目标。同时，结合景观化处理手段，使功能性和观赏性和谐统一。

2　居住区雨水收集的常见形式

2.1　雨水收集方式一：屋面雨水收集

对于居住区，建筑屋顶面积也不小，通过对屋面雨水的收集，可以大幅提高对降水资源的利用。

一般来说，现在比较常见的是屋面雨水通过收集管道、沉淀池、蓄水池和过滤系统等一系列工艺流程处理后用于水景循环、灌溉绿化等再利用，以实现节水节能目标。

2.2　雨水收集方式二：下凹式绿地集水

居住区景观绿地占地面积有 30% 以上，在雨水收集中起着重要的作用。绿地有涵养水源的作用，也是汇水面，但作为一种雨水汇集面，与硬质表面不同，其表面径流系数很小，流速也会变缓，可能收集不到足够的雨水量。所以，应通过综合分析与设计，最大限度地发挥绿地的作用，达到最佳效果。同时，绿地对雨水进行收集和渗透时还起到一种预处理的作用，可以在过滤、渗透及生物降解的过程中去掉大部分污染物。

一般对于收集雨水的绿地可以采用浅沟、雨水管渠等方式对绿地径流进行收集。

2.3　雨水收集方式三：硬质路面铺装集水

居住区硬质铺装地面包含广场、停车场和道路，其收

---

① 住房和城乡建设部. 海绵城市建设技术指南 [S]，2014.

集雨水的方式主要是通过选用渗水材料，将雨水回灌地下，起到补充地下水源的作用，同时减少地表径流，防止水涝的形成。

大雨时，不能及时渗透地下的地表径流，将通过道路两侧的绿化和雨水收集口相结合，通过绿化过滤道路径流进行雨水收集回用。

3　居住区景观设计中有利于雨水收集的设计途径

从雨水收集的形式可以看出，对于技术上要求不高，关键是设计师需要转变观念，在进行居住区规划设计方案时就需要考虑如何处理雨水收集问题。为有利于居住区雨水收集，现在根据不同的雨水收集方式，建议几种设计途径。

3.1　途径一：屋顶花园面积的增加

屋顶花园既可以涵养水源，也可以降温渗水，对于环境的改善效果比简单的屋顶更好。建议新的居住小区在条件允许的情况下尽可能多地建造屋顶花园，同时结合雨水收集系统进行设计。

3.2　途径二：雨水花园的设计

雨水花园是 20 世纪 90 年代在美国开始兴起的一种集水景观。是自然形成的或人工挖掘的浅凹绿地，被用于汇聚并吸收来自屋顶或地面的雨水，通过土壤和植物的过滤作用加以净化，是集收集、净化、造景功能为一体的生态可持续的雨洪控制与雨水利用设施。雨水花园可以平均减少 75%~80% 的地面雨水径流量[①]。

对于海绵城市来说，这是很重要的集水手段，也是居住区设计中需要逐渐重视的部分。

在方案设计的时候需要增加雨水花园这部分功能性绿地，计算居住区绿地对雨水的吸收量和存储量，绿地中过多的地表径流可以通过凹陷绿地沉淀过滤进入蓄水池等。对于景观来说，还需要植物的搭配。对于设计有水景（如池塘这样的水景）的，就可以作为雨水花园的蓄水池使用，同时搭配水生植物美化水体，净化水质，保持水体的生态平衡。而没有设计大容量水体的绿地景观则可以采取草沟、溪流的形式集水，蓄水池则设计在地面以下，通过管道导入雨水。

居住区绿地本身就具有涵养水分、保持水土的功能，由乔灌草形成的生态群落吸水保水的功能性远远大于人工草坪，所以在居住区绿地中植物配置应以乔灌草组成的群落为主，维护良好的生态环境，提高生态效益。

3.3　途径三：竖向设计的调整

竖向设计是影响排水走向的重要设计内容，也直接影响雨水收集的效果。现在居住区设计方案中大部分园路的标高比绿地的标高要低，因此在雨季过多的雨水很快从居住区绿地流向硬地和排水道中，很多水资源就这样白白流失，并且从绿地带入的泥水污染了硬地，树叶、杂草也容易淤塞下水道，使得植物大多依靠自来水浇灌生长。涵养水分功能大大减弱。

为解决这一问题，可以考虑从竖向设计着手进行调整，使园路与绿地的标高处理方式互换。绿化地面低于园路 5~10cm，使园路上过多的雨水可以流向绿地中并下渗，可节约大量绿化用水，促进植物茂盛生长，同时补充地下水水位。同时减少不必要的硬地。

3.4　途径四：透水材料的应用

园林中的硬质铺装如果沿用不透水硬质材料，会直接将地面水直接导入排水管，容易造成水资源的浪费。现在随着科技的不断进步，很多材料都可以兼顾功能和环保的需要，透水型铺装应该广泛应用于居住区中占大面积的停车场、广场、园路。

现在常见的透水型铺装材料有透水性混凝土、透水性沥青、透水砖三大类，每类材料还有不同的细分。

4　旧小区雨水收集改造的可能性

新的居住区进行雨水收集可以在设计方案阶段开始考虑，而旧的居住区也可以在原景观基础上进行改造，通过增加屋顶雨水收集和雨水花园两个内容，因为结构较为简单，造价也不高，也可以让居民自己动手参与建造。一方面改善了居住环境，增加了生态效益；另一方面丰富了社区居民的活动，促进居民之间的交流，让社区更和谐。

5　结语

在全国开始试点海绵城市的时候，推广居住区的雨水收集将大大有利于缓解水资源的匮乏状况。雨水收集需求和景观设计的结合也是在居住区景观设计中日益要重视的内容，国家即将出台相关规范，在依照规范的基础上，我们还需要不断地探索，不断地创新，力求借鉴国外先进技术，结合中国实际情况，在居住区的景观设计范畴中能着手解决雨水收集过程中不断出现的新问题，为海绵城市的构建，生态环境的改善作些贡献。

参考文献：

[1] 刘滨谊，许珊．利用雨水收集系统解决景观用水问题 [J]．中国园林，2007（2）．

---

① 王淑芬，杨乐，白伟岚．技术与艺术的完美统一——雨水花园建造探析 [J]．中国园林，2009（6）．

浅析桂林地域性社区景观情感互动设计研究

广西师范大学　俞冠伊

摘要：在社会中，数以百万计的人生活和日常工作。他们居住并与之交互的环境是必不可少的生活和健康质量的体现。什么样的环境应该有什么样的景观，建筑对于使用者来说是正确的，但如果当你走进某个社区，基本都具有树木、宁静空间、灯光、运动和休息场所。另外一种类似感动的时刻对我们来说，却非常不同。本文将以人性关怀为基本原则，结合居住者的情感意识和行为模式，浅析社区地域性景观设计的要素。以桂林地区为例，把情感贯穿于整个社区景观建设的始终，并凸显地域性特色。

关键词：社区；地域；景观设计；情感互动

社会学中往往对社区具有宽泛的概念，《中国大百科全书》中对社区（community）的定义为：通常指以一定的地理区域为基础的社会群体。社区的基本含义包含地域性，以及具有一定的人口数量且居民之间有着共同意识的群体，与社会有着密切的交往。社区应当是富有自然美的生态环境，是富有人文精神和文化内涵的空间，进而对人、自然、社区景观这三者之间的相互关系作一些有益的探索和研究。放眼全国，社会的快速发展无疑也加快了人们生活的步伐，对高生活质量的追求。问题也随之出现："环境污染"、"居住环境缺乏温情"、"城市建设缺乏个性"等一系列。应以景观为基本导向，使人类、自然环境、景观三者产生良好的互动关系。可以明确的是使用者的素质修养和行为动机与环境因素是相互联系的，而这种微妙的联系就是本次所探讨的主要目的。

以下将以社区景观的指导方针和服务为先导，以桂林地域性社区开放和文化精神为指引，提出几点建议。社区景观空间，应该加强其"身份"特征。

1　轻设计理念，重生活理念

传统设计师普遍认为设计就应该谈论如何设计，而忽略周围的一切。然而，应多谈周围的一切，这些将比设计本身更重要。设计师在设计社区环境时，更多的是谈其设计理念。如："我们主要以生态为主题的设计理念，从而体现以人为本的原则。"真正亲近身边的环境，并非一些官方的话语就能打动使用者，应该从生活的理念出发去探索、发掘其真正的含义。社区景观可以使我们走到一起，也可以让我们摊开。如何平衡社交和独处的可能性空间？笔者认为当下所有人都希望实践在我们的生活中，而大多数的景观就能负担起表现的机会。

2　空间范围的选择

涉及人体的一个横向空间规模。在视觉、触觉、听觉方面，运动的时候，创造空间上的连续性的东西。利用空间的创造，切分，并将对房间的亲密关系移植到环境。随着桂林生活节奏的逐渐加快，我们花费大量的时间在路上，一天的疲惫之后只希望快些回到自己的房间放松。然而社会的压力也会导致很多人负担的加重，希望与人交流释放自身的压力。那么，这种感觉就如同海港或天际线的开阔？不论是我们想与人交流还是想一个人待着，一个区域的限制性不仅使开阔感觉更好，反之亦然。如同纽约的中央公园与快节奏的都市生活二者结合，笔者不认为是景观逃离城市，而认为它是在"越狱"的城市。

3　山水原则指引

通过当地景观体现地域特色,这也被称为"方言景观",也是区域景观。其更多的意义是自然风光、农村领域、乡土建筑、民俗文化的复合体。水是我们赖以生存的一部分。但笔者认为这是将人吸引到水的更感性的认识。还有一些关于水难以捉摸的和无形的,短暂的,深不可测的。例如:山水作为桂林景观的主要特征,无不是展现地域特征最好的设计元素之一。利用这一有利地域特征,可主动地开放其空间,运用到社区景观设计中。这无不是美观、舒适、通透,以及从正式到半正式到非正式的反映社区居民的自豪感和地域识别层次结构的一部分。

4　材料和植物的选择

选择植物的社区景观应以提升社区之美为前提,以及支持可持续发展的景观为主导。它似乎显示着这种性质中最常见的观点,明确地将对社会和文化的思想联系在一起。选择本土植物,其低维护成本的植物是首选。偶尔也会选择非本土植物材料,以扩大多样性和社区感知的体验机会。这种材料是可持续的,它同样可以反映经济和地方特色。

5　增强功能是尊重历史

地域社区的景观设计,在无形的背景下,以有形的区域景观、新的生命力展示给大众,这使得社区的景观充满活力与情感的互动。我们可以从以下几个方面了解它:首先,对地区传统文化进一步了解分析,则必须重新认识历史的过程;其次,提取具有地方特色和代表性的历史符号,创造独特的当地景观。最后,用历史的文化符号与标识系统和景观设计。历史文脉的保护与传承:历史遗迹和古建筑是人类的历史,这是见证区域文化形象。

本文以景观情感为主导,桂林地域性社区景观研究为主体。试图将使用者的行为情绪与桂林当地的社区景观空间环境相联系,找到空间与情感相互作用的方式。以社区环境为主要研究对象,通过以上五类设计观点展现社区景观空间与使用者情感互动的设计准则。在文章的最后,笔者还找出一个关键主题,这可能涉及设计师的选择侧重于在未来社会发展的论述。无论是地域性景观,还是社区景观,都具有"差异化"和"共性"。景观情感互动设计作为社区景观设计的核心,营造出优质的空间场所和体验设施,其目的就是吸引劳累的人们积极地参与其中,与景观形象产生互动。满足使用者的多样需求、心理健康和认知能力的发展,从而实现社区景观情感的价值。虽然情感没有占用系统用地,但是,参与者有权质疑其在主观设计中所起到的连贯性和可持续性作用。

参考文献:

[1]　林其标.住宅人居环境设计[M].广州:华南理工大学出版社,2001.

[2]　吴良镛.人居环境科学导论[M].北京:中国建筑工业出版社,2011.

[3]　芦原义信著.外部空间设计[M].伊培同译.北京:中国建筑工业出版社,1985.

[4]　John Muir.The Wild Parks and Forest Reservation of the West [J].Our National Parks Boston Houghton Mifflin, 1916.

[5]　Finkelpeal Tom. Dialoguesin Publie Art [M]. London, 1999.

基于粤北客家民居现状的保护与传承策略 *

广东外语外贸大学　傅志毅

摘要：粤北是客家的主要聚居地，客家先民为适应恶劣的社会环境与自然条件，建造了适合聚族而居、易于防守的聚居建筑"围楼"。文章通过对具有代表性的粤北客家民居围楼的保护现状进行调研分析，发现了存在的主要问题，并提出了五条粤北客家民居保护与传承策略。

关键词：粤北；客家民居；围楼；现状；保护传承策略

传统民居是人类文明发展的见证，是各国各民族历史文化发展的自然沉淀，是不可替代的民族文化珍贵遗产的一部分。中国传统民居是世界建筑艺术宝库中的珍贵遗产，客家传统民居则是中国民居建筑的一朵奇葩，是客家人千百年来对生活理解的结晶和物质文明的直接体现，也是精神文明的载体，客家民居文化因此成了客家文化的重要组成部分。粤北是客家祖地和聚居地之一，客家文化、建筑、民俗风情积淀深厚，独具特色。粤北客家传统民居建筑形式主要是封闭式的围屋和城堡式的防御性强的围楼之结合，围楼是粤北客家民居中最具特色的标志性建筑，以方形围楼为主，迥异于福建的"圆形土楼"、梅州的"围龙屋"，与赣南的围屋（土围子）存在渊源传承关系，它"围中有围"，自成体系，独树一帜，地方特色鲜明，是中国客家民居建筑艺术中一颗璀璨的明珠。

粤北地区即广东省北部，通常指韶关、清远两个地级市下辖区域，有时也将河源算入。粤北地区有悠久的历史，是唐朝重臣张九龄的出生地，亦是广府民系南迁的重要中转站，同时，粤北也是客家民系形成与发展的重要地区。粤北地区北邻江西省、湖南省，西与广西壮族自治区接壤。

客家，是汉民族中一支重要而特殊的民系，是汉民族中一支经辗转迁徙，最后定居于赣闽粤边，并形成区别于周边其他民系，具有独特方言、习俗和其他文化事象的民系。客家民系的主要聚居地在闽西、赣南、粤东和粤北这连成一片的交界山区。[1]客家人继承了汉族中原文化，在辗转南迁的行程中，又吸取了当地的地域文化和技艺，它结合本地自然条件和环境，创造了适合自己生存和延续的建筑、聚落和文化。

建筑是生活和艺术的结晶，是精神和文化凝固的史诗，是一个民族和民系的重要标志之一，是生命力和创造力的具体象征。[2]学术界所说的"客家民居"，实际上往往仅局限于其中的"设防性"民居，即闽西土楼、赣南围屋、粤东围龙屋和粤北围楼，学术界合称之为"围楼"[3]（本文的"围楼"即使用此定义，下文同）。粤北客家民居建筑的典型代表——围楼，是客家人长途跋涉、改天斗地、与时俱进的印记。粤北客家围楼的渊源可追溯到汉代中原的坞堡。粤北客家先民是宋、元、明时期从福建、江西等地迁徙而来的。客家先民们为应对严酷的社会环境和自然环境，防范原住民、盗贼与兵匪抢劫侵袭，保护自身的生

---

* 本文为广东省哲学社会科学"十一五"规划 2009 年度项目《粤北客家传统民居建筑艺术与地域景观保护研究》（批准号：09R-02）与广东外语外贸大学人才引进项目《粤北始兴客家围楼与乳源过山瑶排屋民居研究》的阶段性成果。

命财产安全，保证宗族繁衍扩大和建立、维系具有血缘的家族共同体，拓展巩固其生存空间，便纷纷建起了围楼用以自卫保平安。围楼是把中原的建筑文化和岭南的建筑文化相结合，根据粤北的地理环境，因地制宜修筑起来的利于防御、聚族而居的建筑形制。据考证，现存的粤北客家围楼，大多为明、清和民国初年社会动荡时期所建，战乱、匪患和族群械斗促使粤北各县村民纷纷建造围楼，形成了"有村必有围，无围不成村"的客家独特的建筑历史人文景观。粤北的客家围楼，还是以血缘关系为纽带的家族聚居地和丰富多彩的传统客家民俗文化的载体（逢年过节的礼俗、耍龙灯、年前全村人聚在祠堂里打糍粑等民俗活动的发生地）。

围楼的半军事堡垒式建筑就是适应生存斗争需要的产物。其建筑方式是出于族群安全而采取的一种自卫式的居住样式。现存的粤北客家围楼的形式多样、结构各异、大小不一，其主要形制特征可归纳为：封闭式的围屋和城堡式的防御性强的围楼之结合，围楼平面布局以长方形为主，特别注重防御。围楼立面一般为 4 层，围楼四角加建有高出围屋一层的碉楼（角楼），外墙为厚重的夯土、卵石或砖石墙承重；屋顶形式多样，有庑殿顶、歇山顶和硬山顶，受"广府文化"影响，不少围楼采用锅耳状的封火山墙，两坡屋檐筑有女儿墙（亦称护瓦墙）。围楼采用以祖祠为中心的内通廊式布局，建筑对外封闭，对内敞开；建筑造型雄伟，大气磅礴，外刚内柔，"围中有围"；注重生态环保，兼顾建筑装饰，地方特色鲜明。

粤北客家民居围楼主要分布在以韶关为中心的广大地域，清远市南部及河源市也有分布。本文的粤北地区特指以韶关市为中心，包括始兴、翁源、南雄、仁化、曲江等县区的客家聚居地区，兼顾清远市英德客家聚居地区（英德位于粤北山区南部）。粤北地区现存的客家围楼和围屋，以始兴县和翁源县为最多，也最有代表性。如被誉为"岭南第一大围"的始兴县隘子镇的官氏满堂大围，它建于清道光至咸丰年间，其建筑布局平面总体呈矩形，大围是由上新围、中心围和下新围三个略小的方形组合而成的建筑群。主体中心围楼高达 16.9m，建筑平面呈"回"字形，里外共有三圈，后部为半圆形，整体呈封闭式结构，占地面积 1 万多平方米，满堂大围被誉为民居建筑中方围系列的代表，是全国重点文物保护单位。始兴县东湖坪曾家的永成保障围和九栋十八厅，雕龙画凤，富丽堂皇，洋溢着浓郁的儒家文化氛围。翁源县江尾镇思茅岭的张姓八卦围，千回百转，扑朔迷离，弥漫着道教文化的神秘气息。翁源县南浦镇马墩村的谢氏司马第围楼，建于嘉庆十八年，受广府建筑的影响，四个碉楼山墙砌有锅耳装饰，祖堂、堂屋雕梁画栋，做工精细，用料考究，门口有禾坪和半月形池塘。新丰县梅坑潘氏儒林第，至今已有 180 余年历史，

坐西向东，依溪而建，占地2200m²，是一座精致的二堂、四横、一外围、六碉楼、一望楼的回字形围屋建筑。整座建筑平面为前方后圆，外观气势磅礴，里面玲珑剔透，外刚内柔，赏心悦目，可谓客家围建筑之精品，其东北面的牌坊式水门具广府建筑风格。此外，英德也有少量围楼存世，如横石水镇林氏九龙楼为外围内屋，围墙高达 10m，碉楼高达 13m，四角碉楼饰以锅耳墙和灰塑，堂屋雕梁画栋，木雕颇为精致，具有典型性。[4]

粤北客家先民尊崇自然，笃信风水。村落选址，必须依当地地理形势，进行现场勘察，其选址与自然山水环境相契合。背山面水是风水中选址的基本原则，客家民居建筑的选址正是遵循"背山面水"这一原则。客家民居建筑总是前有溪水或池塘，后有山冈作依靠。粤北客家生活的粤赣湘交界地区，山多田少，素有"八山一水一分田"之说，山地间呈现出的块状小盆地，正是客家人安居乐业的家园。粤北围楼就是在这样特定的地理环境下形成的独特的民居建筑聚落。为了节约耕地，客家传统民居一般沿着山边建在平地与坡地交接处，或者建在河滩沼泽地上，由大小不等的盆地形成的山地或丘陵地为客家民居提供了从滨水滩涂、平地往坡地逐级向上延伸的自然环境。传统的粤北客家民居村落以围楼为地标，以围屋为主体，依地势建成前低后高、逐级上升的建筑群落。粤北依山傍水的围楼民居聚落，风水池、风水林、山间小盆地等共同构成了粤北地域景观。

1 粤北客家传统民居的保护现状

目前，整个粤北地区，特别是韶关的客家传统民居保护现状堪忧。由于历史的、自然老化和人为损毁等原因，粤北的客家传统民居建筑景观遭到了一定程度的破坏，且仍处于衰败过程中。以纯客县——韶关始兴县为例，历史上这里曾经形成过"有村必有围，无围不成村"的客家人独特的建筑景观。据 20 世纪 80 年代初的文物普查统计，始兴县鼎盛时期有围楼不少于五百座。本课题组在田野调查中了解到，粤北客家民居在 20 世纪 80 年代中期曾历经惨痛的"人祸"：先富起来的潮汕人建房需建材，纷纷来粤北始兴等地收购古建木料，导致大量围楼被人为拆毁！据本课题组文史专家廖晋雄先生考证，始兴目前遗存的围楼只剩下二百多座！又加之地方政府因文物保护资金不足与文物保护意识不强，对明清及民国遗留下来的大量围楼不闻不问，任其消亡，大量围楼因无人修缮维护而不可避免地走向了破败，不少古围楼、围屋空置且坍塌损毁严重。例如隘子镇尾的泥围，是始兴县唯一一座形态怪异的方形泥砖围楼，自清末建成至 2001 年前尚大体完好如初，笔者 2004 年冬天去考察时已有一角坍塌，并被几栋造型丑陋的现代红砖方盒子民宅簇拥着，2013 年秋天去时只剩下一个角楼了！翁源县现存的客家古民居亦不少，仅江尾镇

保存的明清以来的客家围楼就有 59 座,据保守统计,目前韶关地区至少有三百余座围楼遗存。据不完全统计,粤北地区目前仍有五百余座各式围楼,但现状普遍堪忧。

笔者在田野调查中了解到当地人对围楼的居住条件颇有微词,如窗户小采光差,阴暗潮湿,水电如厕等生活设施不完善,年轻人普遍向往城里人的现代居住条件,不愿意在围楼(屋)居住生活。因此,粤北大量围楼因无人居住,缺乏维护修缮而空置,继而损毁坍塌。部分围楼倒塌后,村民又自发在周边或原址新建了一些与古围楼建筑风格迥异的现代民居建筑,严重破坏了客家传统民居群落建筑风格的统一,导致了粤北客家传统民居建筑文脉的割裂与地域建筑文化特色的消失。更有甚者,随着农村经济的发展,农民生活水平的提高和"新农村建设"的稳步推进,出现了大量鲜有人居的以围楼为地标的"空壳村",加剧了粤北客家传统民居建筑群落的整体性破败和集体消亡。如笔者曾去考察的粤北鲜见的圆形围屋的代表——思茅围(又名八卦围),围屋内人畜混居,环境卫生差,残墙断瓦,一片凄凉,仅有少数难舍故园的老人带小孩留守居住,大部分村民已经搬迁到附近集中成片新建的犹如水泥方盒子般的"新农村"民居。那些由村民自发建设或者地方政府规划建设的大量"新农村"民居,由于建筑设计中忽略了粤北客家传统建筑生态选址理念与造型元素符号的运用,无形中割裂了粤北极具地域特色的建筑文脉。当前粤北客家地区新农村建设存在以下问题:

(1)粤北地区的新村落的建筑及规划定位尚不明确,盲目追求城市化、城镇化,忽视了农民的现实需求与粤北客家传统建筑文脉的传承。

(2)现代客家新民居建设由于简单地照搬城镇住宅的形式,割断了农村传统文化习俗的传承,致使昔日农村逢年过节的传统礼俗简化或失传,传统民间文化活动日渐稀少,如原先存放龙骨的宗祠因多年失修而倒塌后,昔日村落里每年一度的龙灯活动现今多年未举办,原先每年年前全村人聚在祠堂里打糍粑的热闹的民俗活动也逐渐淡出了视野,昔时热络的邻里关系也变得疏远甚至陌生了。

(3)集中成片规划新建的"新农村"民居,在选址时往往摒弃粤北民居背山面水向阳,顺应自然的传统村落选址生态理念,简单地将一片小山丘推平,将塘堰填平,然后平均划分地块建房,粗暴对待自然地貌。更有甚者,一些村民为图方便,直接在围楼旁或自家耕地上建造方盒子般的现代民居,不仅破坏了围楼周遭原本协调的古建筑整体风貌,还占用了宝贵的耕地资源。

此外,笔者在田野调查中了解到,目前,整个粤北地区除了极少数的围楼得到政府拨款修缮,如列为国家级文物保护单位的"满堂大围"的中围和沈所红围的维修保护工作得以完成,东湖坪"永成保障"围楼得到修缮维护和

旅游开发利用之外,绝大部分客家传统民居因重视不够、保护资金不足等原因只能任其衰亡。这些历经百年的客家传统民居,正处于逐渐残旧、破损、毁坏、自然消亡的状态。笔者实地考察后还发现,即便是上述得到政府部门拨款维修保护的围楼,其内部维护修缮也未采用粤北客家传统建筑工艺——使用"石灰糯米浆"(石灰、糯米浆、红糖、蛋清、砒霜等混合制成的黏性极强的胶粘剂)作胶粘剂来砌筑青砖、岩石条、河卵石和批荡墙面,而是简单地用水泥石灰砂浆甚至瓷砖替代,更没有遵照国际上古建修复普遍采用的"修旧如旧"原则进行妥善修复,在一定程度上弱化了围楼的历史风貌。

总之,历经数百年形成的粤北客家传统民居建筑——围楼这一独特的历史人文景观正濒临日趋衰亡的绝境。

2　粤北客家民居的保护传承策略

众所周知,传统民居建筑与聚落是具有生命力的人文景观,总是处于一种动态地生长、扩展、衰败、坍塌的自然进程中,它会随着人口的增长,随着社会经济、建筑技术及社会审美观念的变化而发展演进,粤北客家民居建筑聚落景观这一具有地域特色的人文景观也不例外。目前,由于历史和人为的原因,粤北传统民居建筑聚落景观遭到了不同程度的破坏。随着改革开放后中国经济的持续发展和人民生活水平的提高,伴随着"社会主义新农村"建设的推行,广大农民阶层在"集体无意识"的指导下慢慢被灌输了"类西方"、"向城市看齐"的居住方式,致使粤北客家地方政府热衷于建设整齐划一、造型呆板、"方盒子"式的农民新村,而任由近旁富有地域文化特色的围楼及传统民居村落自生自灭,成为无人居住的"空壳村"。

为杜绝上述现象的继续恶化,笔者将粤北客家民居建筑聚落的保护与发展置于一个动态的研究视角,在民居村落的自然扩容与成长更新中关注地域建筑文脉的传承与发展,寻求应对策略。其关键点即解决当下粤北客家民居建筑聚落在扩展、扩容中出现的粤北传统建筑文脉的缺失与传承问题。传承是民居文化传统维护、建筑文脉延续的最重要的手段,也是民族特色、地域特色保持的最可靠路径。对粤北客家围楼的保护与传承,笔者提倡积极的、动态的保护,在合理利用中加以保护性开发,充分调动政府和群众保护的积极性,协调好双方的利益分配。具体而言,针对粤北客家民居建筑的保护传承,总结出以下五条策略供地方政府部门参考:

(1)大力加强古建研究、保护、维修护理及规划设计专业人才队伍的建设。可依托粤北地方高校,博物馆、文化馆等文物保护单位,建筑设计院和城市规划部门,组建一支专业精干的由学者、文史馆员、建筑师、规划师构成的客家民居建筑研究与维修护理团队,并培养或招募一些熟悉粤北客家传统民居规划,精通民居传统建造工艺、材

料与技术的民间非物质文化遗产传承人加入进来。由该团队的民居研究专家、学者撰文或举办讲座，向全社会尤其是各级政府宣传客家传统民居的历史文化价值和保护意义，在全社会形成一种保护历史文化建筑的共识。

（2）政府出资对粤北具有代表性的、历史文物价值较高的客家围楼进行保护、修缮，采取国际文物界通用的"修旧如旧"模式，采用当地民间传统工艺和材料进行修复。在修复后的围楼，如满堂大围建立客家围楼建筑博物馆或客家围屋民俗博物馆，适时组织粤北传统民俗活动，对外开放，供人们参观游览，了解粤北客家地区民居建筑风貌及历史文化民俗风情。对以围楼、围屋为中心的客家古村落进行整体旅游开发，如采用皖南宏村、西递的模式进行乡村旅游景观开发，使粤北客家村民与旅游公司、当地政府合作，三方互利共赢，将极大地调动当地村民、政府保护传统民居建筑文化与传统民俗文化的积极性，自觉维护、保护并传承粤北客家民居建筑文化与民俗文化。

（3）选择一些保存较为完好的具有代表性的客家围楼和聚居村落建立粤北客家民俗文化生态博物馆，保护其特有的民居建筑与民俗文化。生态博物馆是对自然环境、人文环境、传统艺术等有形和无形的文化艺术遗产在其原产地由居民进行自发保护，从而较完整地保留社会的自然风貌、生产生活用品、风俗习惯等文化因素的一种博物馆理念。有人因此将生态博物馆喻为博物馆业的"尖端技术"。从传统的角度来看，博物馆一直以来都扮演着文化艺术保护和传承的角色，但传统博物馆内的文化艺术遗产远离它们所处的环境，在某些方面呈现出局部的、孤立的状态，分离了人与物的关系。实践证明，历史文物的保护不能是消极的、静态的保护。迄今为止，世界上许多文化遗产保护往往不看人，只看物。这种景观保护的态度导致了景观保护的单一化以及遗产保护费用的非效率化。[5]文化艺术遗产应原状地、动态地保护和保存在其所属社区和环境中。在未来的粤北客家民俗生态博物馆中，人们将不再从博物架上看展品，而是在房前屋后观民俗文化过程，文化遗产、传统建筑、可移动实物、传统风俗等一系列文化因素均具有特定的价值和意义。[6]唯有如此，粤北客家传统民居景观资源和民俗文化才不会沦为活化石。

（4）保护历史文化遗产及人文景观的根本目的在于合理运用，发挥其应有的作用。建议由民间出资或集资修缮废弃的围楼（屋），在不改变建筑外观面貌的情况下，对内部空间设施进行一定的现代化改造，重新设计控制水、电和管道等，使之满足现代人的生活需求，开发成围楼休闲旅馆或背包客旅游客栈，并结合乡村休闲旅游热与"农家乐"，开发粤北客家传统民居的旅游价值及其旅游体验

项目，例如可学习广州市的做法。近年来，广州市除了将一部分重要的不可移动文物辟为博物馆、纪念馆之外，也在积极探索文物，特别是近现代文物的合理利用的途径，如指导业主单位对太古仓旧址进行了原状修缮和装修，在不改变原有风貌和主体结构的前提下，充分、合理利用内部大空间，将其打造成为滨水文化休闲区。[7]

（5）文物保护应从包括建筑单体（围楼）的单体保护到客家村落历史地段的整体保护。1964年，从事历史文物建筑工作的建筑师和技术人员国际会议（ICOM）第二次会议通过的决议——《保护文物建筑及历史地段的国际宪章》(《威尼斯宪章》)第一条就指出："历史文物建筑的概念，不仅仅包含个别的建筑作品，而且包含能够见证某种文明、某种有意义的发展或某种历史事件的城市或乡村环境，这不仅仅适用于伟大的艺术品，也适用于由于时光流逝而获得文化意义的在过去比较不重要的作品。"它强调了文物建筑周围环境的重要性，其保护理应以聚落为单元进行整体性的保护。[8]因此，我们对客家围楼建筑的保护也应以古村落为单元进行整体性的保护，应结合客家古村落的动态成长与扩容，充分发挥建筑师的专业知识与技能，通过合理规划设计蕴涵粤北客家传统民居符号与元素、吸收传统聚落的布局思想、满足现代人生活需求的优秀设计方案，结合新农村建设，加以推广实施，使得围楼与周边的现代客家民居建筑在外观风格上协调统一，即保留粤北客家传统民居特有的锅耳山墙造型与青砖、红砂石、卵石墙等建筑外肌理，保持粤北客家地域建筑景观的和谐统一。这种从围楼单体建筑保护拓展到整个建筑聚落传统格局和特有风貌的保护理念，丰富拓展了客家传统民居保护理论的外延与内涵。

3 结语

综上所述，结合当前粤北新农村建设与美好家园的建设，对粤北客家民居，本文提倡积极的、动态的保护，充分发挥建筑师的专业知识与技能，充分调动政府和群众两者的保护积极性，通过建立客家围楼建筑博物馆、粤北客家民俗文化生态博物馆以及围楼旅游客栈，对以围楼、围屋为中心的客家古村落进行整体旅游开发，从而保护并传承粤北客家民居建筑文化与民俗文化。在当代客家民居建筑设计方面，发掘、整理、归纳粤北客家传统民居的建筑元素符号并将之运用到现代客家民居建筑设计之中，力求在满足现代客家人生产、生活的基础上，传承、延续粤北地区客家传统建筑景观的生态理念和建筑文脉，使得当下无序的客家现代民居建筑乱象能得到文物、建筑专家及政府有关部门的科学引导和专业指导，像皖南徽州城乡一样延续传统地域建筑文脉并维持自己独特的地域景观特色，成为令人神往的旅游名胜，进而申报世界文化遗产项目，将粤北客家建筑文化世代传承。

参考文献：

[1]　傅志毅. 粤北客家围楼民居建筑探究 [J]. 装饰, 2006（9）: 32.

[2]　黄崇岳，杨耀林. 客家围屋 [M]. 广州：华南理工大学出版社，2006：2.

[3]　万幼楠. 对客家围楼民居研究若干问题的思考 [J]. 嘉应大学学报（哲学社会科学），1999（1）：113-116 .

[4]　黄崇岳、杨耀林. 客家围屋 [M]. 广州：华南理工大学出版社，2006：71-78.

[5]　（日）河合洋尚. 景观人类学视角下的客家建筑与文化遗产保护 [J]. 学术研究，2013（4）：60.

[6]　李于昆. 生态博物馆：民族民间文化艺术遗产的保护与传承 [J]. 民族艺术，2005（1）39.

[7]　黄丹彤. 月内启动文化遗产大普查 [N]. 广州日报 .2013-11-28.

[8]　雷翔. 广西民居 [M]. 南宁：广西民族出版社，2005：173 .

地域文化影响下的城市设计
——以郑州市民公共文化服务区城市设计为例

河南大学　梁春杭
郑州市规划勘察设计研究院　李利杰

摘要：面对当前国内城市的快速发展，地域性城市设计也会是一个永恒的课题。本文试从城市设计中"场所"、"要素"、"元素"三个层面探讨了地域性文化在城市设计整体空间布局、建筑形态、城市色彩设计中的作用，来为地域性城市多样化发展提供一种可能。

关键词：地域性；城市设计；场所

1　背景

为积极推进郑州都市区建设，优化中心城区功能，疏解老城区交通压力，提升公共服务设施水平，带动郑州西部区域振兴，郑州市委、市政府着手推进郑州市民公共文化服务区城市设计项目，建设独具中原文化特色、生态型、智能化的市民公共文化服务区。

郑州市民公共文化服务区规划范围为北至郑上路，东至洛达路，西至常州路，面积约 $23.5km^2$，依托南水北调水系、西流湖、植物园等生态资源。

2　设计策略

"因天材，就地利，故城郭不必中规矩，道路不必中准绳"、"高勿近阜而水用足，低勿近水而沟防省"，这是我国古人的筑城准则，也为我们解决近年来城市面貌趋同的问题提供了有效方法。面对当前千城一面、城市特色缺失的现象，地域性特色才是城市生存、竞争、发展的根基和灵魂，也是此城市区别于其他城市的魅力所在。城市的起源、发展与自然环境、历史积淀、与周边城市的互通关系以及人工塑造紧密相关，这些都可能成为一个城市的特色所在。城市设计就要把握城市自身的地域性特征，从中提炼要素，使其与新的城市建设相融合。

城市设计系统是由相互联系、相互作用的城市设计要素及其构成元素结合而成的整体。城市设计系统实质上是由"场所"、"要素"、"元素"三个子系统组成。广义的"场所"泛指城市公共空间，狭义的"场所"主要是指城市公共空间单元，如一个城市广场、一段城市道路、一块街边绿地等。"要素"是指"场所"中的物质单元，如建筑物、构筑物、植物、环境小品等。"元素"是指物质单元的构成要素，如色彩、体形、材料等（图1）。

本文以郑州市民公共服务区城市设计为例，在对郑州市整体空间架构研究的基础上，结合该区域未来的发展对策，从"场所系统"、"要素系统"和"元素系统"三个层面来探讨地域文化对城市设计的影响。

2.1　地域文化在"场所系统"中的运用——塑造场所

城市空间形态特征的独特性是城市特色的重要体现。城市空间形态特征是由城市空间界定要素或界面等实体要素所明确或被感知出来的城市空间的尺度、形态及空间组合关系等方面的特征。在城市设计中表现为建筑和城市空间的关系或者实体和虚空的关系。

方案借用河南独具特色的地理位置及历史积淀——"九曲黄河、九州之中"，来塑造该区域的场所系统。在城市总体设计中采用中轴对称的形式，体现"中"的概念。

市民公共文化服务区核心区被南水北调总干渠一分为二。北核心区借用"九州方城、内外双城"的设计理念，包括市民公共服务区和九州坊。从城市空间的形态及空间

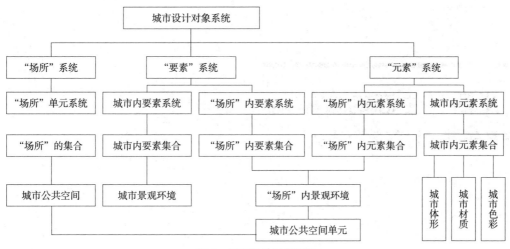

图1　城市设计对象系统

组合来体现"场所"中文脉的传承。

2.2　地域文化在"要素系统"中的运用——强调特色的可识别性

城市与文化，如影随形。一个城市承载着地域文化，突出城市的地域特色，为城市里的人们带来一种地域的自我认同感，这是一种所在的城市居民的强烈的情感的流露。而这种地域特色来源于地域文化，尤其是传统文化的运用。苏珊·朗格在她的《艺术问题》中曾说："一件艺术品，就是一件表现性的形式，这种创造出来的形式是供我们的感官去知觉或供我们想象的，而它所表现的东西就是人类的情感。"

南水北调以南的核心区，包括郑州中央文化区及文化创新园区。规划"四个中心"，自西向东分别为奥体中心、文博艺术中心、市民活动中心和现代传媒中心。在文博艺术中心区的单体建筑设计中引入了当地出土的知名文物艺术品作为形态设计的来源，使城市"要素"与地域文化相结合，从而使城市中的人更加具有地域认同感，突出城市的可识别性。

2.3　地域文化在"元素系统"中的运用——以人为本，注重视觉体验

城市色彩是城市气候、地理、历史、传统、文化、风土人情以及社会经济发展状况等在色彩上的集中反映。城市色彩与城市地域文化相辅相成，是城市发展历史的重要载体，因此在城市色彩设计中应注重城市历史文脉的延续，

并逐步形成自己的特色，注重城市居民的视觉体验。

在本区域的城市色彩设计中，并没有简单地采取某种单一色调，而是将当地传统的建筑色调与不同区域的功能划分相结合，制定符合功能特点的色彩控制规划。通过色彩体现区域的功能特点，营造符合人们心理需求和城市形象需要的色彩环境。

3　结语

面对当前国内城市的快速发展，地域性城市设计也会是一个永恒的课题。在研究目标上，地域性城市设计以实现社会与环境的和谐共生发展、塑造以人为本的城市形态为最终目标。在具体的设计中，地域性城市设计更注重基于城市文化整体性的城市空间的重构。本文试从城市设计中"场所"、"要素"、"元素"三个层面探讨了地域性文化在城市设计整体空间布局、建筑形态、城市色彩设计中的作用，来为地域性城市多样化发展提供一种可能。

参考文献：

[1] 卢峰.地域性城市设计研究[J].新建筑，2013（3）：18-21.

[2] 董雅，席丽莎.城市色彩的演变和发展建议——以天津城市色彩设计为例[J].华中建筑，2007（12）：57-60.

[3] 丁文跃.哈尔滨地域性城市设计研究[D].哈尔滨：哈尔滨工业大学硕士论文，2009.

生长·生活·生态的古村落
——淳安县朱家村村落形象营造

长安大学 关 宇

摘要：古村落是我国社会不同历史阶段物质文化的遗存，如今古村落中土地无节制开发和占用、历史建筑的破坏、人口外流、基础设施落后等，急速加剧了村落的生态环境恶化。本文从古村落形象营造的角度研究古村落的保护与规划设计，提出古村落的保护和规划要有明确的方向和定位，对古村落的保护需要从对古村落的形象入手进行合理的规划与营造，展示和传播古村落的文化精神，延续古村落的历史文脉，提高其识别度、认知度，同时提高古村落中居民物质生活和精神生活的质量，以适应现代社会经济的发展。

关键词：古村落；形象营造；文化；保护

1 中国古村落的特点

古村落是指民国以前建村，保留了较多的历史沿革，即建筑环境、建筑风貌、村落选址未有大的变动，具有独特的民俗民风，虽经历久远年代，但至今仍为人们服务的村落。古村落相比其他的聚集而成的村落同样具有其自身的特色，首先古村落是封建时代小农经济的产物，是自给自足农业经济在人们生活和居住空间的反映。从古村落的景观可以看出，它突出的是田园生活的主题，因此，古村落的景观应以其本身的农业景观为基础。其次，古村落形成首先注重的是村落基址的选择，强调要选择"山川毓秀"、"绿林荫翳"之地，才能使得村落繁衍兴旺，突出了自然对人的作用和意义。这种观点，从根本上来说，乃是中国传统哲学观"天人合一"思想对古村落人影响和支配的结果。再次，宗族统治是中国古村落的一个显著特点，它包括了两层关系：以血缘为系带的群体和以地缘为系带的群体，二者构成了自给自足的生活单元，使得村落与城镇、村落与村落之间产生明显的差别。而村落景观也不再是孤立无意义的自然之物，而是凝聚着人们的希望与寄托，带有深刻的文化内涵，并体现村落中人们共同的价值观、人生观、审美观等，被赋予浓厚的人文色彩。

2 中国古村落形象营造

一个村落的形成和发展，是由多种因素共同作用和影响的，村落的形象则是对该村落中各要素整合并进行综合性概括而成，集中地体现着村落自身的特色、内涵和发展方向，同时也有利于古村落的更新和保护。

古村落形象的塑造是一个复杂性、多角度、综合性强的系统性研究，"1990 年代初，不少学者将企业形象、组织形象概念引入城市研究领域，进而提出具有新含义的 CIS 概念。新的 CIS 可以理解为城市形象战略（City image strategy），也可以理解为城市识别系统（City identity system）"。[1] 成朝晖在她的书中写到"城市形象塑造的内容包括城市形象理念识别系统（MIS：Mind Identity System）、城市形象行为识别系统（BIS：Behavior Identity System）、城市形象视觉识别系统（VIS：Visual Identity System）、城

---

[1] 王续鲲，陈喜波．城市形象与城市形象学 [J]．城市科学，2001（6）．

市形象听觉识别系统（AIS：Audio Identity System）、城市形象嗅觉识别系统（SIS：Smell Identity System）、城市形象景观识别系统（LIS：Landscape Identity System）" [1]，这六大系统一起构成了完整的城市形象识别。笔者认为同样可以借鉴城市形象识别体系来塑造古村落的整体形象，因为古村落的形象相比城市，更加清晰明了，这样也使得古村落的保护和规划有完整的指导体系。

村落形象理念识别系统是保护和营造村落精神文化和整体价值观的综合性概括，是对村落进行合理定位的重要依据，是一个抽象的概念，包括了一个古村落应该具有什么样的特征、风格和类型的定位等。

古村落中形象行为识别系统简单来说是村落中因人的行为而形成的行为方式、风俗习惯、精神风貌等，是构成村落特色的主体内容，但其根源性的内容则往往存在于村落居民的生活中，是自然而然的表现，同时也是村落需要保留和挖掘的内容。

村落形象的听觉、嗅觉识别系统是给人以感官体验而被识别，具有象征性和可识别性的特点。田园、纯朴让人们记忆深刻，并且是身处城市当中不容易感受到的，如鸡鸣犬吠、炊烟袅袅等。

村落形象视觉识别系统是随着古村落保护和重塑应运而生的，通过图形、文字、色彩等视觉符号概括表达出村落的物质文化和精神文化，包括了村落的形象标志、宣传系统、公共设施和基础设施系统。这需要从村落的文化出发的主题定位，再从主题定位到各个视觉形象，最后由各个视觉形象集合成街区的整体形象，这便是"心"-"言"-"图"-"物"-"境"的综合设计的过程。

村落形象景观识别系统则是指村落中的结构布局、村民公共集散地、建筑、夜景形象、绿化等共同构建的系统。对村落物质形象的研究一方面是在保护的基础上让古村落适应现代人生活的需求，另一方面也对古村落的再次营造提出必要的指导规则。

3　浙江省淳安县朱家村的村落形象营造

古村落的形象中还应该包含经济形象的内容，即村落中的特色产业和支柱产业的内容。因为古村落的保护和营造不仅仅是从艺术设计的角度进行再造，而是要重新建立起维持村落长期发展的特色产业，不能让古村落变成只是经过粉饰供人游玩的场所。

为贯彻执行党中央关于提高社会主义新农村建设水平的号召，淳安县围绕建设"秀水家园、美丽乡村"的总目标，进行古村落特色建设。有着八百多年历史的淳安县朱家村，至今保留着比较完整的规划原貌、古老的建筑和民风民俗。由于缺乏合理的规划和管理，导致村落中传统文化的断裂

和村落整体氛围的不协调。设计以村落整体文化形象营造为切入点，从村落的整体形态建构、建筑风貌复原、功能景观设施更新、视觉、听觉体验等内容出发，对古村落文化元素进行挖掘、分类、归纳、提取，并因地制宜地进行科学、合理的规划设计。在此基础上挖掘、建设、发展如农业观光、民俗体验、摄影写生等为特色的高品质乡村旅游产业，适应现代社会的发展需求，并以此来带动村落自身的发展。

对村落的景观形象识别的营造，包括了对村落原有自然景观、村落色彩、村落文化构建、公共空间、公共服务设施等方面进行营造。其中最重要的是对整个村子的文化景观元素进行挖掘、保护、整治，例如对村口景观的重新营造，如村口的古树、古桥和桥边的亭子，这是受到传统风水思想的影响促使中国乡村聚落的营建重视水口建设，如今这些元素已经不仅仅是一种景观和风水观念，而是深留在心里的对家的记忆，并变成了一种引起人们共鸣的文化元素，被赋予浓厚的人文色彩。其次，依照村民的习惯和在村落发展的基础上，进行村落中公共景观空间的设计和营造。

村落中建筑形象的营造，首先对村落建筑的形式、年代历史、功能、区域等进行逐一评估，然后把所有建筑分为保护保留建筑、整治改造建筑、拆除建筑等内容，其中对整治改造建筑包括了诸如对建筑形态、建筑构件、建筑色彩、建筑装饰、建筑材料等内容的规划和要求。这些内容都需要对村落自身的特点和审美进行挖掘和提取，并以此作为今后村落发展的建筑控制导则，其中要求尽可能地使用当地的材料对村落进行因地制宜的保护和整治。

另外从村落的经济形象出发，规划依据千岛湖的旅游资源的优势，以生态经济为中心，根据"环境立村、农业强村、旅游富村、人居繁村"的目标，要求朱家村的第一产业能充分利用自身自然资源、区位和生态条件，形成产业竞争优势，同时保护和利用良好的生态景观，兼顾开展休闲观光。第三产业是在第一产业运行的基础上，建设发展农业观光、民俗体验、摄影写生等为特色的高品质乡村旅游产业，一方面承接千岛湖的旅游资源，另一方面带动周边村落的发展。

4　结语

古村落的形成与发展有其赖以生存的土壤，古村落的保护也不仅仅是一栋栋单体建筑的保护，而更应是对村落中居民的生活习惯和生活状态的保护，它是古村落人居环境中最具生活化，最有生命力的部分。古村落形象是村落文化和特色的浓缩表现，村落形象塑造，是从村落的文化中挖掘其物质载体，然后对物质载体进行艺术构思、提炼和设计。之所以选择对古村落的形象营造来分析和研究，

---

[1] 成朝晖.人间·空间·时间——城市形象系统设计研究[M]. 杭州：中国美术学院出版社，2011：93.

不仅是对目前古村落的大拆大建提出质疑和反思，而且笔者希望对古村落形象的营造能够为古村落的保护和重新规划提供一定的设计方向。

参考文献：

[1]　成朝晖.人间·空间·时间——城市形象系统设计研究 [M].杭州：中国美术学院出版社，2011.

[2]　戴代新，戴开宇.历史文化景观的再现 [M].上海：同济大学出版社，2009.

[3]　王续鲲，陈喜波.城市形象与城市形象学 [J].城市科学，2001（6）.

景观速写表现对于中国传统山水画的借鉴研究

广西艺术学院　陈　衡

摘要：景观速写是建筑艺术类相关专业的同学必须掌握的一项基本技能。同时，景观速写作为低年级的基础课，在高校艺术专业与建筑学专业的教学中也非常普遍。然而，教学内容繁杂凌乱且教学课时有限，使得教师在实际教学中不能系统地对景观速写进行教授，教学方法缺乏科学性、针对性，导致教学重点不突出，效果不明显。本文结合笔者在景观速写教学实践中的体验以及自身对中国传统山水画的理论总结，就景观速写与中国传统山水画理论、技法的关系等方面进行探讨与研究，为进一步提高景观建筑速写的教学质量和教学成效提供一点意见，希望能起到抛砖引玉的效果。

关键词：景观速写；中国传统山水画；借鉴

景观速写表现是通过绘画手段直观、形象地表达建筑和景观效果的一项专业技法，既表现一部分设计成果，也是一幅完整的绘画。作为一种技能表现，景观速写的空间形象需要建立在科学透视的基础上，因此，对透视知识的运用，对于一幅好的景观速写而言至关重要。同时，其艺术感染力同样是不可忽视的。

艺术与科学，是很微妙的矛盾统一体，对于两者的关系的表现，最有代表性的就是达·芬奇，他的作品既有科学性又有艺术性。建筑艺术学院开设的景观设计专业，自然应该有别于工科院校的建筑学和园林景观专业，我们的建筑速写应该建立在自身的艺术传统上，能够运用透视科学和不同的模式，放弃自身的艺术优势而去追求绘图模式实在不是明智之举。我们这里说的艺术优势，可能有人会觉得是一种绘画才能的表现，甚至有一些美术基础的景观设计专业的同学会嗤之以鼻，因为他们早已学习过绘画的基础课程——素描色彩等。这里想说明的是，不管是透视原理还是素描色彩等造型基础，都是西方的绘画技法，而中国的传统绘画尽管没有向西方那样发展成科学和完善的透视学，但是经过两千多年无数画家的经验总结，形成的绘画技法与理论体系，同样使今天的速写表现受益匪浅。中国画与景观速写表现，前者重在艺术，后者重在科学。从传统绘画中吸取营养，以中国画的审美意识和表现形式结合现代的空间形象是景观速写表现的全新尝试。目的是寻找一种艺术与科学、情感与理性并存的表现效果，这对于当代的景观设计以及设计教育有重要意义。

1　中国传统山水画理论对景观速写表现的启发

山水画作为一个独立画种出现在魏晋南北朝时期，到了唐、宋以后成为主流，这些时期的画家们的技法达到了顶点，而且在画论方面也有着较深的造诣，认为山水画的作用是带给人精神上的愉悦和美的享受。在写生方法上，主张不要生搬硬套地抄写绝对真实的自然形态，而是要通过提炼、概括，表现景物的内在精神，对后世产生了深远的影响。景观速写表现，就是要通过对自然景观的合理设计和规划，体现人们的某种目的性，包括使用的目的性和审美的目的性，两种都缺一不可，只要求使用性，而弱化精神审美性，就会让景观速写陷入工程制图的构架中，没有了表现的意义。

到了唐代，山水画的理论比以前有了更深层次的提升，有了如"外师造化，中得心源"这些理论，高度概括出了山水画从客观自然中获取素材，经过艺术构思而构造艺术形象的规律。要求在宏观上把握自然现象，对于自然现象要用心体会，升华到艺术的境界。同样的道理，我们的景观速写表现，也必须是由自然的物象之中得到启发和灵感，对具体景观所在的空间结构、地形起伏、色调变化、材料质感、光线明暗等内容进行设计表现从而创造出新的形象来。如果只是一味地临摹甚至记背山石树木的画法，只能是完成"绘图"，而不是"表现性"。从现实到艺术地呈现的过程，需要构思，也就是我们说的"创意"。在进行建筑景观表现时，不论是写生还是创作，都要设计构思，就是平常我们所说的带有预见性地去"营造画面"，将所要表现景观的具体形象通过思维的提炼和想象转化为图形概念，这是景观速写表现的根本要求。

2 中国传统山水画的表现技法对于景观速写表现的借鉴

中国传统山水画的表现技法是通过几千年的艺术探索和实践经验总结出来的，不论是构图还是设色，都形成了独特而鲜明的特征，对于现代以钢笔手绘表现为主的景观速写而言，在构图组织和用笔用线上都给了我们很大的启发。

2.1 构图组织

在中国传统山水中，构图又被叫做"章法"，也叫"经营位置"，是将所要表现的建筑或物体合理地安排在画面的适当位置上，形成既对立又统一的画面效果，达到视觉心理上的平衡。它是贯穿中国画造型艺术的表达作品思想内容并获得艺术感染力的重要手段，包括题材的选取和组织、画面的构思和安排，无论是单个树木山石还是林海千山，如果不能掌握布局的章法，即使绘画技法娴熟，也不可能成为名品佳作。所以，构图在绘画创作中尤为重要。

景观速写表现的构图，是由思想意图来决定的，通过头脑设想，计划布置，分析主题来确定，形成初稿。一幅完整的速写作品，其艺术形式和思想内容必然是统一的，而在我们的手绘练习中却容易公式化，千篇一律或者大同小异。在这一点上，中国传统山水画的构图手法非常丰富，并且非常讲究，在观察山川河流和把握全局时，有着"天人合一"、"物我两忘"等境界，形成了以高远视点画全景山水的全景式构图风格，其作品构图宏大，视野开阔，能体现出自然山川的那种真实美感，让人身临其境。所以，在景观速写表现的练习过程中，如果是想要表现宏观场景和大的景观规划，就可以借鉴全景山水的高远视点做法，以一种视野辽阔的布局观念，使得画面获得很强的伸展力。

其中最有代表性的是南宋时期的山水画家马远，他擅长边角式的构图方法，画面重点偏离中心，留下更多的空白，传达出空灵的意境和情趣，在当时属于突破了世俗，

敢于创新的构图方式，引起了不小的震动。同样在今天，采取边角式的构图技法的景观速写表现也是这个道理，以局部表现整体，注意构图裁剪和经营的想法，尽管还不够成熟与完善，但作品简洁完整，主题鲜明，是对传统山水画构图法的思考和研究。在景观速写表现的学习中，为使构思立意能清晰地表达出来，在手绘之前就要仔细推敲构图关系，在学习古人绘画技巧的同时，还要学习构图之道，掌握内在联系，组织好画面元素。这样，在自己创作作品时，才能熟悉地进行操作，其作品才能生动自然，所表现的景物才能取得和谐的共存。

2.2 线条表现

线条本身无意义，一旦构成了形体就有了生命力。中国绘画强调线条的内涵与气韵，线条是整个建筑速写的灵魂，建筑速写的表现主要靠线条。点、线有序组合便可以成为一张优秀的速写作品，它是画面最基本的组成元素。线条最富有生命力，在景观建筑速写表现中，它的任务就是表现，用线条表现出不同物体的质感、纹理、光影，同时线条的轻重缓急、刚柔曲直也带来了线条的美感，让它赋予画面节奏、韵律等韵味，并且线条的抑、扬、顿、挫带来心境美，最终回归平和。画一根线对于会使用钢笔的人来说，看似简单，但在建筑速写表现图中要正确使用线条并能传神，却不是容易的事。

中国传统山水画中的线条精神博大，有"力透纸背"之说，这是强调线的力度和渗透力。景观速写表现图的线条可表现造型和物体的尺度关系、画面的层次关系，如能正确表达这些，那么线条的意义也就完成了。有的人画的线条呆板、生硬、漂浮，有的人画的线条飘逸稳定，极富张力。所以，线条本身还是有本质的区别的，要画好景观速写，用心画好线条很重要。在传统山水画中线条有很多用笔的方法，例如"露起藏收、露起露收"等。在景观速写表现上，用笔方法多为藏起藏收。前面提到的有"漂浮"感的线条就是因为用笔时没有把握好线条的起笔、运笔和收笔之间的环节。运笔时，笔要扎扎实实地落在纸上，有"收笔"和"运笔"的感觉，动笔时要有运笔的动作和意识作为指导，这样画出来的线条才不会有"漂浮"的感觉。中国画画论中有著名的"十八描"，例如"铁线描"、"竹叶描"，描述的是不同线条的造型语言。在笔法上也有"斧劈皴"、"雨点皴"等丰富的用笔技巧与方式。由于线条与笔触的变化可以形成各种景观物体的形态，画面的空间、动态、质感、明暗都可以千变万化地表现出来。这就需要我们在手绘练习中仔细地研摩。

3 中国传统山水画学习方法对景观速写表现的运用

景观速写表现的学习过程是一个长期的不断积累和训练的过程，表现技法的学习也非一朝一夕的事。所以，很多人都遵循"从临摹开始到写生"，"由浅入深、由简单到

复杂"的学习方法。这种方法并不是不对，只是太过于笼统，将从临摹到写生看作是很自然的过渡。事实上，很多由临摹开始的初学者会遇到一个问题：为什么临摹了大量的作品却还是不会画？其实在中国画的学习中，对这一环节有着具体的描述，将通常所说的"从临摹到写生"的学习过程分为四个环节："先临摹、然默写、到写生、后创作"，我认为同样适用于景观速写表现。

对于景观速写表现来说，"先临摹"是指有选择地临摹一些临本和范画，熟练绘画步骤与方法，这是刚开始学习景观速写必须要经历的第一步。通过对临本的临摹，能够体会到绘画过程中构图的完整、用笔的方法、笔触的感受、色彩的搭配等，从而找到提高自己绘画技艺的方法。

第二步："默写"，是在临摹训练结束后开展的另一种训练方法，一是默写范画，或者是默写照片，"默"即是领会、感觉，并不是死记硬背，不论是临本还是图片，都不用刻意默写得一模一样，要融入自己的思想和理解，也许和原来的临本有着不一样的地方，但是不要担心，这是根据自己脑海里的印象默写出来的效果，当然会有所差别。关键在于学生要自己体会与运用笔触、线条等，所以训练的难度较大。这是从临摹到写生的过渡阶段，更是为今后能在设计中自如地表达自己的设计思想所必需的一个训练过程。这个阶段非常重要，往往很多人对它不够重视，常常困扰于为何临摹了大量的作品还是不会画的问题。这就是根本所在，不解决好这一步，会造成后面的训练更加难以开展。

第三步："写生"是要求用一定的表现手法把所要表现的景观对象转化为速写表现图。写生是个人风格在绘画过程中自然而然形成的，避免模仿某一种风格造型，使得景观速写表现中有更多的个性元素。在学习中，以临摹所学到的表现技法结合"默写"时的个人理解和感受，将景物写生的形式尽量完善。这对于景观速写能力的提高很有帮助，尤其是我们建筑艺术类专业的同学，更加需要在这个阶段养成良好的写生习惯，为以后专业的深造打下更好的基础。

最后的"创作"阶段则是需要通过不懈的努力和孜孜不倦的追求，将所要表达的对象或者自己的设计构思以速写的形式快捷、熟练、准确地表现出来。如果不懂得画面的主次把握和重点刻画、取舍，就更谈不上创作和自我表达了。

4　结论

以上是笔者对景观速写表现课程的探讨，如何结合学生的实际，增强景观速写表现的教学针对性、科学性与系统性，是我们以后必须要努力解决的方向问题。结合自身的中国传统山水画经验，在教学方法的实践性研究上提出以上各点的学习方法，仅供交流。我觉得经过不断地探索和研究，景观速写表现这门课程一定能够开创出一派新的景象。

参考文献：

[1]（唐代）张彦远. 历代名画记.
[2] 张鲁远. 中国画论与盆景（四）. 园林，2008（6）.
[3] 夏克梁. 夏克梁钢笔建筑写生与解析. 南京：东南大学出版社，2009：1.
[4] 黄若舟. 中国画教学中的六法. 上海师范大学学报，1984.
[5] 夏克梁. 印象建筑. 夏克梁建筑写生创作. 南京：东南大学出版社，2009.
[6] 周伟. 中国美术简史. 北京：清华大学出版社，2008.

从人文社会角度浅议桂北地区山地旅游建筑的时代特性

广西艺术学院　聂　君

摘要：试图从心理等人文社会学科与桂北地区山地旅游建筑的交叉学科进行研究，通过分析其社会和时代特性，得出一个桂北地区山地旅游建筑社会文化问题的研究成果，希望能给桂北地区山地旅游建筑的建造提供一些有益的思考。

关键词：山地旅游建筑；桂北地区旅游建筑；桂北地区山地建筑

1　背景：桂北地区山地旅游建筑的发展及现状

广西壮族自治区北部的山地地区由于其特殊的地理区位和地质构造形成了非常独特的地质地貌景观，从海拔几百米的低山到数千米的极高山各种地貌并存，沟谷、悬崖、山峰互相交错，自然风景优美；加上其间多民族混杂聚居的性质，使得该区域民族文化与民风民俗较其他地区更加多姿多彩，拥有得天独厚的旅游资源。随着生活水平的提高，休闲时间的增加，交通条件的改善，必然会有大量的国内国际游客选择环境优美的山区作为节假日旅游休闲度假地。

2　山地环境对旅游者的心理价值及行为影响

2.1　桂北地区山水文化与山地场所精神

人与环境、人与自然的关系是桂北传统建筑环境观的核心。桂北地区的传统建筑环境观中，人和环境的关系不仅在于人类社会生于环境，长于环境，要从外界环境中获得赖以生存的物质生活资料，而且在于人们寄情于环境，畅游于环境，要从外界环境中吸取美感，增进生活的情趣，求得情感的愉悦和审美的享受，而且自然环境在思想情感中日益积淀、转化和扩展为普遍的审美感受。自然山水环境是伴随民族成长的原始要素之一。在长期的文化发展中，对山水的审美逐渐形成文化基因，并在与其他文化思想的融合中继续发展。

从自然场所精神的角度出发，山地是一种具有特殊场所感的基地。山地作为有意义的场所，是因为它们具有特殊的结构特质而为人所知。不同于平原、滨海区等地带，人对山地的感情是既亲近又敬畏的。坡度适中，青山绿水、植被茂密的山地总是容易与人亲近，适宜居住；而那些岩石暴露，山势高峻陡峭，林木森然的山地，会让人保持距离，很难成为定居之所。

2.2　山地形态对旅游者心理的影响

山地旅游建筑场地的特殊地理形态会以某种特定的方式影响人的心理感受和行为习惯，从而影响到服务于旅游者的山地旅游建筑的设计。这对于山地旅游建筑场地的开发建设以及山地旅游建筑环境的建构也有着重大意义：

（1）起伏的地形显示出某种程度的自由度，且可以使人与自然相互和谐。内凹、外凸的地形比水平的面更讨人喜欢，外凸地形通常看起来轻些、视野开阔，同时也显得优雅。

（2）坡地高低起伏、极不规则，不对称的土地形态，显示出某种程度的自由度，且可使人与自然相互和谐。坡地流畅的形状、连续的空间予人轻松的感觉。坡度的上升感是令人印象深刻的，垂直性具有某种超现实意义，会给人一种空间无限扩展的感觉。

（3）坡度越陡则空间断绝得越厉害，对视线和心理会有封闭感。下降或向下倾斜的土地会使人有保护感、隐藏感、与地心吸力方向一致的和谐感，也有被场地空间限定和局限感及私密性。

2.3 单一地形对旅游者心理影响分析

山地的坡度、山位、山势、自然肌理等是构成山体形态的主要因素，同时这些因素都影响着山地旅游建筑的整体风格。按照单一地形，可以把山位分为坡顶、坡中和坡底三个部分。坡顶坡度平缓，呈外向型的双向，或者多向开放形态，视野开阔；坡中按照坡地形态分为单向性、内向性、外向性坡；坡底多为视觉聚焦的封闭型空间，具有很强的内向性和私密性。

山谷是被界定，具有方向性的空间；组成山地的结构特征的山顶、山脊、山谷与盆地是山地互补的形式，这些形式的意象不仅仅限于形式自身，同时其他元素也参与强化。山谷可能会由河流强化，盆地由湖泊来强化；山顶、山脊可能会由天空来强化，旅游者所获得的心理体验也不同。

2.4 山地旅游建筑设计与山地行为心理

在山地旅游建筑中考虑旅游者的行为心理已成为当今设计的出发点之一。人们旅游是在寻求一种对自然的感觉，以区别于城市的喧嚣；这种感觉的塑造可以借助不同特质的景区的空间序列来调整人们的情绪、兴奋点。视觉、听觉、触觉、嗅觉等是人们接触事物的感觉来源，通过场地与建筑的设计来塑造游客对事物、情景感觉的来源。视觉在其中最为重要，分为自然空间形态的视觉感受、人为因素的视觉感受（建筑、乡土人情等）、自然空间中人群活动对观察者形成的视觉感受。设计中通过空间序列、显山露水、借景、曲折变化、移步换景等视线设计的手法来塑造人们视觉感受的变化。

枕山襟水、青山入城的山地建筑群和聚落往往具有丰富的空间形态和卓越的风景潜质。起伏多变的山地轮廓线，丰富的景观视点和景观元素构成山地建筑环境的明显特征。

此外，山地旅游建筑设计还需考虑场地的气候因素，选择适于人们休闲娱乐、长时间停留的场地；考虑选择水文特征丰富的场地，使建筑在景色之中活跃起来；考虑风景区的本土植被特征，在选择的场地上有利于塑造植被的整体形象，使建筑与植被融为一体，仿佛生长在自然中一般，使旅游建筑也成为风景区的一个特色景点。

因此，依附山地环境的山地建筑特别是山地旅游建筑，不仅仅应消极地存在于山地风景区中，更应积极地表现景观的意义。山地旅游建筑作为环境的表达形式，应该通过因山就势的布局、丰富视觉界面的构成、视点视角的多变利用等手法，从观景和点景两个方面，表现积极的景观意义。

3 桂北地区山地旅游建筑自营建构的社会特性

从桂北传统民居式的旅游建筑建造过程来看它是一种自营建构式的民居——没有建筑师、结构师、建造师等职业设计者参与，而是匠人与使用者亲自建造生成的，使用者同时扮演着投资者、建造者与维修者的角色。建造者深刻了解自己的各种需求，建造过程中的任何问题，大到房屋的选址，小到一个榫卯的构造，他们都切身参与，这也正反映了英语中建筑师 architect 一词的本意（archi ——主、大，tect ——工匠、技工），所以建筑师实际上是一个领头工匠或主持技工，这个工匠的主要工作就是了解材料和建造的过程，因此建筑的设计形式也就成了建造的最终结果。正如密斯所言："形式并非我们工作的目的，它们只是结果"。在当地一般的家庭的男性成员大多都具备建造过程所需的技巧，但也因体能和技术的熟练的程度不同而又决定亲友匠人的协作程度，但使用者始终是主导者，他们通过约束工匠来控制整个建造过程。由于特定的历史条件与地域特征、意识形态观念对使用者和匠人没有什么禁锢，也就更谈不上意识形态对建造过程的影响。

正如张永和先生所言："建筑清除了意义的干扰，建筑就是建筑本身，是自主存在"，因此桂北民居建筑所解决的是建筑所能解决的基本问题——建造与空间，形式成为建造过程的结果，它出自于建筑材料与建造方式，反映的是建造的逻辑，不是表意的工具。桂北民居所展现给我们的不仅是它外在质朴、富有变化的形态，更重要的是它那表里如一、真实、清楚与合乎逻辑的建造方式。从桂北民居的建造过程中我们可以看出形式产生于建造过程，也就是使用者根据自身所需，采用一切可以得到的有效资源（包括人力、物力和技术）得出的建造结果。从建造的过程中去理解建筑，知其然更要知其所以然。从龙胜民俗文化旅游区的现状看，大多数的民居式旅馆的业主在建造过程中也同样是一名建造师，这也是研究桂北地区山地旅游建筑特别是民俗旅游区内的建筑不能不考虑的一个特性。

4 信息时代的桂北山地建筑

电子媒介与建筑

虽然中国城乡二元制结构的社会特征目前还很明显，但是对于今天的乡村社会，尤其是旅游风景区的乡村，已经不再是闭塞和落后的社会角落了。各类电子媒体正在迅速地向乡村社会延展。如：电视作为最重要的电子媒介之一，几乎普及到乡村每一个家庭，成为乡民最普遍的信息接收方式。山地乡村中，各类传统的信息交流场所——如家族祭祀和集会的宗祠、传道授业解惑的学堂、居民休闲娱乐的社屋戏场——正被充斥着一个个频道、网页的显示屏所取代。基于新的电子技术的媒介系统对乡村社会的政治、经济以及居民生活观念、方式已产生极深刻的影响。电子媒介也向山地乡民展示着大都市的现代生活，包括现代城市中的建筑形象。这些信息改变了山村乡民的生活观念，也改变着他们的居住愿望。山村乡民直接感受到"先进技术"所带来的便捷与经济，并将改变现状视为进步的标志。在新的建筑营造中，他们已将城市建筑作为一种样板，新建房屋常常出现模仿现代建筑的特征。

桂北传统山地建筑大多为壮、侗、苗、瑶等民族聚居的木楼干阑建筑。笔者于近年在此区域调研时，发现木构干阑建筑中近年来出现了许多红砖、水泥砖以及各种建筑材料。在这些建筑中，木材与红砖穿插、结合，形成一种特变的建筑构建行为，体现出文化交融的特征。

5　结语

以上主要通过对桂北地区社会人文的分析研究，总结桂北地区各民族传统山地建筑和各种旅游建筑针对这些特性而体现出的建筑特征，探讨了桂北地区山地旅游建筑应对其作出的一些针对性的设计手法。

这次交叉研究的结果表明，通过分析桂北地区民族的背景和文化特征，探讨桂北地区山地旅游建筑对传统建筑特性的继承和应用；通过桂北地区山地人文特性分析，探讨桂北地区山地旅游建筑的建造特性和环境特性；通过分析桂北地区建筑的经济技术特性，借鉴桂北地区传统山地建筑对此而特有的构造和技术，探讨桂北地区山地旅游建筑的构造做法和材料等交叉学科的研究方法，将能给我们下一步对广西桂北地区的建筑研究提供一些新的思路和角度，有利于在更广阔和更高的维度来研究整个地区的地域建筑的社会特性。

参考文献：

[1] 唐学山. 中国桂北桂中民族风景区研究 [J]. 中国园林，1996（12）：34-39.

[2] 郝革宗. 我国山地的旅游资源 [J]. 山地研究，1985（2）：102-107.

[3] 杨宇振. 中国西南地域建筑文化研究 [D]. 重庆：重庆大学，2002.

[4] 卢济威，王海松. 山地建筑设计 [M]. 北京：中国建筑工业出版社，2001.

[5] 黄光宇. 山地城市学 [M]. 北京：中国建筑工业出版社，2002.

[6] 黄光宇. 山地城市规划与设计 [M]. 重庆：重庆大学出版社，2003.

城市中心区袖珍公园特点及其设计实践研究

广西艺术学院　罗舒雅

摘要：本文通过实地考察三座城市中心区袖珍公园，对公园通过参与性观察、行为观察等方法，对使用群体、使用行为、物质环境空间、环境知觉等方面进行了研究，从而总结出袖珍公园特点以及相关设计问题，并通过一个城市中心区袖珍公园改造方案进行设计实践研究。

关键词：城市中心区；袖珍公园；设计特点；设计实践研究

城市自然资源、空间的紧缺，以及快节奏的生活方式更使得都市人群生活压力剧增，导致人们更加渴望亲近自然。处在城市中心的良好袖珍公园已成为都市人公共交往、休闲娱乐和展开各种公益性文化活动的重要去处之一。毫无疑问，城市需要公园来改善人居环境，但建筑已如龙卷风般卷走了城市中的土地，城市土地资源异常紧张。因此，我们提倡利用高密度城市中心区的许多小空地，以最大限度地提供人与自然亲近的机会，增加城市绿地面积，见缝插针地建设城市中心区袖珍公园，而这些在上下班、回家午休途中触手可及的地方，为改善城市小气候，为人们逃离现代都市喧嚣、释放压力、缓解精神紧张、实现精神康复和体力再生贡献了一分力量。

1　袖珍公园概述

本文所指的袖珍公园，笔者查阅各项资料并未有一个确切的定义，又称口袋公园、小游园、迷你公园，实质上是一种小型公共开放空间，它可以是袖珍公园、小广场、林荫步道，甚至是住宅小区或者办公区域的一些小型庭院。①②

根据建设部 2002 年颁布的《城市绿地分类标准》(CJJ/T 85—2002) 中对公园绿地的划分，笔者认为小区游园（ G122)、带状公园（ G14)、袖珍公园（ G15) 都属于袖珍公园的范畴，其中将城市袖珍公园定义为："指位于城市道路用地之外，相对独立成片的绿地，包括街道广场绿地、小型沿街绿化用地等"，"是散布于城市中的中小型开放式绿地，虽然有的袖珍公园面积较小，但具备游憩和美化城市景观的功能，是城市中量大面广的一种公园绿地类型"，"绿化占地比例应大于等于 65%"。

袖珍公园在城市分布最广，利用率最高，是见缝插针，提高中心城区、老城区绿化水平的良策。

2　袖珍公园案例分析与设计特点

袖珍公园除了拥有城市公园绿地的一般特征：开放性、可达性、大众性、功能性、观赏性，还因为其规模小，功能明确，通达更便捷，而具有其自身独特性。

本文通过三个城市中心区的袖珍公园案例来进行袖珍公园特点的分析。

2.1　香港长江公园

（1）概况

长江公园坐落在香港中区最繁忙的商务区域，是一片特别为繁忙城市人而设的绿洲，为长江集团所拥有，但对

---

① 周建猷 . 浅析美国袖珍公园的产生与发展 [D]. 北京：北京林业大学，2010.

② 郑雪萍 . 街道袖珍公园空间营造研究 [D]. 北京：中国林业科学研究院，2013.

公众开放。其占地约 0.26hm²，公园的园林设计以自然式设计为主，公园中央留有一片草地，旁边有荷花池以及堆叠山石，四周种植各种乔灌木，种类极其丰富，很好地隔绝外来的噪声。靠近长江集团中心一侧出口有以阶梯形成的跌瀑。

（2）物质空间

交通及位置：该公园位于香港中环花园路和炮台里的交接路口，被长江集团中心与圣约翰教堂、终审法院三座建筑围绕。其建在一条主干道（花园路）旁边，建在停车场上方，三个出口，一个连接炮台里，可通往圣约翰教堂和终审法院，第二个连接长江集团中心，最后一个通往亚太金融中心的人行天桥，也形成了贯穿三座建筑以及街道的交通空间，很方便路人。

空间构成：三个入口，一个入口是伴随阶梯而形成的跌瀑，第二个入口是由通向人行天桥的叠石、植物组成，最后一个入口是由阶梯、叠石以及茂密的植物组成。整个公园的空间地形构造分为外围交通环路，及内部叠高的中心草地，做到交通与私密的休息同时可以兼顾。公园铺地为料石铺装与不规则石板铺装。

休息设施：在通往长江集团中心的阶梯边，砌筑有大花池可以供行人休息。公园中心有位于草地边的叠石和树下的石材坐凳供人休息。

（3）空间感知

空间感受：整个公园非常干净、整洁，瀑布、水池等水体清洁、干净，植物修剪整理有型。四周植物密布空间不算开敞，较私密，中间地形抬高部分留有一片草地，视野较开阔，在此能看到圣约翰教堂，在正对长江集团中心处有一荷花池，透过荷花池能与对面镜面外墙的大厦对望，形成一个框景。

环境感知：安全性，该公园属于私人拥有，全天候闭路电视监控，但植物过于密闭不易安全管理。拥挤性，该公园属于在香港中区繁华地带的一片宁静的休憩地，本来不大的场地运用堆叠地形和空间构成，给人以中国古典园林的移步换景感觉，故不觉拥挤（表 1）。

（4）人群活动

该公园主要使用者是附近办公建筑的白领办公人员，以及路经此处来该地区游览、办公的民众，以年轻人为主，他们主要步行来此处。大多数人在长江集团中心入口处的瀑布阶梯花池处休息，或在中心草地以及荷花池边逗留，而一些隐匿在植物中的树下坐凳使用较少。

2.2　深圳摄影大厦绿地公园

（1）概况

深圳摄影大厦绿地公园坐落在深圳市罗湖区地王商务中心区。该公园所在的深圳市罗湖区在实施城区二次开发过程中，提出发展创意产业的要求：不仅要为老百姓多留出公共绿地和空间，还要侧重打造软环境。既要提升城市功能，又要能激发城市活力、保留城市记忆，为深圳人重建"情感码头"。于是提出罗湖的"都市造园"计划，规划设计了包括地王城市公园、原摄影大厦绿地公园、公共艺术广场、笋岗中心广场、翠竹公园在内的一系列公共空间。①

该项目位于深南大道与宝安南路交叉口，面积为 0.32hm²，2003 年开始正式动工，经半年最终形成了一个未完成的片段。整个公园狭长形，绿地由几组弯曲的平行线条组成，线条间是绿草和条块状的花圃，灰白色花岗石和土红色地砖构成了隆起的人行道，在人行道上种植了一排绿树。

（2）物质空间

交通及位置：该公园位于深南大道与宝安南路交叉口的东北角，隔宝安南路西侧就是深圳最高楼——地王大厦。用地西南隔十字路口是拆除了原地王城市公园后兴建的大型商务、零售和娱乐综合体；基地东侧紧临几座早年兴建的职工宿舍和一幢常年烂尾楼。北面宝安南路在这里转了一个弯，它先折向西北而后向东北弯曲延伸，然后消失在密集的高楼之间。

空间构成：公园南端一组 5 个钢与玻璃灯箱构成的灯柱形成了自宝安南路由北向南眺望的对景，同时也界定了公园的南端边界。西侧沿宝安南路自由散布了一组 5 个由钢丝网与磨砂玻璃围合成的灯箱，内植丛竹、暗埋地下的灯箱。白天，在磨砂玻璃和丝网之间摇曳的竹影给平淡乏味的城市街景带来一丝悠闲和松动；夜晚，"竹箱"变成了"竹灯"，限定了街道与公园的边界，并给黑暗中的行

长江公园设计环境心理方面的成功与不足	表 1
成功之处	不足之处
1. 通过堆叠地形，移步换景的手法，较好地利用了非常狭小的场地。 2. 维护、管理比较到位。 3. 交通便达。 4. 树木夏天遮阴效果良好。 5. 公园四周植物很好地遮挡外界噪声	1. 公园四周植物太过于密闭且低于视高，易令人产生不安全感。 2. 公园中部私密处坐凳利用率较低。 3. 没有设置残疾人通道

① 刘晓都，孟岩，王辉 . 流动的风景——原深圳摄影大厦绿地公园 [J]. 世界建筑，2005（12）：107-110.

人提供了一些漫游的参照点。由于这是一个未完成的片段，故在北段则无明显的边界，只能由不同的铺地区分。公园中心是一条红色起伏的平行线，由土红色地砖和灰白色花岗石组成，内嵌草皮和树木。整个公园的空间地形构造为一条中心起伏的人行道，贯穿整个公园，外围五组灯箱也给人停留的空间。

休息设施：公园中部起伏的人行道上种植了树木和草皮，在树下设置了许多座椅，而起伏地形的边缘也有许多人就座，在人行道旁边是平整的条状草坪，也有部分人坐在草地上玩耍，公园外侧的五组灯箱边竹林下的座椅也有游人，但相对较少。

（3）空间感知

空间感受：整个公园以停留为主，且由于其起伏的人行道，对于通过交通并不是非常方便，虽然整个公园地形起伏，但并无阶梯，同样适合残疾人使用。整个公园比较干净、整洁，植物修剪整齐，但由于是市政开放的街旁小游园，管理难免不到位，场地的一些红砖明显有破损以及经日晒雨淋有些许褪色。靠近宝安南路的植物密布空间不算开敞，较私密，能有效地阻隔道路的嘈杂声，中间地形抬高的人行道视野较开阔。

环境感知：安全性，该公园是市政开放街旁小游园，人员较复杂，但整个公园视野开阔，较易于安全管理。拥挤性，该公园地处深圳商务中心区的一片宁静的休憩地，狭长的场地运用起伏地形和空间构成给人以流畅感觉，故不觉拥挤。但整个公园在炎热的夏日，中间开阔的部分树木仍然覆盖率不算高，很多时候遮阴依靠旁边高楼的阴影，很多时候走在其中仍然觉得很晒，并且红色的铺地在夏日给人以炎热感（表2）。

（4）人群活动

该公园主要使用者是附近办公建筑的白领办公人员，以及路经此处来该地区游览、办公、购物的市民，以年轻人为主，他们主要步行来此处。大多数人在中部起伏的人行道树下的坐凳休息，或在旁边条状草地边逗留，而一些隐匿在五组灯箱边的树下坐凳南部的几个使用较少，估计是因为靠近路边，私密性较差，而北部的几个比较私密，白天较多人使用。

2.3　上海世纪大道柳园

（1）概况

柳园位于上海浦东陆家嘴金融贸易区的世纪大道，道路全长约5.5km，宽100m。世纪大道也是第一条绿化和人行道比车行道宽的城市景观大道，在北侧人行道还建有8个"植物园"，分别以植物的名称命名，主题突出、各具特色。[①]柳园就是其中的一个街旁游园，全园长180m，宽17.6m，占地约0.32hm²，以垂柳（Salix babylonica Linn.）、银柳（Salix argyracea E.L.Wolf）、柽柳（Tamarix laxa Willd.var.laxa）、龙爪柳（Salix matsudana Koidz.var. matsudana f.tortuosa（Vilm.）Rehd.）为主要植物，并配以桂花（Osmanthus fragrans（Thunb.）Lour.）、栀子（Gardenia jasminoides Ellis）、红花檵木（Loropetalum chinense（R.Br.）Oliv.var.rubrum Yieh）等植物为游园增色，通过水池、木栈道营造一个在喧嚣都市中的静谧之地。

（2）物质空间

交通及位置：该公园位于世纪大道西端，北侧为人行道，是八个植物特色园最靠近西边的一个。公园处被陆家嘴环路、陆家嘴东路、世纪大道围成一个三角地带，整个公园设计呈长方形，西北边是陆家嘴中心绿地，东北方向是中国保险大厦。

空间构成：整个游园呈长方形，设计规整，场地平整，柳树自然地分布在园中，中部一条直线形的水池，笔直的木栈道通往游园的每个尽头，在游园的西、东两个尽头设有两个隐秘的小空间。入口并无明显的标识，一端尽头用了外墙围合，另一端则视线比较开阔，而外墙则用了苏州园林白墙灰瓦的元素，白色的外墙、灰色的边缘，而且这种外墙的做法统一到八个植物特色园中，统一但又有各自的变化。游园中部是水池观赏区，而两端则是一个安静的休息区。整个游园的铺地运用花岗石碎石铺贴。

休息设施：公园尽端两个小空间设有花岗石石凳，公园外围是高矮不一的白墙，矮的部分可以让游人就座，木平台上也有木制座椅给人休息。

（3）空间感知

空间感受：整个公园以停留为主，结合不同纵向的木

摄影大厦绿地公园设计环境心理方面的成功与不足　　　表2

成功之处	不足之处
1. 通过建造起伏的地形，将通行区和休息区较好地区分开，较好地利用了狭长地。 2. 交通便达。 3. 场地休息设施数量足够，设置较合理。 4. 公园四周植物很好地遮挡外界噪声。 5. 公园虽然地形起伏，但没有阶梯，适合残疾人通行	1. 公园中部的植物不够密布，遮阴不强。 2. 公园外部灯箱处坐凳利用率较低。 3. 维护有些方面不到位

① 上海陆家嘴（集团）有限公司. 上海陆家嘴金融中心区规划与建筑（城市设计卷）[M]. 北京：中国建筑工业出版社，2001.

栈道和木平台在平整的场地中穿梭，给人以中国古典园林般移步换景的感觉，园中植物茂密，指向性不强，因此借道的人不多。整个公园比较整洁，水体较干净，植物修剪整齐。靠近主干道世纪大道的植物密布，不算开敞，能有效地阻隔道路的嘈杂声，而两端尽头的小空间一个用外墙与植物围合得较好，形成一个私密空间，另一个植物的枝下颈稍高于人的视野，相对较开阔。

环境感知：安全性，该公园是市政开放街旁游园，人员较复杂，植物围合得较好，夜晚容易给人不安全的感觉，地灯应是较好的应对办法。拥挤性，该公园地处上海金融贸易区的一片宁静的休憩地，长方形、平整的场地，柳树稀密不一的枝叶给人若隐若现的感觉，小尺度亲近的水体和木平台，故不觉拥挤。整个公园在炎热的夏日，树木覆盖率很高，遮阴效果很好（表3）。

（4）人群活动

该公园主要使用者是附近办公建筑的白领办公人员，以及路经此处来该地区游览、办公、购物的民众，以年轻人为主，他们主要步行来此处。大多数人在两端小空间里的坐凳、花坛边缘休息，而有外墙围合的一端小空间则因为其比较私密较另一端多人使用，又或者在游园中部水池木平台逗留。

2.4　袖珍公园特点

通过国内三个城市中心区内袖珍公园物质空间与心理空间方面的研究、分析，可知这三个袖珍公园各有其长处、短处，而它们的成功之处同时都具有交通便达，四周植物密布、遮挡外界噪声能力很好这两个特点，说明在注重效率的中心区，便捷是袖珍公园建设的一个重要的急需考虑的问题，而在声响嘈杂的该地区，运用植物屏蔽噪声也是一个需要关注的问题。

（1）在视觉方面：注意运用色彩

我们在进行城市中心袖珍公园设计时应以自然为主，以植物为先，并注意常绿落叶树的搭配、色叶树的搭配、开花与不开花植物的搭配，在设计中以自然生态替代以视觉效果为主，并采用花色艳丽的植物来点缀。

而硬质材料的运用，如硬质铺装，尽量色彩单一，用料简单，不宜花哨夺目，而令本来视觉环境已复杂的中心区更纷乱。

（2）在听觉方面：注意水元素的运用

如何运用听觉作为感受户外空间环境的辅助手段越来越重要，而在城市中心区袖珍公园如何缓解交通噪声也是值得我们研究的一个问题。

在空间感受方面：注意入口设计、植物造型和铺地材料的选用，注意早期犯罪的预防，注意合理规划分区、相互联系，营造丰富的层次空间。

（3）在交通方面：可达性

对位于街角的袖珍公园进行场地可达性设计时，笔者认为在入口设计、植物造型和铺地材料的选用上可以下些功夫。

对于位于街区中部的场地则有利有弊。不利之处在于面向街道的入口可能只有一个宅基那么宽，容易被行人忽视，另外，此类场地很可能又窄又长，而且封闭，故公园较远的一端将缺乏利用。

（4）场地规划

在场地规划上，最好在入口处就能让人看到绿地的活动以及通往哪里的道路，在远离出入口的地方提供一些相对隐秘、不受干扰的小空间，但是又不能太私密，否则会没有安全感或者成为非法活动的场所。

3　袖珍公园设计实践研究

笔者尝试在所在城市中心选择一块有一段历史的社区小游园地块，仔细进行设计前调研，再根据居民的日常行为和邻里生活方式从而对该场地进行更新设计，力求从低成本、环保角度出发，希望各界都来关注这些边缘中的袖珍公园。

3.1　场地介绍

该场地是位于广西南宁市中心青秀区，面积仅 2000m^2 的社区小公园，为三个机关单位的宿舍和三栋高层办公楼所包围的一块绿地，已使用了十年。

（1）水文地理资料

南宁属亚热带季风区，位于北回归线以南，阳光充足，雨量充沛，霜少无雪，气候温和，夏长冬短，年平均气温在 21.6℃。年均降雨量达 1304.2mm。夏季吹东南季风，冬季有西伯利亚来的西北风，多以东南季风为主。袖珍公园位于高楼中，四周全年光照较少，据光照软件统计，全年光照最多的位置在园中心西北处，其他位置由于高楼遮光，日照属于一般情况。

（2）行为观察

柳园设计环境心理方面的成功与不足	表3
成功之处	**不足之处**
1. 通过笔直的水体，和贯穿其中纵向的木栈道，营造一个曲径通幽的空间，较好地利用了长方形场地。 2. 场地休息设施数量足够，设置较合理。 3. 公园四周植物密布，很好地遮挡了外界噪声。 4. 公园植物遮阴能力很强	1. 公园一端用外墙围合的小空间私密性太强，容易有空间异常行为发生。 2. 公园另一端的小空间围合的植物枝下颈太高，私密性不够。 3. 维护有些方面不到位

四周的住户以中青年为主，退休老干部也不少。在园内的主要活动是，散步、休息交谈、下棋、老年人合唱活动、带小孩玩耍、遛狗、健身，以及穿行。其中，穿行为主要的行为。这也与公园设计老旧有关，植物设计与光照情况相冲突造成行人较少在园内逗留，人们通常在早晨和傍晚后来此活动。因此，此处渐渐形成了遛狗者的主要场所，使园内卫生较差。

（3）交通

原社区公园共有五个出入口，其中两个为对外出入口，两个为进入宿舍区出入口，一个为机关单位后门。经过实地调研，社区小公园主要的人流为宿舍1区至桃源路出入口，其他出入口分别有分散人流。车辆绕园一周行走。

3.2　概念分析

考虑到基地异常局促，建筑阴影区面积非常大，高层建筑形成的穿堂风等众多限制因素，在对该社区小公园进行更新设计时，从光照、人流方向等方面着手，并没有图省事、落俗套地将它做成一个以俯瞰为主的楼顶绿地，通过小地形处理、高墙隔断、借景和蜿蜒的步道系统，创造一个犹如水滴一般，多元而又丰富的空间，完成空间序列的塑造，为平坦且平淡的弹丸之地增加了景观层次，将它设计成了一个空间丰富、开合有度、生机盎然、老少咸宜、可持续的公园。

3.3　节点说明

（1）中心休闲区

基于场地中心西北半部享有最长日照时间的现状，设置了一个木地板和丙烯酸类树脂相间的场地，场地中央种植树木，外围为高矮相间的景墙，在阳光毒辣的南方夏日，使用者可以在树荫下就座休息，在阳光稀缺的冬日，使用者可以坐在外围的矮墙边的椅凳上享受阳光。为使用者带来阳光下或树荫里不同地点、不同舒适度的座位。

（2）休闲草坪

在场地西面设置了一个草坪，适合社区举行一些定期性的活动，以及提供居民综合多义的使用空间。

（3）棋坛

草坪北侧是半月形叠石矮墙环抱中的棋坛。棋坛兼具坐憩功能的散置石高低错落，可令下棋的老人灵活利用，半月形矮墙为下棋者阻隔场地外大路上的噪声，也可以在此处阅读，占据便利和安静之便。

（4）旱溪休闲区

草坪南侧为一条人工旱溪，面积不大。社区公园由于其养护和管理的原因，并未设置大面积的水景，而是通过大小不一的原石以及种植各种植物来营造一个静动皆宜的地区。高矮不一的石块可以给人在树荫下休息，而它草木葱茏、充满野趣，小径的尺度也是针对儿童设计，并且以粗木桩代替通常的铺地，总之，是个不仅适合成年人散步观赏、静坐休憩，同时也是个孩子探索发现的好地方。

（5）草坡

通过一个小草坡形成场地的最高点，并且沿着场地的坡度设置一排排座椅，早上给练合唱的老人们使用，其他时间供人休息，也可以给家长观看在旁边儿童游戏区玩耍的孩童。

（6）儿童游戏区

在草坡旁边，场地的东南角，此处靠近宿舍区，远离喧闹的大路，适合孩童玩耍。设置了沙池和木地板、座椅，适合亲子互动。

（7）健身区

通过微地形设置，给人以空间错落的感觉，并且在区内设置卵石健康步道，在离宿舍区较近的场地的东北角，比较方便居民使用。

4　结语

在笔者进行调研过程中，发现一些问题很值得深入、细化地研究。首先，安全问题，这个问题并不只是单纯地设计场地用材、种植植物，而且涉及防止犯罪、恐怖事件，以及防灾防震方面的研究，我们需要研究、印制适合我国国情的城市公园绿地场地安全和设计手册；其次，噪声问题，研究都市噪声早已不是一个新鲜的话题，这方面建筑专业早已成体系，但是系统地研究调查城市公园绿地的噪声问题，以及相应的心理、生理反应，用设计的手法来减缓噪声干扰这方面的专著专论并不多见；最后，就是压力问题，减少环境压力问题在建筑专业已有不少专家在研究，但是如何针对城市公园绿地的压力问题则不多见。但我们要明白，设计并不能决定一切，望共同努力，为我们的下一代有个美好的城市"乡愁"而努力。

浅谈新农村住宅设计实践研究
——以川东丘陵地区新农村为例

广西艺术学院　李　春

摘要：建设新农村不仅关系到村民的切身利益，也是我国社会主义现代化建设的重要组成部分。本文以深入实际调查为前提，从宏观、微观的层面，结合因地制宜、尊重环境、尊重地方习俗、与时俱进的科学发展观对川东丘陵地区新农村住宅设计实践进行更为细致的分析阐述，以期对改善农村住宅环境及生活习惯、提高生活品质，起到一定的积极作用和指导意义，同时为我国新农村住宅建设的研究探索提供更多基础资料，逐步完善和丰富这一研究体系。

关键词：新农村；住宅设计；实践研究

随着我国城乡建设的进一步深入，在城市建设已经取得举世瞩目的时代背景下，农村的建设也迎来了新的历史时期。新农村建设是实现社会主义现代化关键的一环，同时也是实现伟大中国梦不可或缺的部分。本文选取川东地区新农村住宅为设计实践案例，对规划选址、功能布局、材料及装饰细节方面进行了详细的分析研究。

1 规划及选址

本案例选取的新农村住宅设计位于四川省东部的广安市代市镇东方村，该村镇具有典型四川小丘陵的地形地貌特征，并具有浓郁的川东民居建筑风格传统特色。在农村地区，新建或改建住宅乃头等大事，几乎每家每户在新建或改建房屋时都会找风水先生实地勘察方位并择吉日以求吉利和对建房的重视，这一传统得以延续是因为住宅对于村民来说是一代人甚至几代人的积蓄和物化的寄托根基。风水在某种程度上具有较多科学合理的方面，诸如选址、朝向等，不仅包含有中国传统的哲学思想，还包括了现代景观学的理论。

本案的选址位于原有老宅基地的基础上，属于典型的小土坡丘陵地形。住宅背靠小山坡，宅前有农田、小溪流，住宅的右前方有池塘。有山有水，这样的乡村景观生态美学与风水的要求不谋而合。住宅的朝向最终选取了西向，有三个方面的原因：首先，小山坡位于东南朝向，需因地制宜。其次，经相关数据研究表明，该地区属于全国日照时间最少的地区，这一因素与四川人个子不高有一定的联系。因此，通过建筑的朝向，可以主动有效地增加未成年人每天活动时的日照时间，对未成年人的成长，尤其是骨骼发育有一定的积极作用。第三，由于丘陵地区的农作物无法像平原地区那样高效集约化栽种和收割，因此朝西向的院坝就成了最为重要的农作物晾晒场所。西向的院坝可以获得最长的日照时间，以保证春耕秋收农忙季节的顺利开展，尤其是以玉米、稻谷等为主要农作物的农村地区。拥有一块空旷向阳且距收仓操作距离最短的院坝，将是一个最为重要且利用率最高的功能场所。

此外，宅基地周围有浓密茂盛的慈竹、洋槐树及部分瓜果如柑橘、葡萄等。为了保持原有的乡村生态环境，这些绿化均得到了保留。植物不仅可以美化环境，而且还能很好地净化空气，在寒冬季节，慈竹还可以作为屏障起到阻挡寒风的作用。乡村的这些植物都是经过若干年自然生长的，较少的人工种植栽培干预，能更好地对环境起到自我调节及生态循环的作用。

2　住宅功能布局设计

住宅设计均以家庭单位作为设计前提，尤其是农村住宅，家庭的人口数量直接影响住宅的面积以及功能布局。在传统的川东民居中，房屋布局形式多为三开间左右对称式布局，中间开间为"堂屋"，兼具起居与会客的功能，大体与现今的客厅功能相近。这种三开间有堂屋的布局形式受传统的"穿斗式"木结构的影响，密集的柱子布局有利于民宅房间墙体灵活多变的自由组合布局。

本案总用地面积约为 300m²，总建筑面积 156m²，院坝约 90m²，卧室及堂屋面积 90m²，仓储 20m²。共设一间堂屋、三间卧室、一间书房、厨房、餐厅、两卫生间、一间粮仓库房及家畜饲养房。建筑布局上，形成东面与南面建筑半围合形式，配合北面的竹林，恰好形成了三面围合的布局形式。功能分区上，东面正房以生活起居等较为温馨干净的活动区域为主，同时外观上能充分体现建筑的体量感和形式美感。南面偏房以家庭生活服务配套及农作劳动为主，外观上仅作为补充以打破正房的单调感，以此映衬正房的主体形象。整个住宅设计强调干湿分区、动静分区、人畜分区，同时做到功能布局合理、日常活动路线最优的设计处理，以改变以往农村地区住宅布局不合理以及脏乱差的生活现状。

东面为正房主体，为主要的生活起居区域，强调干净、整洁的居住生活空间。为了强调正房的开间尺寸及高度，延续了传统川东民居的三开间布局，保留了堂屋。同时，为了丰富正房的空间层次，在堂屋的外围设置了凹形门厅空间，将室外空间与室内空间进行延伸过渡。当春天雨季来临的时候，可坐于此，远眺门前的一片春意盎然的景色，而在夏季则可用于户外遮阳休息，并适当缓解由于住宅朝西导致过多阳光进入室内的问题。该案例住宅以典型的六口之家为设计依据，其中一对老年夫妇，一对年轻夫妇，两名小孩。因此，在左右开间依次设置了老人房、主卧、儿童房及书房，每个房间互不影响，堂屋作为中间公共区域，可以最短距离到达，方便家庭交流。在卧室布局中，对以往受制于"穿斗式"结构的门窗朝向及房间大小均按照当代人们的起居生活习惯并结合人体工程学进行了改良，可以有效提高生活质量。最为重要的是由于传统建筑的开窗较小，导致这一地区的许多孩子从小视力不佳。对窗户位置的调整及适当增大窗户面积等积极的改善措施，将有利于青少年在成长过程中视力的改善。

南面偏房设置日常用水及农作劳动相关的功能用房，如餐厅、厨房、厕所、家畜饲养房及临时杂物房，与正房做到干湿分区、人畜分区等处理。作为正房之外的补充用房，偏房在体量和形式美感上均有弱化。厨房的设计对于新农村的环境可起到至关重要的作用，因此，优化和改良厨房显得十分重要。

由于本案所属的村镇暂未安装天然气，大部分农户主要以柴火、电为能源。鉴于此，厨房的布局就必须要考虑能容纳柴火的备料堆以及能使用电能如电饭煲之类的操作台面，同时还需预留天然气灶的操作台。电能与天然气的使用大体与城市居民相同，但柴火则是这一地区独具特色的方式。柴火主要是农作物秸秆以及枯枝木块等，可作为生火的能源，此类能源因为季节性强、属废物利用几乎无经济成本、容易获得、柴灰还可用作肥料以及可持续等因素而广受这一地区农户欢迎，同时，利用柴火配合铁锅做出来的菜肴口感更佳。所以，柴火是该地区一年中使用最多的能源。但柴火，尤其是秸秆之类，体积大且灰尘多，极易造成厨房脏乱。因此，需在厨房的角落设置专门堆放柴火的备料堆，以解决堆放混乱的问题。此外，还应做好厨房排水的室内标高设计。如柴火备料堆角落要明显高于用水区、撒落水区域，出水口处与备料堆设置需保持一定距离以便做到干湿分区等。所以，厨房的使用面积要求较大，本设计案例中厨房约有 14m² 的空间，方能满足家庭所需以及不定期举办"坝坝宴席"之用。

餐厅的设计则更多地尊重和延续这一地区传统民居中就餐礼仪对空间的要求。川东农村地区风俗习惯中的餐桌摆放以 1m 见方的八仙桌配以四条长条凳为布局格局，每方位坐二人，共八人。面对餐厅横梁的北面方位为长辈或客人就座席位，晚辈须坐在其余方位。这一传统餐厅格局要求空间趋于正方形且以独立设置为宜，做到传统习俗中追求的四方体面。

粮仓库房则是农村地区住宅设计考虑的一个重中之重，因为存仓是每户家庭丰收后必不可少的环节，且使用频率高，面积需求较大。为了解决农村地区农具等摆放杂乱的问题，特意设置了 20m² 的偏房用于各个季节农作物的存仓及农具摆放，做到井然有序，以期引导和逐步改善杂乱的印象。

南面与东面建筑连接的区域设置了用于晾晒农作物的院坝，作为开敞式公共区域，在农闲时可作为家庭或者邻居及亲朋好友户外活动的场所，也可作停车场使用，农忙时则可作为晾晒农作物的重要场所，此外，这类院坝也是四川农村地区较为流行的"坝坝宴席"的重要举办场地。与西方庭院的草坪相比，川东民居这类院坝承载的实用功能似乎毫不逊色。

3　材料及装饰细节

该新农村住宅设计沿袭了当地传统的川东民居风格，但随着时代的变迁，能够延续这种传统做法的工艺已逐渐失传。绝大多数的农村年轻一代选择了外出打工或在大城市完成学业后选择了留下。因此，本案仅在外观形态上"取其形"，采用了传统民居风格的装饰手法，但建筑结构则使用了砖混结构。首先，这种砖混结构施工成本较低，且施工效率高；其次，传统的穿斗式木结构在尺度、隔声、防盗、坚固耐用以及后期维护等方面已经无法与砖混结构相比，且无法适应现代人们的生活方式及功能要求；第三，由于该地区传统建设工艺的逐渐失传，已经很难找到拥有这类施工技术的工匠；最后，在经济效益方面，木材价格的不断上扬，在追求批量化、建筑成本的时代背景下使得木结构在农村建房中逐渐被淘汰。

住宅的屋顶依然沿袭传统川东民居的双坡屋顶，采用传统的木质檩条上敷设陶制筒瓦。这样有利于春夏雨季的自然排水，同时也减少了平屋顶屋面必须要做防水的施工成本。同时，从视觉审美的角度，坡屋顶屋面与小丘陵环境及地貌更为协调，而不会使人感觉突兀。另外，将传统的小青瓦改为陶制筒瓦，其优势在于陶制筒瓦的安装更为牢固，质地更为坚硬，可有效解决小青瓦因受到大风、大雨或树叶等的吹刮导致脱落；从生态环保的角度来说，小青瓦由于是黏土烧制而成，对农村地区的耕地有破坏作用，所以国家已经明文规定禁止大面积使用青砖青瓦作为建筑材料，仅特殊建筑可不受此限制。

为了增加光照时间，获得更好的自然照明，窗户的设计尺寸较传统窗户有了较大的提升。其次，考虑到防盗安全，在窗户外设置了传统"回"字式的防盗外窗，能增强川东民居的形式美感。

4　总结

本文关于川东丘陵地区新农村住宅设计的实践研究主要体现在以下几方面：首先，在前期设计阶段，深入对该地区的各方面进行实际调查，避免了"纸上谈兵"缺乏实际调查的设计缺陷。其次，在规划选址上尊重地方风俗，尊重乡村生态环境，因地制宜，降低经济成本并兼顾美学原则。第三，功能布局上，从使用者的角度出发，以农村生活及劳作习惯为前提，结合与时俱进的理念，通过干湿分区、人畜分区、生活劳作分区等达到布局更优化、使用更合理、环境更优美的原则，而不是纯粹照抄照搬其他地区的建设模式，尤其注重存仓等功能用房的布局。第四，在材料及细节上，对原有的材料进行合理替换以达到经济效益并符合新时期的材料规范要求，对原来的传统建筑中如开窗及朝向、尺寸等进行优化改良，以达到在沿袭传统美学的同时又能适合新时期的功能使用要求。通过以上这些措施，对这一地区新农村建设，包括改善住宅环境及生活习惯、提高生活品质，起到了一定的积极作用和指导意义。

参考文献：

[1] 杨敏. 新农村住宅建筑的空间功能设计与规划 [J]. 中外建筑，2013（12）.

[2] 李晶. 新农村民居设计的探索 [J]. 江西建材，2008（4）.

[3] 范冬英. 新农村住宅设计策略研究 [J]. 安徽农业科学，2010（18）.

地域性现代建筑设计思路探索

广西艺术学院　杨永波

摘要：与世界经济合作战略的深化和国家"一带一路"经济战略的开展，中国正以一个新兴经济力量的面貌快速发展。随着经济的腾飞，国际化高楼大厦占领了这片土地。然而，当这片土地变得"现代"起来的时候，它的"魂"却显得失落。我们并不希望固有的民族特色被高楼大厦所埋没。在建筑设计上如何才能达到顺着时代的脚步来塑造民族地域文化特色？关于这个难题，众多建筑研究和实践者都在不断地探讨和尝试。作为他们中的一员，笔者将向重视地域文化的建筑设计大师"取经"探索一条设计思路，为设计理论添砖加瓦。

关键词：地域文化；现代建筑；传统建筑

"建筑学，说白了很简单。就是形式、空间、光线和运动，还有细节。它就这么简单。但是和这些要素相比更重要的就是你要在哪个地方建造。"这是贝聿铭先生对建筑设计的一个重要认识。地域文化的体现是建筑设计界永恒的话题。我国是一个多民族聚集的国家，随着与世界经济合作战略的深化和国家"一带一路"经济战略的开展，中国正以一个新兴经济力量的面貌快速发展。随着经济的腾飞、城市化建设的拓展，标准化、国际化建筑占领了这片土地。然而，当这片土地变得"现代"起来的时候，它的"魂"却显得失落。不同地区建筑失去自身特色而趋于一致是现代城市建设中的一大问题。我们并不希望固有的民族特色被高楼大厦所埋没。但是社会的进步、时代的变迁也决定了机械地复制原有的形式是行不通的。在建筑设计上如何才能达到顺着时代的脚步来塑造民族地域文化特色？关于这个难题，众多建筑研究和实践者都在不断地探讨和尝试。作为他们中的一员，笔者将向重视地域文化的建筑设计大师"取经"探索一条设计思路，为设计理论添砖加瓦。

1 地域性建筑设计需要把握地域文化的要点

地域性特征代表着一个地方的文化背景和传统，展示的则是这片土地的历史。而建筑是人类在自然环境中活动的一大产物，无论是人类在物质还是精神层面的活动，都与它息息相关。因而建筑往往在历史文明长河中将地域文化逐渐凝结于一身，形成一种代表性符号，并由此产生感召力，使得生活在这片土地上的人们形成精神归属感。因此，可以说，地域文化就是建筑的灵魂，其重要性不言而喻。然而，建筑地域文化的体现可以说是历史的沉积，体现人们的意识观念，要能把握住其中的要点并不是件容易的事情。

"如何回应环境"可以说是贝聿铭把握传统建筑地域文化的切入点。对自然环境的回应，这是所有人类文化的原点。建筑作为人类文明的一大印迹，记录着人们关于周围环境的认识，因此能从传统建筑中能寻求到这一答案，那么我们就可以把握住建筑地域文化的要点。多哈伊斯兰艺术博物馆案例中，生动地展示了大师的这一思考方向。卡塔尔是中东国家，伊斯兰文化对于贝聿铭来说是陌生的。他来自东方，受教育则是在西方，几乎没有接触过伊斯兰文化。在这种情况下要把这么一个伊斯兰文化的标志性建筑做好，必须要把握好该地域的文化要点。为此，他阅读《穆罕默德生平》等著作了解文化背景，深入伊斯兰世界，研究什么是伊斯兰建筑。科尔多瓦清真寺被誉为伊斯兰建筑巅峰之作，但贝聿铭并不认为那些华美的《古兰经》手书文字和纹饰能代表伊斯兰建筑，伊斯兰建筑的形式还有很多种。通过分析，他最终从各种伊斯兰建筑中找到一个共性，那就是阳光。由于伊斯兰国家所处北回归线附近干旱少雨，沙漠环绕，强烈的阳光和沙漠的映照成了那里独特的光环境。伊斯兰建筑则以几何体的组合形式来回应阳光，让丰富的体块迎着一天不断变化的骄阳创造出奇妙的炫光魅影。最终，贝聿铭在开罗找到了伊斯兰建筑的典范——伊本图伦清真寺，它的几何式建筑形式简洁、组合纯粹而富有韵律，在不同角度的阳光照射下展示出多变的形态。伊本图伦清真寺的净身喷泉也成了多哈伊斯兰艺术博物馆的蓝本。

无论是哪个地域文化都具有独特性、丰富性和多样性，从建筑的角度去把握地域文化除了要具有文化背景知识，还必须练就一双挖掘文化要点的慧眼。将对地域文化的了解升华到一种认识，这是非常重要的，大师身体力行地在这方面向大家展示了一个思考的方向。把握地域文化要点是成就现代地域特色建筑设计的关键，有了它的指引，建筑设计才能产生地域文化内涵，而不是传统建筑的表象，才能在建筑设计上达到地域文化的传承。

2　地域性建筑设计要学会做出改变

"为了向传统致敬，必须做出必要的改变。"这是贝聿铭在为苏州博物馆做设计时说出的一句话。但凡具有深厚文化背景的地域，要为它进行建筑设计总免不了背负起沉重的文化包袱，难以摆脱原有的框架。纵观贝聿铭的设计作品，从香山饭店到苏州博物馆、从伊斯兰艺术博物馆到美秀博物馆，你只能说它们都很像传统的地域文化建筑，但仔细一看，这些建筑中每一样都是现代的，建筑体是有机的几何形态，材料是钢筋、玻璃、混凝土。特别是巴黎卢佛尔宫金字塔入口，表面上看它完全就是一个与法国古典主义风格格格不入的现代玻璃体。这是一个大胆的改变，改变得让人目瞪口呆。然而，水晶金字塔其实是对原有设计和文化最大的尊重。在17世纪时，曾设计圣彼得大教堂的设计师贝尼尼也应邀为卢佛尔宫设计正面建筑方案，但是他夸张的巴洛克风格最终并没有得到法国人民的认可。卢佛尔宫的艺术形式已经达到了无以复加的程度，于是贝聿铭运用了与贝尼尼截然相反的设计方式——减法。他用能够映照天空的玻璃金字塔为这个结构紧密、有着严谨秩序和比例的"U"形建筑群营造了"留白"效果，视觉上出现了强有力的节奏感，形式上让这个古老的建筑焕发出了新的升级和活力，同时，在造型上，金字塔的形状将四周建筑的宏伟气息聚集起来，形成了以金字塔中心为轴线的力量。一改卢佛尔宫老去的势态，更强化了其作为

一个艺术殿堂在人们心目中的分量感。这就是改变的力量，它不仅没有起到破坏的效果，反而将法国这一地域文化牵引到了积极向上的态度上去。

改变是有原则的改变，这一原则就是地域文化的要点。破坏这些要点的变化丝毫都不可以出现，有助于这些要点表现的变化要不断地强化。改变是为了不变的地域文化精髓。那些尽可能保留原貌、取舍不定的做法只能让地域文化变成一种负担。让现代建筑穿起传统的"衣服"，用标签的方式硬生生地打上传统的符号总是适得其反。变化总是免不了的，改变和发展本身就是我们民族文化的一大特点，我们总是在学习中发展自我经济，文化如此，建筑文化也如此。塔这一为国人所熟悉的建筑就是一个外来的物，在公元1世纪以前，在中国大地上是没有"塔"的，"塔"字也是梵文"Stupa"随佛教来到中国，并由隋朝翻译家翻译而来的。佛教在东汉时期传入中原，塔作为一个建筑形式出现在东方大地上。在不同文化背景、不同建筑传统的地区下，塔出现了各种形态。受中国建筑形式的影响，早期的中国佛塔基本都是楼阁式塔，其次有密檐式塔、覆钵式塔、金刚宝座塔、华塔等。

因此，发展地域性建筑需要学会的是如何去改变而不是一味地保留。

3　地域性建筑设计中传统与现代的"融合"型变革

地域性建筑设计是一个"如何追溯历史而同时展望未来"的问题。地域性是传统留下来的文化特征，"现代"代表着变迁，是社会不断前进的脚步，"现代"对未来会有更多的思考。传统和现代是一对矛盾，没有传统，现代的脚步就不会扎实，未来就显得迷惘；不讲求现代，传统则成为沉重的脚镣，让未来远不可及。社会发展、人类文明终究要走向未来，这是历史发展的必然。只有传统和现代完美地融合在一起相互作用，地域文化才有美好的未来。建筑应该如何将传统和现代融合在一起？现代建筑与传统建筑已经截然不同：钢筋水泥玻璃幕墙，结构和材料的工业生产、标准化机械工艺流程、紧凑的工程节奏等的现代建筑都跟手工艺、人力构建方式的传统建筑大相径庭。现代建筑是工业化的结果，而传统建筑是手工艺的结果，这造成了两者间风格具有明显的冲突：工业化的机械、理性、标准化成就了一种公式计算般严谨精密、纯粹明了的样式；而手工艺是工艺师的手工作业，用料天然、感性，其手工技艺形成了细腻、自然、惬意的感觉。因此，用工业的手法去表现传统建筑形式是不太恰当的，同样地用传统的"秦砖汉瓦"套在现代建筑身上也只能是装腔作势而已。

现代建筑融合传统建筑的地域特点不在于表象而在于追求气韵。这一点在苏州博物馆屋顶用料之争上就得到了充分的体现。"粉墙黛瓦"水墨风韵是徽派建筑的主要特征，贝聿铭为苏州博物馆的屋顶选用的是切成薄片的石材。

这让所有人为之震惊，人们觉得没有了小青瓦还怎么算徽派风格。在此，传统与现代出现了冲突，瓦片是徽派风格的代表，但它又是属于传统的，是匹配于木梁结构的屋顶，瓦片片片相扣形成一个稳固的覆盖面。但现代建筑的屋顶是水泥浇筑的平面，瓦片已经没有了原本的结构依托，而且为了表现苏式建筑群交错变化的灵动的形态，博物馆顶部做出的形状变化是厚重的瓦片无法达到的，而且瓦片是手工艺品，极难形成标准的样式，难以融合到现代建筑中去。

　　屋顶石材选用的是灰色的花岗石。虽然是由机器切割标准成型，但是其灰黑的色彩蕴涵了青瓦的"墨迹"。雨天中，花岗石屋顶还能被渗透成黑色，在烟雨中将苏式建筑水墨气韵体现得淋漓尽致。与建筑的传统特色相融合不在形式上，形式是变化的，不变的是气韵。现代建筑设计要站在地域文化上，就必须用现代的方式来思考。因此，当地域性建筑设计发生传统与现代的冲突时，千万不可生搬硬套、相互妥协。这种做法并不会达到好的效果。"融合"是你中有我、我中有你的形式。地域性建筑设计汲取传统建筑养分是现代建筑向传统靠拢，而当传统建筑元素向现代建筑形式推进时也必须作出相应调整，无论是结构形式上还是材料形式上，必须符合现代建筑的特色，但是万变终离不开传统应有的"气韵"。只有这样，无论是现代的形式还是传统的内容，才能很好地融合在一起，共同诠释地域传统的精髓。

4　小结

　　大师是一个善于因地制宜的设计师。他的设计是站在现代的角度去学习传统，感受地域文化，创造未来的过程。他尊重地域文化，敬仰传统，但又不以此为包袱，他对现代设计手法的运用游刃有余，将现代建筑根植于地域传统中，让建筑得以辉映历史。贝聿铭也从来不赶时髦，不以流派和思潮来主导自己。他坚信建筑的灵魂来自于它所以矗立的地方。贝聿铭总是谦虚地说让他的作品接受历史的验证，而这些作品正如里程碑一样屹立在历史长流中。地域性现代建筑设计是建筑业界的难点和热点问题，大师以该课题为世人做出了范例，作为后辈，我们应研习大师的优秀作品，寻求其地域性建筑设计的思路，力图跟随前人的足迹，并走出一条属于自己的道路，为民族地域特色建筑设计领域贡献一分力量。

参考文献：

[1] 黄健敏. 回响与重现——体验贝聿铭暨贝氏建筑事务所设计的苏州博物馆 [J]. 时代建筑，2007.

[2] 禹航. 巴黎卢浮宫博物馆扩建工程玻璃金字塔再解读 [J]. 建筑实践，2013.

[3] （美）肯尼思·弗兰姆普敦. 现代建筑：一部批判的历史 [M]. 张钦楠，陈谋辛，张国良等译. 北京：生活·读书·新知三联书店，2004.

构建地域文化特征的陈设品设计形式和使用体验
——以广西特色室内毯设计为例 *

广西艺术学院　贾思怡

摘要：随着建筑空间设计进程的发展和逐步国际化，陈设品的行业地位也越来越重要。本文通过对广西特色室内毯设计的实践，探讨如何通过叙事性设计方法，构建具有地域文化特征的使用体验，使陈设品设计的形式与内容和谐统一，从而达到最佳的展示和体验效果。

关键词：地域文化特征；陈设品；设计

陈设品艺术一直伴随着建筑文明而发展至今，是一个历史古老而又极具发展活力的行业。事实上，陈设品和建筑空间是密不可分的：陈设品从属于建筑空间，没有陈设品的建筑空间是缺乏意义和价值的，只有深入研究建筑空间与相应恰当的陈设品的相互呼应关系，才能取得优质的设计成果。对于目前的陈设品行业来说，挖掘地域文化特色，强调以使用体验为核心的陈设品设计是一种有效、快速、符合地方发展要求的设计方法，在达到辅助建筑空间的目的的同时，激发人们了解陈设品设计的热情，有助于陈设品行业的推广和深度化发展。

1　以地域文化特征的呈现构建设计形式

1.1　地域文化特征与设计形式的关系

在建筑空间设计的发展过程中，原本特有的地域文化认知感官元素和构成结构受到了很大的冲击，传统城市或乡村等空间地域特征或者解体，或者慢慢地丧失活力，特别是经历了 20 世纪 50~70 年代的大肆破坏、漠视之后，传统的多样性已经逐步消失。不难发现，在中国，从南到北，建筑空间设计及陈设品设计形态的差距逐渐缩小，特色越来越缺少。对于现今陈设品设计而言，挖掘地域文化特征，并汲取这种区别于其他地区地域文化的自然或人文元素，形成具有地域文化特征的设计形式语言，可以唤起人们的兴趣和情感共鸣，并构筑起主观文化认同的心理空间，更好地突出建筑空间设计的特色，从而取得更好的传播效果。

1.2　以地域文化特征为设计元素的形式转译

地域特征的发掘和形式研究可以从当地有代表性的自然或人文等物质与非物质文化着手，选取视觉形态特征强烈的结构、材料、形象、肌理、色彩等物质载体进行重新转译，并以二维符号的形式运用于陈设品中。以代表性的材质、形态、色彩等来构成具有地域文化特征的陈设品。在广西特色室内毯的设计过程中，提取了广西本地具有很强特色的地理风貌、自然气候、民俗礼仪等元素。在设计内容和形式上，以充分把握这些元素的地方特色、历史典故的传承和变异来体现设计主题。如桂林山水有"甲天下"之称，漓江风貌更是其中之精华，其中有两段非常著名的景区：象鼻山景区和兴坪景区。象鼻山景区山被称之为桂林山水的象征，因酷似一只站在江边伸鼻豪饮漓江的巨象而得名。兴坪景区的翠竹、倒影及绿水青山构成了漓江的压轴美景，也是以 20 元人民币的背景图案而闻名。在"桂林山水双桌毯"作品中，毯面版心图案采用这两个景区的

* 基金项目：2015 年度广西高校科学技术研究项目"桂黔地域文化元素在现代陈设品中的运用研究"（项目编号：KY2015LX219）。

象形连绵山体、竹群、江面、夕阳等形象，呈现一冷一暖的色调。桌毯上端采用桂北瑶绣祥云纹样、铜鼓翔鹭纹，桌毯下端采用瓯骆文化的傩戏面具元素：瞪眼、长鼻、张大嘴等。这种突出地域文化特征的设计手法既表达了设计主题，又与桌毯这种上、中、下三段式的地毯形制相结合。

把地区的历史遗风、民俗遗物进行研究挖掘，并整理成可资利用的二维形态和造型符号语言，也是陈设品的设计方法之一。如在"鼓面纹圆毯"作品中就采用了大量壮族铜鼓的鼓面纹饰。铜鼓是一种具有特殊社会意义的大型古铜器，它原是一种打击乐器，以后又渲化为部落权力和财富的象征，在广西非常常见，至今某些氏族部落在节庆期间仍在使用。此款圆毯一共分为三层纹饰：太阳纹、如意纹和举手人纹。最中心的是太阳纹，太阳纹是铜鼓最普遍的鼓面中心纹饰，太阳纹光芒细长如针，呈发射式中心排列。第二层是如意纹，如意纹也是铜鼓的常见纹饰，常见于鼓身上端，围绕成一圈或两圈，这种铜鼓如意纹与北方的如意纹风格截然不同，具有活泼、圆润、饱满、主观处理意识强等南方地域特征。最外一圈是举手人纹，也是鼓身上常见的纹饰，在广西出土的陶器和崖画上也经常可见这种纹饰。在这款地毯的设计中，片段地移植这些代表性的纹饰，在毯面上有序展示这些纹饰，营造了强烈的广西古风意境，使人们留下深刻的印象，并能够在建筑空间中获取属于壮族的特有信息。

2　陈设品设计的叙事性设计

地毯通过材质、图案、大小等视觉元素将设计主题传达给人们来实现展示目标，但仅仅有以上方法是不能确保展示目标有效实施的。由于受自身环境、性别、利益、职业、年龄等条件的限制，大多数人对地毯仅仅停留在"美不美"、"好不好用"等阶段，而未能从环保利用、先锋艺术、空间中心的层面上进行更多的认识和参与。

叙事性设计是近几年来发展起来的一种设计学说。叙事性设计就是讲故事，其中"事"指一种超越语言和文字的情感共鸣。[1]叙事性设计强调事件发生中构成"事系统"的各个要素是如何相互影响、共同作用的。[2]在地毯设计中，"事系统"主要是指能够引起人们情感共鸣的视觉符号及二维空间构建，使地毯主题和形式紧紧以"共鸣"和"参与"为中心，能激发人们使用时的关注甚至参与的热情，让人们体验到触手可及的另类效果，可以使设计主题更加鲜明有趣、令人难忘，使人们的体验更加丰富多样。在广西特色室内毯设计中，主要依据羊毛手工枪刺技术和丙纶混纺技术，贯穿广西地域文化特征分别设计了"南宁邕系列"、"民族主题京式系列"、"漓江桌毯"、"建筑壁毯"、"特色纹饰块毯"、"民族风情喜毯"，同时根据广西的历史、地理、文化，分成"自然广西"、"建筑广西"、"人文广西"三大主题。这三个核心概念是整个系列的主题框架，综合

体现了当地地域文化特征。如人文广西系列中的"壮族女服"车座毯，这不是简单地展示民族服饰，而是通过车座毯讲了一个服饰主题小故事，选取了穿着民族服饰的人物形象来契合人们坐在车座毯上的行为，借助这种重合互动，使人们产生一种共鸣，即有兴趣观察壮族服饰的款式，研究其特点，留下难忘的使用体验经历。目前，这款车座毯已经被南宁某展览公司订货，并约定设计方将继续设计开发"壮族男服"、"瑶族女服"、"瑶族男服"三个系列，这批车座毯专门用于该公司接送外地嘉宾的车辆车座上，以进一步显示该公司的经营范围。

3　以使用体验为核心的展示体验策略

3.1　陈设品的展示模式

在陈设品中，无论是以代表性的地域文化资源为元素提炼的视觉符号，还是有叙述情节和趣味感的二维空间构建，其目的都是要引导人们除了要了解陈设品的实用功能之外，还应该逐渐关注陈设品的美学价值、陈设品与建筑空间的互动关系等。地域文化特征的陈设品在设计方法上要策略性地根据对当地人们的心理研究，采用经过艺术处理或技术处理的展示模式，帮助人们在使用过程中自然而然地形成使用习惯和欣赏水准，提升自身美学修养和评判标准，再分阶段地满足人们不同的需求，如吸引、赞赏、激励、教育、授权等阶段，为一些愿意参与设计建筑空间的人们提供了主观进入平台的可能性，使他们可以通过陈设品亲身投入所要了解的美学领域中，这也有助于更好地发展陈设品艺术市场、培养后续设计人才。陈设品中以"使用体验"为中心的设计方法是确保以叙事性设计为主的展示模式有效实施的关键点，展示模式概念注重设计主题与人们的文化相关性和体验经历的质量，而不是过多地强调陈设品的功能性。如瑶绣主题的车后备厢垫毯，原型是一款 $50m^2$ 的以广西瑶绣为主题的京式手工满铺型地毯，其羊毛含量达 90%，主色调为瑶绣中常见的粉红色等纯度非常高的颜色。因购买者喜爱瑶绣，原型地毯唤回了其对民族文化曾经的感情，尤其对毯面的瑶绣团花和蝴蝶图案非常有共鸣，于是产生了要设计一款适合自己的私家车后备厢垫毯的想法。在陈设品设计师的帮助下，他对原型地毯所有的图案进行了取舍，重新组织了若干个图案的构图分配，重点强调了他所喜爱的团花和蝴蝶图案，同时，为了降低制作成本，这款垫毯从原型地毯 90% 羊毛改成 90% 丙纶，制作成本降低了 40%。为体现立体浮雕感，还在团花图案中加入片剪技术。为适应车后备厢搬运东西等实用需求，把原型地毯的主色调粉红色改为现在的黑色，并降低原本若干颜色的纯度，以保持图案与黑色背景的和谐。

3.2　陈设品的体验模式

以广西特色室内毯为例，展示内容的重点和亮点是通过毯面设计图案、创意、材质，采用先进的制作方法和

一系列的艺术创作方式，与建筑空间和谐共处，使人们感受到其氛围，激发人们的兴趣，并在主动参与的气氛感染中使用地毯。在构建陈设品的体验模式中，应体现两个方面的特点：一是展示内容的层次化和逻辑性都要体现于优美和谐的毯面图案及各自构图中，同时每一个图案应叙事性强、层次感强，可以使人们有研究的兴趣、能轻易理解展示内容；二是通过一系列多款、展示耳熟能详内容的毯面，让人们自然而然地找到与自身的情感联系：或怀旧，或激励，或创新，或特异，从而理解陈设品设计，进而理解建筑空间设计和自身的栖居环境，寄予美好的情感和希望。

4　总结

优秀的陈设品应该能够代表所在建筑空间的实用功能、经济投入、美学水平、理念意识及固有性格，并能突出自身特点甚至形成视觉中心。陈设品不应对建筑空间喧宾夺主，应体现修饰、吸引、互动为主的设计理念，帮助人们了解建筑空间和陈设品设计，使人们在使用过程中得到有趣的经历，并去研究、思考、热爱、保护这些就在身边的优秀地域文化成果。广西特色室内毯的设计就是基于这种动因，其呈现方式具体落在了具有强烈地域文化特征的图案语言和兼具功能及体验为核心的叙事性二维空间构建上，确保在陈设品市场并不十分发达的现状下，仍能以鲜明的特色和适当的价格让人们积极参与其中，并最大限度地满足了各方面的要求。

参考文献：

[1] 卢健攀.基于用户情境体验的叙事设计方法研究[J].艺术与设计（理论），2011（10）.

[2] 李扬，钟蕾.基于动态情境假设的叙事性设计方法解析[J].艺术与设计（理论），2013（8）.

广西民族传统建筑形式的创新设计尝试
——以广西南宁青秀湖文化长廊为例

广西艺术学院　陈　罡

摘要：广西自古以来就是一个多民族聚居地区，丰富的物产资源和相对比较复杂的地理环境令当地居民运用自己的智慧创造出了各种各样适合本民族文化习性和地域特色的建筑形式，并以此生活了上百、上千年，其中富含民族元素的建筑形式具有极强的识别性和相当高的艺术价值，也是确定文化特性、激发创造力和保护文化多样性的重要因素。通过对广西民族传统建筑、广西旅游资源、广西周边地理生态环境以及广西非物质文化遗产等进行调查研究，将这些研究结果进行归类整理及相关分析，在建筑美学及建筑结构规范的前提下，本着民族传统形式在建筑中的创新原则，将这些民族元素深化加工提取，发掘广西民族元素的综合性价值，结合周边地理位置、生态条件及交通环境将其创新应用到建筑设计中去。

建筑形式在符合功能性要求的前提下进行融合文化的创新是建筑设计成功与否的路径之一。以青秀湖文化长廊为基础，通过对民族传统建筑的整理分析，在设计阶段中积极探索多种设计思维，以更多的途径发展具有创新思维的广西民族传统形式建筑，使广西民族传统形式建筑在城市公园环境中具有和谐统一体现公共休闲景观建筑的特色，以及在设计实践中的若干思考，探索民族地域建筑形式的创作路径，并具有可持续发展的独特魅力，丰富我国建筑设计中的内容体系，探索创造广西建筑的现代地域语言。

关键词：广西民族传统形式；创新；建筑设计

0　引言

要了解广西民族地域传统建筑，首先要了解广西的自然环境及民族概况。广西地处我国南疆，简称"桂"，总面积为 23.6 万 km^2，位于全国地势第二台阶中的云贵高原东南边缘，两广丘陵西部，背靠大西南，东与广东毗邻，东北与湖南接壤，西北与云南、贵州相连，西南与越南交界，南临北部湾，是全国 14 个沿海省市区之一。境内地形复杂，以山地为主，喀斯特地貌广布，盆地和平原面积较小，"八山一水一分田"概括了广西总的地貌形态。

广西首府为南宁市，是一座风光秀丽、历史悠久的西部边城，为广西的政治、经济、文化中心。南宁历经 1680 多年的时间洗礼，凝聚了深厚的历史文化积淀，已发展成为一座清新灵秀、洋溢现代化气息的新兴都市。南宁毗邻粤港澳，背靠大西南，面向东南亚，是链接东南沿海与西南内陆的重要枢纽，也是西部各省区唯一沿海的省会城市，更是中国走向东盟的前沿城市。南宁自古以来就是中国的边陲重镇和著名商埠，历代州、郡、府和省会都以南宁为驻地，从东晋大兴元年（318 年）伊始，南宁建制距今已有 1680 多年。唐贞观八年（634 年），南晋更名为邕州，设邕州下都督府，南宁简称"邕"由此而来①。南宁全市聚居壮、汉、瑶、苗、侗、仫佬、毛南、回、京、彝、水、仡佬等 12 个民族，可谓山清水秀、文化多样、族群繁盛。

---

① 来源于互联网。

文化对建筑的影响不言而喻，下面对建筑形式概况作进一步了解和分析，其目的是探索现代城市环境传承民族传统建筑建立的重要性和必要性，并在实践中为民族传统建筑的创新发展作出应有的努力和贡献。

1　广西民族传统建筑形式的创新途径探索

1.1　创新途径的探索及要素

创新是设计的本质，民族元素主要可以分为物质元素和精神元素，在建筑设计中对民族元素的融合创新设计途径又增加了可持续发展元素这一大类，我们在进行广西民族传统形式建筑的创新时就要从这三大类的元素入手：一是物质元素的引用抽取，如对传统的建筑形式、结构、材料、构件、传统的服饰纹样、器具等物品进行符号化处理，是一种比较直观的对民族元素进行利用的创新手法；二是精神元素的创新，如通过民间传说、神话故事以及当地的文化定式、风俗习惯等，提炼精神内涵，赋予建筑一种精神依托的存在作用；三是建筑材料和结构形式遵循节能环保原则，使建筑在功能性上合理，在环保创新上合格两不误。

随着人们物质生活水平的不断提高，人们在需求建筑的基本使用功能的同时，对建筑的形式外观认知也有了极大的提高。人们已经逐渐意识到千篇一律的"方盒子"已经不能够满足民众对建筑形式外观的要求，利用丰富的广西民族元素，在符合建筑力学的前提下，进行外观创新设计，使其具有极强的艺术性与独特性，从而提高建筑的认知度和知名度。

建筑的外观形式是基于其建造合理性和使用功能性而存在的，建筑设计本身就是基于艺术与技术之间的一门实用性学科，所以我们在建筑外观形式确立时，必须考虑到其"意"与"形"能否合理地"组构"，不能一味地寻求独特的外形而忽略了建筑的可行性和建造的经济性。对广西民族元素的提取，创造出具有地域文化特点的建筑形式，具有主观性，而建筑的建造结构及功能需求、经济局限又具有其客观性，如何能达到主观与客观的和谐，笔者在此总结出以下几点要素。

1.1.1　区域要素

广西地区地貌多样，平原、山地、盆地、丘陵皆不胜枚举，民族资源丰富、风俗迥异，每个地区都有其独特的民族物质元素，应在充分考虑当地情况的前提下，提取当地的物质文化元素加以运用，可以适当地进行其他建筑风格的融合表现，考量当地的地质情况来进行建筑的设计建造。

1.1.2　材料要素

广西的祖先们发现天然丰富的树种和茂密的植被覆盖让建筑材料随处可见，所以就地取材，烧土为瓦、立木为柱、劈竹为墙，接连造就了建筑的奇迹。对广西民族传统形式

建筑进行创新设计，就不能不提到材料，在建筑的设计阶段对不同的材料所具备的特性需要进行详细的了解，对于传统材料要有创新的应用，对新材料又需要有传统的体现，例如钢材的张力韧性和可构性强；混凝土材质坚固结实，可塑性强；木材更为符合中国传统建筑的生息理念，能更好地表现传统形式建筑的特点等，这些材料的因素结合经济性的要求和技术要求，作为对传统形式建筑的创新设计指标，才能更为合理地对形式和材料加以组合运用。

1.1.3　自然要素

《道德经》上说：有物混成，先天地生。寂兮寥兮，独立不改，周行而不殆，可以为天下母。吾不知其名，强字之曰道。这里说的道就是说世界的开始，万物的开始，讲求的就是一种存在，自身、自然、混沌，所有的一切都是自然而然的"道"的体现。广西的少数民族建筑讲究自然、随意，村落的规划在这种自然而然的建造中造就了错落有致、乱中有序、层次多样的感觉，建筑本体采用了便捷的榫头组装方式，材料又较为轻便，在需要拆除与搬迁的时候，一些民居建筑往往能以惊人的速度进行搬迁转移。在建筑的创新设计中，遵循自然原则，减少刻意为之，同样是广西民族元素在建筑形式上的一种创新。

1.2　建筑作为精神家园而存在的创新

像世界其他地方一样，唯物质主义在中国大地上迅速蔓延，往日土地上的每一个元素例如一些老牌工厂、传统建筑甚至是宗庙祠堂，这些人们的精神家园被城市发展无情地逐渐吞噬，商品化进程倡导的所谓"破旧立新"使我们逐渐失去了与往日的精神联系，其实这些人们的精神依托和信念载体更应该被合理地保存下来。例如最著名的美国旧金山，在多年前发现数量庞大的金矿，经过一轮野蛮的掠夺式抢挖后矿源枯竭、满目疮痍，现在当地政府把矿区改造成旅游区，保持了矿井、矿车、矿工的生活原貌，作为一个城市的精神象征而存在，让各国的旅游者了解这个城市的发展历程。当然，我们必须知道，不能一味地怀旧和模仿，在一个高度工业化、现代化、全球化的社会，我们更应该创造与现代化社会相适应的精神建筑。在建筑设计中有意识地加入某种连接历史、连接城市文明的精神，重塑人们的历史情节，重构城市的文化自信，重建人们的精神信仰，是建筑作为精神家园而存在的现实任务。

1.3　绿色建筑理念的结合创新

随着城市建设的高速发展和人民生活水平的提高，建筑能耗逐年大幅度上升，已经成为中国能源消费的主体之一。建筑业的发展是以高投入、高消耗、高排放、低效率、难循环为代价的粗放式发展。随着能源枯竭和地球环境恶化的加重，人们越来越清醒地认识到人类与自然必须和谐共存的重要性，建筑设计快速地向绿色环保方向发展，不但能够很大程度地节约能源，更能在保护环境和减少污染

的问题上做出一定的成果。因此，绿色建筑设计是建筑设计未来的发展方向。在传统形式建筑的设计建造中，同样要注意可持续发展问题。

1.3.1 坚持以人为本的建筑宗旨

建筑从最开始的设计，到后来的施工和最后的拆除，应该注重对周围环境的保护，合理利用土地资源，使用无污染的建筑材料，避免对自然环境和人的健康造成损害，尽可能地减少材料的浪费和废料的堆积；其次，建筑内部的布局设计应该更为注重安全性，对建筑的疏导能力和抗自然灾害能力进行深入的推敲。

1.3.2 坚持绿色建筑的共生性原则

建筑应该具备与人和其他生物之间普遍共生的特性。共生本来是生物学的概念，是指一种生物能够在整个生态系统中与其他的生物相互依存的关系，其实中国传统建筑的建筑观本来就强调生息阴阳原则，认为建筑是有生命周期的，跟大地万物一样会经过出生—盛年—衰老—消亡的生命周期，这也是中国传统建筑的共生性原则的体现，我们要把这种原则加以提炼，可以创新出一种自然—建筑—人—动物的共生性建筑形式。

1.3.3 最大限度地利用可再生自然资源

可再生自然资源有如自然风和自然光、太阳能、水能等。在进行建筑设计时眼光要放长远，要考虑建筑运行的长期成本，而不能仅仅考虑眼前工程所花费的建造成本；要考虑到建筑后期对材料的回收利用，要最大限度地满足使用者的舒适度。

1.4 广西民族传统建筑形式的创新步骤

通过对广西民族传统形式建筑的考察与分析，我认为在实际的探索设计过程中应该遵循以下的步骤：

第一步，资料收集。对广西各地民族传统建筑进行实地考察，搜集资料，结合项目实际地理环境，再选择性地到其他地方进行当地传统形式建筑的实地考察，然后通过多方面的途径获取相关信息，如查阅文献、互联网络等。

第二步，综合分析。要从建筑学、民族学、生态学、哲学、心理学、美学等多学科的角度进行资料和构思的综合性分析，确立设计方向与思路。

第三步，创新构思阶段。提取出有创新价值的观点信息后，融合观点进行构思，对民族传统元素进行融入，绘制草图。

第四步，实际设计。通过大量的手绘作业、综合比对、反复推敲，促成广西民族传统形式建筑创新的最佳方案形成。

2　广西民族传统建筑形式的创新设计尝试

2.1　项目概况

本设计是广西南宁市政府的建设项目。项目于2011年9月展开。笔者为此先后赴各地进行了实地考察并采集资料，如龙胜梯田、三江侗寨、容县真武阁、融水苗寨、

山西五台山、悬空寺、陕西大唐芙蓉园等。通过重点对民族建筑、旅游资源、非物质文化遗产等大量民族素材进行收集后，作了对民族元素的提炼和分类整理，对广西民族传统形式建筑有了系统的认识。运用民族传统与现代设计结合的创新设计思维方式，提取并整理了具有广西民族代表性的一些建筑元素，结合岭南风格建筑和中原风格建筑特点，将这些元素融入建筑的设计制作中去。通过前期的手稿绘制、反复推敲后，利用计算机辅助设计，促成了广西民族传统形式建筑的创新探索设计并取得了实践的初步成果。

2.2　设计解析

青秀湖公园位于广西南宁市国家AAAA级旅游风景区青秀山畔，在不久的将来会成为区域性的游客休闲主要场所。本次项目规划建筑总用地面积为7000m²，其中总建筑面积：532m²（文化长廊建筑264m²，风雨亭建筑50m²，望山亭建筑168m²，水文观测台建筑50m²）。

青秀湖公园原址为黄茅坪水库，后改建为城市中心的湿地生态公园，园内建筑主要为广西民族传统风格建筑，但是在公园初步建成后位于公园主体位置的拦河坝可看性较差，与公园的整体风格不符，故南宁市政府提出了在此建造文化长廊的要求，本方案就是因此产生的。

2.2.1　设计理念

在现代化进程中设计呈现全球化的求异和地域性的创新两种要求，然而无论何种设计学科或风格的探索，都是在重新探索新的设计观，都试图从传统文化和民族元素中吸取精华，赋予其设计成果更多的精神体现或象征意义，加强设计成果与文化的联系，从而能够在千篇一律的全球化中求得自我的显现。在这个特定的历史时期，我们应该思考建筑设计如何把握民族传统形式的创新，从而开创出新的建筑设计局面。在各种民族设计、地域设计的交流和吸收过程中，民族传统形式在建筑领域的创新应用应该受到更多的重视。

该项目方案以广西少数民族侗族的鼓楼建筑和风雨桥建筑为构思蓝本，提取岭南风格传统建筑中的庭院布局形式，延续中国南方传统建筑的特点，力求把岭南风格园林建筑与广西民族传统形式建筑结合起来，创造出具有少数民族山水风情的园林式建筑。建筑设计首先以本土传统侗族风雨桥的廊桥形式为出发点，考虑以休憩、观赏、娱乐、文化展示和文化宣传为主要使用功能；设计考虑结构和材料上的环保节能效果，采用自然通风、围护结构隔热和环境绿化等综合措施，弱电设备使用太阳能电池板提供电能；结合少数民族建筑装饰、纹样、雕刻等元素，符合南宁作为少数民族省会的地域身份，重新唤起人们对广西民族传统文化的重视，打造南宁作为广西壮族自治区首府的城市名片。

2.2.2　设计方案

该方案主要为文化长廊建筑主体和望山亭及水文观测站改造。

2.3　青秀湖义化长廊的创新应用

广西的少数民族建筑是广西少数民族文化的代表之一，而且是分量重要的、明显的标志，是广西少数民族文化的重要象征。我们应积极主动地探索和研究广西民族建筑这个巨大的宝藏，将它们的壮观和对文化的诠释、精神的寄托发扬光大，将民风民俗浓郁的地域特色和人文历史同当代社会的现代气息和时代精神结合起来。

青秀湖文化长廊设计，通过对广西少数民族形式建筑素材的整理提炼，得到具有典型概括特征的民族风格元素。采用对民族风格的现代化阐释、结合多样设计风格思维的手法，将富有自主特色的广西地域建筑元素融合到设计中去，在符合建筑功能要求的前提下，以创新思维的方式，着力探索现代材料及生态建筑理念的结合，进而推动具有广西民族特色现代建筑的设计实践的产生，本案对广西民族传统建筑形式的探索与创新体现在了设计的构思和完成阶段。

2.3.1　因地布局

本案建造在以阻水拦河及主要车行交通道路为功能的坝首上，客观原因要求建筑不能阻碍坝上的交通路线致使公园内的游览通道被截断，还要求建筑必须布局合理，不能破坏拦河坝的基本结构，所以笔者在经过对侗族程阳风雨桥的布局考察研究后，进行了一定的改进创新：传统的程阳风雨桥是直线形布局，在提取了风雨桥的基本形式后作出结合"九曲桥"元素的曲折形创新变化，参考苏州园林"曲径通幽"的美感，结合两旁副亭和门楼的设计加强建筑布局的节奏；符合场地客观因素，由传统的横跨河流两岸的风雨桥形式改为沿着大坝边缘进行建造，使原来的车辆通行道路变成风景观光道路；提取干阑式建筑的构造做法做出建筑伸出坝外部分的支撑点，符合建筑结构和力学要求，同时结合场地水景设计浮在水面上的亲水平台，增加建筑组团的观赏性和趣味性。

2.3.2　因形状意

造型上本案最先参考了广西传统的风雨桥立面外形，融合苏州园林建筑和岭南园林建筑风格，进行一种具有地域特征又兼顾中国传统园林文化诠释的创新；两旁借鉴广西传统粮仓的建筑元素，通过变化和整合，创造出一种新的门楼形式；公园地处城市中心，在对传统的建筑形式进行借鉴的过程中又加入了建筑细部构件的简化，使建筑具有能跟周边现代建筑相融的支点，避免造成格格不入的感觉，以求做到在闹市造幽静。

2.3.3　因材施艺

为了更好地体现广西民族传统风雨桥的特点和质感，要求该建筑选用易于进行细部装饰和雕刻的实木作为主要的结构材料，配合钢筋和混凝土的基础制作，辅以轻质的聚苯乙烯泡沫板为隔热层，使重量达到最轻量化，结构达到足够的安全强度，降低建筑压迫拦河坝造成的安全隐患。建筑顶部覆盖青瓦和筒瓦，局部铺设太阳能发电设备，使用无毒的木材防腐防潮手法进行处理，没有游离甲醛的污染，建筑结构力求采光和自然通风达到最大值。这样的建筑不但具有地域特色，增加其认知感，确立了它的文化身份，还承载了该建筑作为地方名片的精神功能，有意识地跟进了当今建筑节能环保的绿色主题。

3　结语

通过对广西民族传统形式建筑的探讨与研究，并对比国内外的一些知名传统建筑与现代建筑，可以得知，建筑作为一个地方的文化名片而存在是举足轻重的，其的大体量又决定了它的识别度非常高，所以如何在创新设计的初始阶段进行当地社会文化、民族风俗元素的分析，确定其中识别性和价值比较强的元素进行提炼，再结合其功能性和可行性进行整合设计，是富有地域特色的现代建筑设计的必经之路。

民族元素包含了物质和精神的双重功能，建筑同样需要承载物质功能和精神功能。因此，将广西民族传统元素融入建筑设计中的创新分为三个大类进行探讨：一是物质元素的引用抽取，是一种比较直观的对民族元素进行利用的创新手法；二是精神元素的创新，赋予建筑一种精神依托的存在作用；三是建筑材料和结构形式遵循节能环保原则。本文主要从三个方面阐述了广西民族传统形式建筑的创新途径：①广西民族元素在建筑形式上的创新；②建筑作为精神家园而存在的创新；③绿色建筑理念的结合创新。当然，创新的途径肯定远不止这些，只要不断探求，用心思考，创新便会在某些时候更新迸发。

随着广西北部湾经济区的确立和东盟博览会的展开，广西迎来了前所未有的发展机遇。因此在这个大好时机，广西应该将自身的民族优势发挥出来，通过各方面的共同努力将广西民族传统元素发扬光大，真正将"民族的就是世界的"落到实处，体现民族文化的经济艺术价值，实现广西民族文化发展的新跨越，更好地推进"富裕广西、文化广西、生态广西"的全面建设。

参考文献：

[1]　大师系列丛书编辑部．安藤忠雄的作品与思想[M]．北京：中国电力出版社，2005．

[2]　广西民族传统建筑实录编委会．广西民族传统建筑实录[M]．南宁：广西科学技术出版社，1991．

[3]　王其钧．中国民居[M]．上海：上海人民美术出版社，1991．

[4] 刘敦桢. 中国住宅概说 [M]. 北京：建筑工程出版社，1957.

[5] 吕胜中. 广西民族风俗艺术 [M]. 南宁：广西美术出版社，2001.

[6] 伯纳德·卢奔. 设计与分析 [M]. 天津：天津大学出版社，2003.

[7] 李先逵. 干阑式苗居建筑 [M]. 北京：中国建筑工业出版社，2005.

[8] 陆元鼎. 中国美术全集·建筑艺术篇·民居建筑 [M]. 北京：中国建筑工业出版社，1988.

[9] 陈绶祥. 老房子——侗族木楼 [M]. 南京：江苏美术出版社，1996.

[10] 单德启. 中国传统民居图说·桂北篇 [M]. 北京：清华大学出版社，1998.

[11] 胡飞. 中国传统设计思维方式探索 [M]. 北京：中国建筑工业出版社，2007.

[12] 覃彩銮. 广西居住文化 [M]. 南宁：广西人民出版社，1996.

[13] 雷翔. 广西民居 [M]. 南宁：广西民族出版社，2005.

[14] 杨永明. 侗族鼓楼风雨桥 [M]. 南宁：广西民族出版社，1996.

[15] 乔匀，杨谷生. 中国古代建筑史 [M]. 北京：中国建筑工业出版社，1984.

北海骑楼建筑文化浅析

广西艺术学院　陈秋裕

摘要：北海骑楼建筑文化是北海人的财富，也是世界的财富。北海骑楼建筑从它的创造与发展、与自然环境和社会环境的和谐建构过程中，以其特有的呈现方式展现了北海文化内涵的多元化特征。

关键词：骑楼建筑；岭南文化；南洋文化；西方建筑文化

1　区域建筑文化与历史背景对北海骑楼的影响探究

从文化区域划分上来看，北海地区属于岭南文化、南洋文化的交叉地区。历史上，清朝时期北海曾被辟为通商口岸，被迫对外开放，西方商人带来了西方文化。政治版图的划分、人口的迁徙、文化的交融，使北海地区携带了多重文化的符号。看似不伦不类，实则有其历史渊源，最终形成了今天我们所见到的独具特色的北海骑楼风格，使北海由水村渔镇演变成以骑楼商业街为主的海滨城市。

1.1　岭南建筑文化的影响

"岭南在地理上是指南岭山系以南的地区，地形复杂，山脉连绵，河渠纵横；气候特点是雨量充沛，日照时间长，气候潮湿炎热，夏天多台风。显然，岭南地区的自然地理环境颇具特色，塑造了包括岭南建筑特色在内的岭南文化十分重要的客观物质条件。"

在中国宋代，商业由封闭状态发展成为开放的商业街市，商业经济空前繁荣，城市商业街道迅速发展，规模不断扩大，檐廊式街道便应运而生。在安徽、四川、广西、广东、福建等地区的城镇，沿街、沿河的檐廊式店铺大量涌现。檐廊式建筑将步行、购物、休憩、观景等活动有机地结合起来，行人雨不湿衣，晴不挡日，获得了具有岭南地域风格的建筑形式。北海骑楼建筑吸取了檐廊式建筑的功能与特点，提供给行人遮阳挡雨的空间，作用与檐廊式建筑不尽相同，方便了行人，也方便了自己。

架空离地的"干阑式"建筑历史悠久，源于中国南方和东南亚地区原始居民的巢穴，是最早的住宅形式之一。干阑式建筑分上下两层，上面住人，下面饲养牲畜。岭南地区，地形复杂，雨量大，干阑式建筑正好适应了这样的地形与气候，视野开阔，有利于光照和空气的流通，适合人类居住与生活。干阑建筑的最主要特征是"架空"，它不仅将住屋隔离了潮湿的土地，而且比起地面建筑，大大减少了对空气流动的阻碍，有效地提高了房屋的通风。北海骑楼吸取干阑式建筑的"架空"理念，把房子前端架在街道上，下面进行商业活动，上面住人，有利于通风和避免潮湿。

1.2　南洋建筑文化的影响

18世纪南洋盛行"骑廊"建筑文化，骑廊建筑就其功能结构和使用情况来看虽然和骑楼相似，但是还不能真正称作骑楼。骑廊建筑宽度仅5ft左右，楼房总高度一般为两层。马来西亚一带的骑廊建筑，平面设计和"竹筒屋"形式十分相似。砖木搭配加上天井的通风采光，功能为前店后宅。考据证实南洋一带的房屋设计施工建造有大量的华人参与，其渊源可以追溯到明代郑和下西洋时期华洋文化交流传播的结果。北海骑楼有着南洋地区独特的创造形式——在女儿墙上开出一个或多个圆形或者其他形状的洞口，以减少夏季台风对建筑物的风荷。这是一种建筑的智慧，也记载着南洋建筑文化对北海骑楼建筑文化的影响。

1.3　西方建筑文化的影响

1876 年中国与英国签订了不平等的《中英烟台条约》。根据条约，北海被辟为通商口岸，外国人可以在此进行自由贸易。随着外国人不断增多和聚集，西洋建筑文化也逐渐传入北海，出现了四坡屋顶券廊式的北海海关大楼，双向侧廊式的英国医院，以及大清邮局、领事馆、银行、办公楼之类敞廊式的西洋建筑，这些建筑，对北海骑楼建筑文化有深刻的影响。洋楼多为 2~3 层，多数是商务、办公、居住功能的综合体，给骑楼建设以实用的参考对象。北海的骑楼，在传统建筑主体特征的基础上，于临街立面上加上当时流行的仿欧装饰符号，在柱廊、门窗、窗间墙、阳台、屋檐、女儿墙等部分，采用了一些西洋拱式、柱式、线脚、山花、曲线曲面等。西方建筑文化的影响，使北海骑楼的建筑风格带有西方文艺复兴、巴洛克和古典主义时期的强烈烙印。从北海旧街区骑楼建筑横梁暴露的构件中还可以看到早期的混凝土浇灌技术，这先进的科学技术和新材料也是当时从西方传至中国的。变幻多姿的拱券与窗户，配以西方纹饰，熔铸西方文化，显示出北海老城居民开放的心态与浪漫的情怀。

2　与梧州骑楼的比较

北海与梧州同处于广西境内，相距大约 410km。地理的相近、环境的相似、文化的交融，使北海骑楼与梧州骑楼在一定程度上非常相似，但却又具有独自的特征。

由于梧州地处三江交汇，全广西 80% 的水流经梧州，水为梧州带来了许多财富的同时也带来了水患，造就了梧州经常发生洪水灾害的特点。发洪水的时候，街道常常被淹，所以梧州骑楼一般为 3~4 层。为了适应水患，梧州人们想了很多洪水时方便生活的方式，比如水门和水环。

梧州的骑楼普遍在一楼、二楼的立柱上或外墙上都设有铁环，本地人称为"水环"。为了应对洪水，在骑楼第二层临街的一面，特设便于进出的活动板门，俗称"水门"。以前，在洪水来临的时候，梧州人并不惊慌，用船照样做生意。商船停靠街边，水位低时，缆绳系在底层的水环上；水到二楼时，则将船系在楼柱的水环上，从二楼水门放条竹梯上下搭船进出。特殊的环境造就了梧州骑楼特殊的建筑样式。

然而北海临近海边，并不容易发大水，所以北海骑楼多为 2~3 层，没有了梧州骑楼的水环和水门。但是北海夏季盛行台风，故在山花女儿墙上开出一个或多个圆形或者其他形状的洞口，以减少夏季台风对建筑物的风荷，这是梧州骑楼所没有的。在装饰上，梧州骑楼好用鲤鱼、白鹤、宝瓶等图案，而北海骑楼好用梅、松、竹、兰、金鱼和蝙蝠等，这与文化的差异有关。

北海骑楼建筑和梧州骑楼建筑虽同属一脉，但由于地理和文化上的差异，造就了它们都具有自己特性的一面。

3　结语

北海骑楼建筑从它的创造与发展、与自然环境和社会环境的和谐建构过程中，以其特有的呈现方式展现了北海文化内涵的多元化特征。但以发展的观点来看，从一个民族到一个个体，都不可能完全脱离传统文化的影响，也不会一成不变地去遵循传统生活模式。随着现代社会的高速发展和区域间的不断融合，传统生活方式在很大程度上不能适应新的生活需求，北海市民的生活环境和居住环境也在不断地发生变化，使传统建筑文化面临着挑战，却又被赋予新的时代意义。

毛南族干阑民居生态特点探究

广西艺术学院　杨　娟

摘要：毛南族古干阑民居建筑传达着"亲地"、"恋木"、"形意"、"天人合一"的理念，具有自己显著的艺术风格特点，它源于自然，亲近自然，体现了建筑的自然适应性、社会适应性、人文适应性。民居具有建筑生态特点、民俗生态特点、民族生态意识。古民居建筑中的生态理念对当今的建筑生态理念可起到借鉴和启示的作用，具有学术研究和现实保护、发展的重要价值。

关键词：毛南族古民居；干阑；生态环境

1　毛南族民居的建筑生态特点

勤劳善良的环江毛南族居民相信自然生态和谐可以带来风调雨顺，因此他们遵从自然、崇敬自然。环江毛南族干阑民居建筑形态的"亲地"、"恋木"、"形意"、"天人合一"无不体现了道家所崇尚的"人法地，地法天，天法道，道法自然"的生态特点。

古民居的用料都是取自天然，用于自然，享受于自然。民居布局、结构、青砖、黛瓦、脊兽不仅造就了人的生态环境，营造了和谐整体的村寨布局，还改造了自然，成了自然的一部分，其中的一些顺应自然，让建筑自动、巧妙地调节空气中的通风措施，体现了自身的生态特点，是非常值得我们当今的房屋建造所借鉴的：

民居二楼厅堂及房间空间高且宽，门与窗、窗与窗尽可能对齐，形成"穿堂风"，使空气对流，有利于散发热量。二楼的木地板，木板与木板之间的空隙也能很好地通风透气。

民居一般都采用檐口伸出或遮阳处理，利用建筑物的阴影，减少因太阳直射而引起的热量上升。雨天又可将雨水引排出屋檐。

毛南族民居的第二、第三阶段的民居，建筑艺术及其材料运用，正好符合了生态建筑学的原理。建筑自身的生态特点是受社会环境所影响的，它会随着整个社会环境日趋复杂而减弱。随着社会生产力等因素的影响，自然适应性在民居建筑中的影响也在减弱，这也是历史发展的进程的另一种展现，而现今第四阶段的钢筋水泥结构民居，"天人合一"的理念越来越模糊，这对毛南族民居存在的人文因素和自然因素的影响是否是一种进步和必然规律，是令人深思又需要作出判断和决策的。

毛南族建筑作为地域性民居，体现了建筑的自然适应性、社会适应性和人文适应性，民居建筑作为社会的产物，其因素是综合的。

2　毛南族民居的民俗生态特点

在《毛南族风俗志》里有详细记载，在以前，当地的村民在修建自家房屋时，有很多风俗仪式，如定课、开墨、上梁。首先，在修建房屋前半年或一年，就请算命先生和地理先生来看宅地，根据罗盘测量宅地的情况和宅主的生辰八字，推算出建房的日期和房屋的朝向。这便是"定课"。建房吉日选定后，宅主就要把木匠宴请到家中，木匠把建房工具摆在吃饭桌边，摆上供品，烧香叩拜鲁班"祖师"。然后，用墨斗（在木料和泥、石、瓦等材料上画长直线的工具）在一根大柱上画一条墨线，日后就可以动工做木工活了。这便是"开墨"。建房仪式中，"上梁"被当做最大的喜庆来办，亲戚朋友都必须赶来庆贺。吉日这天凌晨的三四点钟，全村的壮丁都要到修建新房的主家来帮忙立柱、架梁。立柱前，木匠要手执大锤敲打柱子三下，同时唱起对房屋的美好祝愿的歌曲。上梁的时候还要唱"上梁歌"，安梁的时候还要唱"悬梁歌"，安好梁后，外祖父还要唱"祝福歌"，最后还要请来专业歌师唱"造屋歌"。宴席结束后，木匠拿两桶瓦片摆在屋顶上，就寓意新房落成了。日后再请村上的壮丁来帮盖瓦，砌封山火墙，修整地面，架设楼板，用木板隔好房间，砌石梯或铺装木梯，安上门窗。装修好房屋后便可择吉日乔迁新居。由此看出，毛南族对建造房屋是十分讲究和用心的。

3　毛南族民居的民族生态意识

毛南族干阑民居具有独特的民族生态意识，表现在其平面布局、建筑构造、民族习惯上。笔者通过调查河池地区以杂居方式生活在一起的壮、汉、毛民族的民居建筑，发现其平面布局和建筑构造方式互相受到语言文化、民居建筑风格等方面的影响，存在共同点。由于各自独特的地理位置、社会环境、风俗习惯和坚持本民族独具特色的建房理念，使其民居之间存在不同点。

3.1　共同点

底层圈养牲畜，中层住人，上层储存粮食。这样建造的目的，一是为了方便喂养牲畜；二是出于当时的社会治安因素的考虑，易于看护防盗；三是减少另建畜舍的材料和土地稀少等方面的考虑。中层住人，卧室高于地面，具有通风透气的优点，利于身体健康。上层通风干燥，利于存放谷物，在南方潮湿的环境下，谷物不易变质发霉。

房屋顶面均为中高两低的"人"字形，这样做的目的和功效是在下雨时，雨水顺着斜坡道快速流下，不浸湿屋内。

房屋均采用木柱作支撑，梁与柱纵横交错，镶嵌受力，整体结构的稳定性很好。

3.2　不同点

壮族居室中间的排架与毛南四柱式虽然相同，底面两侧也一样，但大堂的前半空间是内楼梯，大门是人畜共进，人进入大门后再上楼梯到厅堂和卧室，牲口进入大门后再进入左右的畜舍。

汉族居室底层大门正堂前后均为泥地，两侧左右前半部分下层圈养牲口，大门楼梯为石梯且凸出檐条。

毛南族居室底层平面前半部分均为木板结构，后半部分均为泥地且大门楼梯多为木梯，凹于屋檐之内，防止日晒雨淋。

综上所述，毛南族根据自身的生存环境和人文素质，创造了符合自身环境的干阑式古民居建筑，总结这种民居建筑的优点和缺点，我们可以看到：

优点：

（1）通风透气。建筑屋内空间高，空气对流强。

（2）干爽宜藏。建筑屋内干燥，易保存谷物。

（3）防水性好。建筑屋檐中高两低，流水性好。

（4）抗震性强。建筑是抬梁和穿斗混构式木构架，抗震性强。

缺点：

（1）环境卫生差。建筑内人畜混居，卫生条件差。

（2）维修成本高。建筑采用瓦片盖面，易碎，抵抗不了较强的冰雹袭击，维修成本高。

（3）抗腐性能差。建筑采用木头作支撑受力，不能做高层建筑，且长时受潮易于腐烂。

（4）防火性能差。建筑采用的木材干燥，防火性能差。

（5）占地面积大。建筑屋顶不能晾晒谷物，需另建晒坪，占地耗材，且占地面积大。

（6）铺瓦费工时。建筑新建和维修时，屋面的瓦片以数千或数万片排叠接铺，费工耗时。

（7）室内光线暗。建筑采用木材结构，需经常用柴草生火烟熏烤，防止虫蛀，延长木材使用寿命。长期烟熏使室内发黑，室内光线昏暗。

事物总是发展变化的，人文、科学技术水平的提高，必然会引发建筑风格的变迁，旧的事物总是不断被新的事物所替代。不同时代和文化背景的人，面临所处的环境，总要创造出适合当时文化背景的建筑。随着毛南族居民价值观念、思维方式、审美观点、传统生活方式的改变，自然环境、社会环境、人文环境也在改变。毛南族的居民目前已开始追求现代合理的居住理念，越来越多的人根据现在的形势格局和居住的舒适性来营造自己的房屋。笔者2008年第一次到达南昌屯的时候，发现那里出现了几栋正在建的钢筋混凝土结构房，2009年第二次到达的时候，陆陆续续又增加了几间钢筋混凝土房，至2010年初第三次踏入这里的时候，眼前所见的场景让笔者潸然泪下。具有民族特色的"干阑"式民居只剩下寥寥几处没有人居住的破落的房屋和村上比较贫困的住户没有拆迁，被拆下来的石雕板摆放在溪边变成了坐凳。这座从明末清初留下来的古老村镇的原有容貌，就快要消失了。

4　结语

毛南族干阑式古民居建筑，其做工和营造技术虽不及江南民居、北京民居、山西民居，但由于自然地形的错综复杂、民族文化的绚烂多彩，在漫长的历史发展中，已经形成了硬山搁檩式、平面"凹"字形布局、底层架空这些独具特色的建筑风格和形态，其传统民居艺术，是我国民族艺术殿堂中的一块瑰宝。如果不加以保护抢救，这些凝结着中华传统文化结晶的古民居将越来越少，民居建筑的生态处于失衡和无序状态，传统的古民居营建技艺也将失传。因此，笔者呼吁国家应像保护国宝大熊猫一样，把古民居建筑提升到优先保护政策中，把毛南族古民居作为建筑"濒危物种"保护起来，保护环江毛南族民居建筑及其建筑技艺，并使其得以世代传承。笔者坚信，只要我们的国家、社会、当地政府和人民引起高度重视，采取切实可行的措施，给予应有的关心和支持，这块民族瑰宝一定会绽放更加灿烂的光彩。

参考文献：

[1] 杨东甫. 笔记野史中的广西土著民居"干阑"[J]. 广西文史杂志，2009，1.

[2] 黄丹麾. 生态建筑 [M]. 济南：山东美术出版社，2006.

[3] 蒙国荣，谭贻生，过伟. 毛南族风俗志 [M]. 北京：中央民族大学出版社，1998.

[4] 雷翔. 广西民居 [M]. 南宁：广西民族出版社，2005.

会展空间设计课程教学改革研究 *

广西艺术学院　温　玲

摘要："会展空间设计"是我国高校会展设计专业的核心课程。它是一门以三维空间概念为重点的课程，主要研究人与空间、人与环境、人与人之间的关系。该课程具有较强的综合性和实践性，对学生的实践能力要求高。为提高会展设计专业学生的实践能力、综合能力，本文针对"会展空间设计"课程在传统教学方法中的现存问题进行探索分析，并提出推进该课堂教学行之有效的改革策略，以提升教学质量，促进会展空间设计课程的发展，加快我国会展教育和会展经济的可持续发展。

关键词：会展；空间；设计；教学

1　会展空间设计专业课程教学现状分析

会展设计是一个交叉性学科，我国会展设计的发展只有短短的十几年时间。快速增长的会展产业对我国高校会展空间设计人才培养提出了更高的要求。

据了解，高校会展设计毕业生在近几年的就业中就业问题较为突出，我国会展专业的毕业生的就业问题主要表现在创新能力和技能表现力无法满足用人单位的需求；企业和用人单位反馈，近年来专业技能水平高、实践能力强的毕业生非常难求。

目前我国高校会展设计专业课程教学仍存在重理论轻实践、基础课程多、专业实践课程少；会展空间设计课程教学质量不高；教学效果不显著；师资能力参差不齐；会展空间设计专业的课程教学内容及方式方法普遍缺乏创意思维和创新能力的培养等现象。

鉴于我国会展经济的迅猛发展和我国会展人才培养相对滞后的现状，笔者认为我们应清醒地认识到，高校会展设计专业教学质量提升的紧迫性，会展空间设计课程改革的重要性和关键性。高校会展空间设计的教学改革，在突破传统教育理念限制的基础上，用创新的教学理论指导课程教学，用最佳的实践经验指导学生完成实践项目，使用先进的教育方法和教育技术培养出符合时代要求的创新型设计人才；从而建立一套有助于会展空间设计课程教学改革的教学体系，提升会展设计专业学生的专业水准，使会展空间设计教学与现代社会发展、行业发展、社会需求同步前进。

2　会展空间设计专业课程教学改革

2.1　融入新媒体教学手段，提升知识传播效果

现代会展空间设计课程教学融入新媒体手段，打破传统教学的呆板和枯燥，打破教学上时间与空间、地域与空间的限制，充分发挥现代教育技术的优势，如在会展空间设计课堂教学模式中借用现代媒介平台，让黑板板书或课堂讲义演变成 PPT 演示文档的课堂教学，让 PPT 演示文档添加进与专业相关的音乐和视频作品，通过视频作品展示并衍生出现代交互式教学或情景再现教学。教师通过多媒体手段在会展空间设计课堂上与学生实时会话，随时对学生进行答疑解惑，让会展空间设计作品的图示讲解和案

---

*　论文于 2015 年 5 月发表于《美与时代·美术学刊》2015 年 05 月（总第 597 期）。

例分析的教学更加形象，增加师生间的学习互动效果，拓展学生们的视野，让学生更加投入到会展空间设计课堂学习中，使会展空间设计课程的各个知识点清晰而易懂，直观、形象，内容更加丰富饱满，同时提高会展设计专业学生的二维空间、三维空间、四维空间的思维能力，让会展空间设计课程在新媒体的影响下，进入现代多维空间四化教学的模式——现代化、人性化、科技化、艺术化。

2.2　构建数字化模型实验室促进会展教学新模式发展

会展模型是会展空间设计表达的形式之一，会展模型制作作为会展空间设计教学内容的重要部分，笔者认为教师应在会展空间设计模型的教学过程中，鼓励学生在设计作品中学会创新，学会使用现代技术，学会使用不同的模型材料（如对材料的品种、形状、颜色、硬度、质地、大小、性能等有一定的感性认识和实际运用），学会在作品中运用现代声、光、电元素，并在此基础上指导学生进行作品的概念设计及创新设计，以此达到会展作品的设计效果。

在高校会展空间设计模型制作的教学中有所改进和提升，应引入数字化模型实验室：如引进多媒体设备、雕刻切割机、激光雕刻切割机、3D打印机、3D喷绘、4D打印机、焊接、粘接、铆接模型、灯光控制系统、由Web技术、VR虚拟现实技术构成的虚拟实验室等。通过先进工艺设备、数字化模型实验室的引进及运用，能有效避免模型材料的高频浪费，并能充分调动学生的学习积极性，改变学生的学习模式，让学生的模型设计作品体现原创概念设计、模型材料设计、声光电材料的运用等设计效果，使会展空间模型作品达到高品质及富有科技含量的设计效果，从而大大提高学生的会展空间设计模型制作及创新能力、表现能力。

2.3　设计竞赛促进教学改革和培养学生创新能力

在知识经济和创意经济的背景下，社会对高校创新人才培养的需求日益增加。当前，高校会展设计人才培养逐步以学生的创新能力及综合能力培养为目标，部分高校建立的会展设计创新人才培养模式，虽然已取得了一定的成绩，但多数高校的会展设计专业人才的创新能力培养还处于摸索阶段。如何丰富高校会展空间设计课程教学，如何提高学生的创新能力，笔者认为高校教师可以多关注大学生设计竞赛并组织学生参加会展设计相关的国内外专业比赛，如原创会展设计大赛、全国商科院校技能大赛会展专业竞赛、工业设计比赛、青年设计师比赛、大学生室内设计竞赛等。教师指导学生从了解设计比赛的定位、设计目标、设计要求、创意定位、创意草图、设计调研、方案确定、制作模型及效果图、板式设计到作品递交等多个阶段，如同带领学生完成一个实践的设计项目。

在此参加设计比赛的过程中，学生综合运用在会展空间设计课堂中学过的专业知识，如专业理论知识、作品实践案例分析知识、社会成果案例讲解的知识等，不仅加强学生的专业理论知识，还提升专业实践能力、专业创新能力、团队合作能力。其次，教师通过鼓励学生参加比赛，将学生所得的科研成果再次返回到课堂进行二次点评、分析、加工和参与社会项目实践。同时，在设计比赛过程中教师为学生选择符合学生难度的设计比赛的内容，更能引导学生明确设计竞赛的教学目的和意义，提高学生的综合设计能力和素质，同时增强自信心，为学生日后进入社会实践项目奠定良好的专业基础和专业能力。

2.4　推行项目进入课堂，实现产学研互动教学模式

会展设计是一门实践性很强，与市场联系密切的学科。为了提高学生的社会实践项目能力，不仅要让学生走出校门，更应该让学生去了解市场需求下的会展设计。根据教育部对会展人才培养的大纲要求及高校教育的特殊性，在会展空间设计课程中，专业课程指导教师应努力为学生提供接触项目和完成项目的机会。但碍于各高校的不同特点，部分学生在会展空间设计课程的学习中较少有机会接触到实践项目或完整参与过一个项目的整体设计到实施。笔者认为要提高学生的社会实践能力，可以通过以下途径：

（1）校企合作——学校提供场地和教学设备、企业提供实践项目，建立长期合作战略，构建以"实践工作室"制为主要特征的"产学结合、校企合作"人才培养模式。

（2）项目进驻课堂——学校充分利用师资在社会上的人际资源，教师通过与行业沟通合作，将社会上计划实施的实践项目，引入课堂，让学生以设计竞赛的形式参与到企业的设计项目中，企业再整合学生的创意及方案开展项目实施，最后教师将已经实践成功的案例项目引入学生的课堂教学，作为创作实践内容总结的教学。

（3）走出去——教师带领学生根据课堂教学要求参观会展中心、博览会、博物馆、商场等设计工地现场，或组织学生参与到展会项目、博物馆实践、商场品牌会展等的实际案例实践中，让学生身临其境地体验或参观了解到项目实施的全过程。在课堂中教师加大实践授课力度，让学生模拟甲方项目实际要求，学会解读项目要求、方案洽谈、设计效果（包括：资料收集、市场调研—方案分析—方案设计、效果图绘制—模型制作等环节）、预算、实施等全程的各个阶段，才能让学生更加直观地了解到自己的能力及作品的优劣以及社会的需求。

2.5　促进教师专业成长，彰显魅力特质

要提高学生的专业实践技能，教师必须自己先精通，高素质的师资队伍是培养优秀人才的有力保障。

要提高会展空间设计课程的教学水平，提高会展设计人才的培养质量，应先提高教师的专业技能和专业素养，

促进教师专业成长。高校应鼓励教师到国外进行访学，学习国外高校先进的教学理念和教育方法，学习国外企业对会展人才培养的先进经验；鼓励部分教师每年到先进发达国家参加大型国际博览会，提升教师的专业视野；鼓励年轻教师走出去，到知名设计院或大型展览设计公司及相关企业挂职锻炼并参与实践项目，了解专业新的发展方向；鼓励每个教师做好专业提升计划，每年选派部分青年教师到国内优秀的高等设计院校进行访学、进修、攻读硕士、博士学位；鼓励青年教师参加高校及社会组织相关的学术会议及参与社会组织机构的项目评选；教师不断提高专业实践能力的同时，也要不断地总结教学经验，如多参加国内外的专业设计比赛，多开展学术讲座，多作教学改革，多参加科研申报及进行科研论文撰写等。

3　总结

通过会展空间设计课程的改革，最直观的收获就是学生的专业实践能力得到很大的提升，高校的教学质量得到稳步提高，毕业生的专业能力逐步得到社会认可，高校的教学和人才培养逐步得到肯定。这些都是我们深入改革的信心和决心。

会展空间设计的教学改革还有很多探索和研究的领域，我们今后还会不断地努力在教学实践中积极改革探索，为社会为国家培养输送更多优秀的会展设计专业人才。

参考文献：

[1] 刘岩. 项目牵动式——展示设计教学的倡导与创新探究[J]. 大众文艺，2013（24）.

[2] 曾力，梁家年，胡康. 基于设计实践能力培养的竞赛教学模式探析[J]. 科教导刊，2012（7）.

[3] 景璟，孙晓红，王宏飞. 展示设计教学改革思路的探索[J]. 山东建筑大学学报，2011.

民间博物馆建筑地域特色研究
——以南宁东方街民间古物博物馆建筑为例

广西艺术学院 彭 婷

摘要：近年来，随着国力的不断增强，南宁市的城市建设发展迅速，再加上中国—东盟国际博览会永久落址南宁，使得南宁的经济迅速发展，高楼拔地而起，造型各异的建筑群体相互呼应，蔚为壮观，宽阔开朗的大道广场，成行成片，形成气派，然而，未必能展现当地的地域历史文化及文化风貌，此时，如若能打造出一座具有地域特色的民间古物博物馆建筑，将能满足当地人们以及外来参观者精神上的享受。这样一来，不仅可以提升城市品位，而且还能为旅游业的发展奠定基础。坐落在岭南区域范畴内的广西南宁，具有独特的地域风情，运用岭南风韵将建筑独特的一面呈现出来，将可丰富南宁城市的建筑风貌。

关键词：民间博物馆；地域特色；创新

随着经济的发展，南宁的城市地位不断地提高，然而城市市民的思想观念、办事行为以及文化水平不一定在进步，这就需要一种建筑媒介来提升文明城市的形象及丰富当地人民的文化内涵。因此，有特色的博物馆建筑的设计，不仅能满足人们精神文化的需求，而且外观上的设计能反映出地域特色，传播南宁的民族文化，吸引更多人群前来参观，使得南宁城市地位在人们心中越来越高。

1 地域特色建筑设计主要特征的探讨

所谓地域特色，其实就是人们审美情趣、意识观念、伦理道德等方面的体现，源于一种地域文化，它还受诸多方面因素的影响，如当地的生活习惯、地理与气候环境、地域材料等。建筑的地域特色虽然受到全球文化趋同的影响，但它并不会因此消失，在人们的生活方式、心理活动、思想行为等方面依然影响深远。

1.1 历史文脉的分析

1.1.1 天人合一的思想

作为中国传统文化的重要概念和传统哲学的核心思想，"天人合一"的基本内容可以从两方面来理解，即人与自然间的和谐统一以及个体与群体间的和睦融洽。它强调人是自然的一部分，而自然是具有普遍规律的，所以人也应当服从这种规律。此外，它还强调人性即天道，道德原则和自然规律是一致的，人生的最高理想应当是天人协调，包括人与万物的一体性，也包括人与人的一体性。

俗话说：一方水土养一方人，一方人造就一方建筑。它体现出了顺应自然、因地制宜，力求与自然相融合、相协调的环境意识。从选址规划到单体设计、从室外环境到室内空间、从整体到局部，无不追求和探索着人与人、人与自然的和谐相处之道。"榆柳荫后檐，桃李罗堂前，暖暖远人村，依依墟里烟，狗吠深巷中，鸡鸣桑树颠"，建筑始终融于环境，一幅幅恬淡悠闲的画面足以证明民居的意义不在于炫耀，而在于提供一种"黄发垂髫，怡然自得"的生活环境，让居于其中的人感受的不是房屋本身，而是"物外之象"，这一点真可谓深谙"以人为本"思想的精髓，也真正体现了"天人合一，顺其自然"的哲学思想。

1.1.2 本土文化的影响

传统的地域建筑文化是由当地多元化的民族文化和大自然环境融合而形成的，这种融合来源于人和自然的和谐共处，起源于乡土文化与建筑材料结合所形成的独特造型，具有多样性、乡土性和多层次性。不同的地域文化、不同的民族文化以及不同的地域环境会形成风格各异的民族特色和地域特色的建筑。通过对广西古村落和村寨建筑的整体风格进行考察、对比、研究得出，其建筑的整体特征可以归纳为：①布局上的特点。广西气候湿热，气温高，雨量充足，同时又山多林密。广西少数民族居民针对当地气候及地域环境特点，充分运用当地自有的建筑材料，以竹木架立梁柱做成干阑式建筑。楼下用于防猛兽及水灾，是以敞空；楼上便于通风防潮，是以住人。②材质运用上的特点。建筑材料以原始色调和自然原料为主，建筑色彩亲近自然，风格简单、朴实，极具亲切感。建筑色彩、建筑材料以及各建筑元素之间相互呼应，与周围环境相互联系，在立面构图上极具层次感，营造出富于地域特色、民族特色的乡土建筑。③造型形式上的特点。广西传统建筑屋顶以硬山式、悬山式、歇山式为主，式样非常丰富，变化多端。由于透气通风的要求，南方建筑的屋顶一般都比北方的薄，其建筑的屋顶与立面基本处于1:2的比例。为了与地形地貌形成曲线或斜线，传统的木构通常采用的是架梁组合，檐脊和正脊既可以是平直的也可以是曲线的，并在屋檐转折的角上制作出起翘的飞檐以及不同层数的重檐屋顶，凸显出了造型上的轻巧。合理利用木材的特性，使得屋顶深长、挑檐，遮挡强烈的直射阳光，避免阳光直射到垂直的墙壁及窗口上，并可形成阴凉的灰空间。④结构技术上的特点。汉族民居建筑的山墙多采用砖石结构，建筑山墙上多砌有曲线的防火砖墙和马头墙，山墙造型多样，房屋高大宽敞；而广西民居多采用穿斗式木构，抗压抗震，使得独特的干阑式建筑技术适应了不同的地理环境。

1.2　建筑设计的特征

岭南地区的建筑建造得非常独特，水平相当高。在旅游行业不断发展的今天，岭南人在吸收外界设计思想的基础之上加以创新，设计出了具有独特岭南风韵的建筑，主要的设计特征可概括为以下几点：①外观造型轻巧。岭南建筑往往会通过淡雅的色彩、镂空的细部构件、质感的材质、虚实对比的线条以及对称的体形体量等因素来构建其轻巧的造型。②色彩淡雅明朗。为了减少建筑物的沉重感，岭南建筑在色彩基调上往往喜欢采用红、白、青等纯色，同时在色彩选择上偏爱较为明朗的淡色、浅色。③重视创新精神。岭南地区靠近改革开放的前沿，这种中西文化的碰撞与融合更为明显，一些外来技术和文化观念对现代岭南建筑风格产生了深刻的影响，并且在吸收先进建筑理论对岭南风格建筑进行创新时，采用了适用于岭南地区的先进材料、结构、形式以及设计经验，进一步体现出了岭南建筑的风韵！

2　南宁东方街民间古物博物馆建筑设计的实践

民间博物馆是一种重要的建筑类型，在当今社会中扮演着越来越重要的角色。作为一种文化事业，民间博物馆建筑是人类社会发展到一定历史阶段的产物。可以说，民间博物馆建筑已成为现代文明的重要标志之一，在社会中的地位愈来愈突出和重要，并广泛地深入到现代生活中。

由于广西南宁属于岭南区域的一部分，拥有优越的亚热带季风气候和依山傍水的自然环境，阳光充足，降水量充沛，气候温和，夏无酷暑，冬无严寒，季节分明，植物众多，一年四季绿树成荫，物产丰富。南宁东方街民间古物博物馆建筑造型采取了岭南地域人们共同喜爱的岭南风格。此建筑风格可表现为紧凑、疏朗、轻巧、淡雅四个方面。紧凑，就是整个建筑形体十分严密，在亭形的处理上采用叠檐式，造成一个紧张的节奏感。疏朗，则表现在廊的建造上，全部为通透式，梁柱交错林立，在相间之中让自然景色与其相互映衬，形成你中有我、我中有你的形影不离之感受。轻巧，就是高挑的建筑体形，柔美的墙体造型，建筑空间的对比，纯木色的质感呈现以及细部构建的合理搭配等因素，体现出整体的轻巧感。淡雅，就是整个建筑色彩基调选用淡色来塑造，如白色、浅灰色、原木色等色调，使建筑本身的色彩质感与自然中的山石、树丛在配置上相融合，创造出更古朴、淡雅、自然的环境氛围，这样的色彩搭配，继承了传统素雅的基调以及浓郁的地域韵味。整个博物馆建筑设计体现了岭南文化风格，利用合理的空间布局将建筑与自然环境相结合，试图通过现代化的设计语言将岭南建筑风格与多元建筑文化并存与交融，显示其地域的个性化文化内涵。同时力求在满足展示需求的社会功能的基础上，运用各种地域性的、不同质感的材料，体现建筑中所运用的各种美学原则。

近年来，南宁市政府力争打造城市文化生态系统，推进城市绿化美化，全力打造绿城南宁这一文化生态名片。同时，南宁市政府努力改善城市水体环境，增加多个建筑水体景观工程，构建"城水共生，人水和谐"的现代水城市。此外，在建筑规划建造上，就地取材，构建高效节能环保的建筑，建设适合居住的生态家园。推动南宁这一国际都市的休闲旅游和文化建设，打造"绿城、水城、文化城"的三城景象，让人文因素与自然风貌、地域特色更好地结合，体现出岭南风格建筑的特征。本着这一理念，南宁东方街民间古物博物馆建筑以打造文化绿城南宁的发展为目标，运用立足地域文化、建设特色建筑的设计理念，因地制宜，就地取材，进一步把建筑融入地域自然环境当中，如南宁东方街民间博物馆建筑在选择配景植物时就尽量选择适宜南宁当地气候条件、自然环境条件的植物，形成了独特的岭南风韵地域风光。考虑到观姿、赏色、四季变化等因素，博物馆建筑周围主要选择了棕竹、美人蕉、芭蕉、桂花、散尾葵、白蝴蝶、大花紫薇、三角梅、黄槐、荔枝、红枝蒲桃、大琴丝竹等植物来增添建筑的风韵。这些低矮的灌木以及花卉植物所运用的群植、丛植、对植等空间处理手法，既满足了建筑采光、通风的要求，又以植物弯曲、柔软的线条将生硬的建筑轮廓线融入绿色环境之中，使得景观环境层次丰富、色彩丰富。

从整个建筑外观造型上看，民间博物馆建筑尊重了地形地貌，因地适宜，达到了建筑和环境的有机协调，再加上镬耳墙的优美造型、独特的吊脚样式以及似是而非的骑楼构造相结合，强调一种虚线的次序感，通过屋顶与墙体错落有致的布置又体现出了空间的虚实感，给人一种无尽的、与天合一的感受，这不仅提升了民间博物馆建筑精致外观的气质，而且还增添了当地自然环境的情趣，让当地人们感受到了自身的另一种地域文化——岭南地域的风情。建筑形态饱满、丰富，富于变化，优美的镬耳墙、雀替、柱子下的石墩以及桥上的抱鼓石上都雕刻有相应的水草、龙纹图案为装饰，花纹的栩栩如生，体现出一种建筑的艺术感，赋予了浓郁的岭南文化印迹，同时此装饰也生动地象征了岭南建筑的艺术追求、情感取向和审美情趣，反映了东方街民间博物馆建筑对岭南地区人文条件的适应性特征，再加上屋顶外形灵活小巧，富于变化，其檐口滴水、屋角翘起、梁架部件及檐下挂落的曲线也极其协调，使得周围环境的体与面、面与线得到很好的融合，为此地的自然环境增添了情趣与生活气息。

3　关于设计实践的体会

（1）所谓民族性的形成既是一个持续演变的过程，同时又是一个海纳百川的整合过程，不能一味否定也不能一味地肯定，只有综合分析、完整把握、追根寻源、纵向审视、放眼世界、横向思维，才能找到建筑设计中民族性的发展道路，才能找到现代化社会中民族风格设计应有的位置，在不断实践中走出一条适合社会经济发展，满足历史文化传承的中国的现代的建筑设计之路，也就是实现所谓的"中而新"的风格追求。

（2）随着社会的发展，现代民间博物馆建筑既不能完全仿古，也不能完全现代化，而是应该具有自己独特的格调，不能生搬硬套。如不能因地制宜，巧妙构思，就容易千篇一律，所以应该破立并行，打破原有的条条框框以及原来的面貌。在传统中吸取精华是对优秀设计思想、设计理念、建筑文化精神的继承，不是简单的形式模仿和沿袭，甚至回到传统建筑历史形态。作为代表一方水土一个时代的民间博物馆建筑，必须有地域传统的根，这是确认及识

别一个城市文化底蕴的重要依据。

（3）先进的博物馆建筑不仅仅是简单地提供一个欣赏艺术作品与文化珍品的环境，更为重要的是提供一个高雅舒适的、将观赏与珍藏空间融为一体的环境，供人们研究、交流、学习、交往。世间万物都是在不断变化中发展的，建筑的发展也应随着时间的推移而变化，适应地域文化，节约能源。研究建筑艺术审美，把握好建筑艺术同其他艺术门类的审美共通性，具有十分重要的意义。岭南地区人民具有兼容、创新的思想，这使得岭南建筑设计的审美情感不断增强，审美体验不断深化，形成了一种建筑审美的态度。

4　结语

本论文通过对南宁东方街民间古物博物馆建筑设计的研究感知：博物馆建筑设计是一门复杂的学科，其中包含了许多的内容。设计一个具有地域特色的博物馆建筑，一方面要考虑当地传统的建筑文化、建筑造型、建筑构件，还要注重与当地区域文化、自然环境、细部建筑工艺技术相结合，充分运用该地区的地形、地貌、气候等因素来形成多样性的、具有地域特色的博物馆建筑风格。此外，在强调个性化与多元化的时代，要在学习、继承、发扬传统建筑精华的基础上，加强对新建筑设计的学习和交流，将两者结合起来，创造出既有传统特色又有新意还具有人性化的现代民族风格的建筑。在设计中，应不断提高创新意识，将不同地域特色、不同历史时代的建筑风格、建筑元素相互融合，塑造出不同的建筑表情和视觉形象，创造出集民族性、地域性及时代性为一体的特色建筑。

参考文献：

[1] 汤国华.岭南湿热气候与传统建筑[M].北京：中国建筑工业出版社，2005.

[2] 雷翔.广西民居[M].北京：中国建筑工业出版社，2009.

[3] 唐孝祥.岭南近代建筑文化与美学[M].北京：中国建筑工业出版社，2010.

[4] 郭逢利.博物馆建筑设计[M].北京：中国水利水电出版社，2011：01.

[5] 张绮曼.环境艺术设计与理论[M].北京：中国建筑工业出版社，2007：03.

[6] 王育林.地域性建筑[M].天津：天津大学出版社，2008：11.

客家围龙屋公共空间浅析 *

广西艺术学院　肖　彬

摘要：围龙屋是典型的客家民居建筑形式，是由横堂式结构发展而来，以祖堂为中心，由堂屋、围屋组合成的结构形制相当严谨统一的超大型集体住宅。本文将分析围龙屋的基本建筑空间布局，并归纳出其中三个层次的公共空间及各自的宗族、礼教和生活功能。围龙屋是客家聚居式集体生活的产物，既体现了家族凝聚力和宗法观念，又有传统生活、生产方式的客观原因。

关键词：客家民居；围龙屋；公共空间

1　什么是围龙屋？

围龙屋是客家地区最普遍也最具特色的民居建筑形式。客家民居大多是聚居式集体住宅，但各地方建筑形式、结构有所差别。比如福建地区就常见圆形土楼、方形土楼，江西一带则盛行有角楼的方形土围子，而广东东北及广西的客家地区则流行围龙屋，以客家聚居地兴宁、梅县为中心向周边辐射。

围龙屋由横堂式结构发展而来，围屋形成"龙伸手"的围合之势，并以此得名。大多依山而建，前低后高，规模宏伟，是集传统礼制、伦理观念、阴阳五行、风水地理、哲学思想、建筑艺术为一体的民居建筑。

2　围龙屋的基本空间结构

围龙屋是由横堂式结构发展而来，以祖堂为中心，组合成一座结构形制相当严谨统一的超大型集体住宅。

典型的围龙屋整体平面是大椭圆形，包括了三大部分：

（1）中央部分是矩形形态，包括了两个部分：一部分是中轴线上的堂屋，两进或三进，中间夹着一个或两个天井，称为两堂或三堂。另一部分是堂屋两侧的横屋，每排横屋由面向堂屋的若干房间并列而成，前后走向，以中轴线上的堂屋为轴呈左右对称。每侧有一排横屋的称两横，每侧有两排横屋的称四横，以此类推。堂屋和横屋组合，两堂或三堂，两横或四横，甚至有三堂八横。

（2）围龙屋中心堂横式矩形的建筑后面是近似半月的形态，这是围龙屋特有的部分。后部包括了两个部分：一部分是围屋，围屋呈半圆形排列，两端连接着横屋，形成了围合之势，这就是"围龙屋"的命名由来。围屋数量一般是和横屋对应的，有二横一围龙，四横二围龙……最大规模的为十横五围龙。围屋围数的多少，取决于家族的发展状况和地形位置等因素，一般在初建时为一围，以后不断增加。第二部分是围屋包围的院落，称为"化胎"，有重要的风水意义。按照风水说法，"化胎"是"来龙所在"，俗称"屋背头"或"屋背伸手"。

（3）屋前是长方形的禾坪和半月形的池塘。屋后化胎的半月和屋前池塘的半月合二为一，象征了太极的圆孕育在居宅之中，融合了天地、阴阳。

早期围龙屋的形成过程是开基先祖造不大的堂屋，一进或两进。然后，以堂屋为中心，随着家庭人口的增长，由小家庭不断地添建堂屋间，横屋和围屋，采取聚族而居

---

* 本文为2015年度广西艺术学院青年项目《客家围龙屋居住空间公共性的研究》（项目编号：QN201506）的阶段性成果。

的方式。围龙屋作为一个整体便不断向外扩散，形成向中心堂屋围合的形式。"早期的围龙屋以这种方式增建，所以它的格局是未完成的，开放的，习俗上没有限定的边界规模，可以无限扩大，除非地形限制或者家族中出现某些大的变化。"

3 围龙屋公共空间的三个层次

围龙屋的扩建方式很类似于一个村落的形成，有自生长的特性。横屋和围屋之间的走廊和堂屋，好比村里的道路和祠堂。围龙屋居住空间是将宗族公共空间和小家庭私人空间有机结合的整体。小家庭的经济上是相对独立的，每户大概拥有三五间住房。但在围龙村的大环境中，私密性和独立性相对薄弱，类似于集体宿舍。

围龙屋内的公共空间按照公共性的强度，可以分为三个层次：

（1）处于中轴线上的堂屋，是围龙屋的核心，也是公共性最强的地方。

所谓堂屋，就是中轴线上的方形厅堂建筑，最少为两堂，一般三堂，堂与堂之间以天井相隔。上堂是祖屋，供奉了祖先神牌和其他神邸，用作祠堂和祭祀、婚礼节庆时举行仪式，庆典时僧尼道士将此作为道场等。这是围龙屋内礼制的中心，是最神圣的地方。中堂比较宽，明亮，是最典型的生活空间，平日待客、节庆、婚礼时礼拜设宴，还可作为家族的议事厅等，相当于现代的大客厅。下堂进深小，一般用作门厅。

堂屋是宗族共有的，向全族开放。既作为祭祀、会议、集会等集体活动的中心，又承担着对外开放的作用。以堂屋为核心的空间布局的基础是族人对宗法共同体的依附，体现了客家家族制度强大的凝聚力。堂屋的公共性让围龙屋成了家族制度的物化表现。

（2）过道、天街、化胎、禾坪、水塘等公共空间。这类型空间有机地散布在堂屋、横屋和围屋之间，和居民的日常公共生活息息相关。

天街是指在横屋和围屋之间的公共交通空间，好像村中的道路，起交通流线的作用。化胎也叫做"花台"，是屋后半圆形的山坡或林地，种有翠竹树木。可以看做后花园，也可以搭架子晾晒衣服，虽然有实用功能，但更重要的是它的"风水"意义。禾坪在屋前，是和主屋一样长的长方形空地，顾名思义用作晒谷场，年节时舞狮子耍龙灯，婚宴庆典时设宴款待八方来客。禾坪作为公共空间，不光是面向本宗族的人，还承担着几个宗族间的往来和迎接外人的功能。禾坪前大多有水塘，对聚落的空间结构和景观起到很好的组构作用，也有实际作用，可养鱼、可洗涤还可做消防水源，更有风水术上的意义。

（3）天井、敞廊、厨房、厕所、冲澡房等生活机能空间分布在横屋和围屋之中。

前文所述，围龙屋内的小家庭每户拥有三五间居室，家庭生活无法完全在自家室内进行，串门子很常见。各家厨房、饭厅相对开放，甚至偶尔几个家庭互助共食，更常见小孩子拿着饭碗在几户人家之间串门吃喝。厕所和冲凉房一般在后天井的两侧，条件不足的情况下也如同集体宿舍中一般由几户人家共用。

在一些围龙屋里，横屋之间的公共巷道封闭起来成为天井，形成类似北方四合院一样封闭的共用场所，得到独立于宗族生活的私密性。这种情况一般出现在清朝后，大批客家居民下南洋经商打工，和传统农民不同，他们的独立意识更强，家族崇拜淡薄了，对宗法共同体的依附性也大大削弱。在这种情况下，围龙屋内的居住空间虽然仍然以堂屋祖屋为核心，但各个小家庭相对独立性增强了，成为独立住宅。

4 围龙屋公共性特征形成的原因

围龙屋作为大家族小家庭式的聚居式住宅，是最典型的客家民居。一个大家族之内的十几个甚至达200个以上小家庭居住生活在一起，以祖堂为中心，组合成一座结构形制相当严谨统一的超大型集体住宅。家族集体生活和公共空间在客家居民生活中占重要地位。这种特殊居住模式的形成和客家居民自古以来的生活方式息息相关，形成原因主要有以下两点。

4.1 宗族凝聚力的需要

客家围龙屋的公共性特征体现了客家人对宗族共同体特别强的依附性。

客家先祖是生活在中原地区的汉人，因为灾荒和战乱，历经千年向南迁移，遍布福建、广东、广西、湖南、湖北、台湾等地。南迁过程中历经艰苦，与南方原住居民既斗争又融合，需要依附家族共同体团结的力量实现稳定和发展，因此宗族凝聚力和宗法观念在客家文化中尤为突出。客家宗族凝聚力体现在村落建筑的结构布局上。围龙屋的结构布局的核心是中轴线上作为宗祠存在的堂屋，在堂屋中进行的祭祀、礼拜等活动也是家族中最重要和最神圣的集体活动。家族成员的住宅都以堂屋为中心形成横屋和围屋，向外发散，随着家族成员增多而不断扩大规模。

4.2 客家居民生活方式决定

在传统客家居住空间中，对公共性的需求大于私密性，这是由妇女地位和家庭劳作方式决定的。在传统民居中，对私密性的需求一般是为了隔离女性和男性的生活空间。女性留在闺房范围内，不参与家族事务和劳作，和公共生活是隔绝的。然而，在客家居民的生活中情况完全不同。

首先在客家传统里，妇女不但主持家政，还是生产劳作的主力，地位比较高，所受的礼制约束比较少。客家妇女不用缠足，直到明朝末年，尚可"男女饮酒混坐，醉则歌唱"，或者"饮酒则男妇同席，醉或歌，互相答和"。在客家地区，女性甚至参加宗族的一切祭祀活动。这样的背景下，为了将女性隔离在公共生活之外而形成的私密空间显得不是那么重要。

另一方面，劳作和持家的妇女，更需要群体的支持。从事农耕的传统客家人普遍贫困，宗族内贫富差距不大，各个小家庭拥有三五间居室，甚至几户家庭共用厨房等。做饭、洗衣等日常生活偶尔是几个小家庭共同进行的。特别到了农忙时期更是需要家庭间的协助。清人黄钊在《石窟一征》中写道："乡中农忙时，皆通力合作，插莳时收割皆妇功为之，唯聚族而居，故无畛域之见，有友助之美。无事则各爨，有事则合食，征召于临时，不必养之于平日。屯聚于平日，不致失之于临时。其饷则瓜薯芋豆也，其人则妯娌娣姒也，其器则篝车钱也。井田之制，寓兵于农，三代以后，不可复矣，不意于吾乡田妇见之。"

5　结语

客家围龙屋的空间布局是客家村民聚居式集体生活的产物，既体现了家族凝聚力和宗法观念，又有传统生活、生产方式的客观原因。多层次的公共空间在围龙屋建筑布局上尤为重要，在历史上满足了庞大家族内部祭祀、礼教、仪式、聚会等的生活机能，保障了家族团结和发展。围龙屋居住空间公共性的研究具有现实意义。例如，在万科集团土楼计划中，知名建筑事务所"都市实践"设计的土楼公社，借鉴了客家土楼的概念，把公共空间融入集体住宅设计，是对低收入保障住宅的一次尝试。同理，客家围龙屋内公共空间的运用对于当今集体住宅和社会保障住房的设计也有一定的指导作用，通过研究与现实的结合，让传统民居的设计精髓在当代建筑设计中得以传承和发展。

参考文献：

[1] 李秋香 . 赣粤民居 [M]. 北京：清华大学出版社，2010.
[2] 黄崇岳，杨耀林 . 客家围屋 [M]. 广州：华南理工大学出版社，2006.
[3] 傅志毅 . 粤北客家围楼民居建筑探究 [J]. 装饰，2006（9）.
[4] 贺小利，甘萌雨 . 近十余年来我国客家围龙屋研究综述 [J]. 赣南师范学院学报，2013.
[5] 杨赐文 . 论围龙屋与客家居住文化 [J]. 嘉应大学学报，1998.
[6] 周建新 . 动荡的围龙屋（一个客家宗族的城市化遭遇与文化抗争）[Z]. 2006.
[7] 潘安，郭惠华，魏建平等 . 岭南建筑经典丛书　岭南民居系列：客家民居 [M]. 2012.
[8] 宋奕孜 . 福建客家土楼与公共居住区交往空间设计研究 [D]. 南京工业大学，2012.
[9] 孔详伟 . 社区公共生活与公共空间的互动 [D]. 东南大学，2005.

浅谈东南亚建筑的人文情怀

广西艺术学院　陆　璐

摘要：随着中国与东盟国家的合作交流日益密切，东南亚建筑得到愈来愈多国家和人们的关注，其特有的魅力也得到了更多人的喜爱和认可。本文以东南亚建筑为例，从人文的视角解读，并从东南亚城市建筑、宗教建筑、民居建筑等方面，对东南亚地区民族历史文化、宗教情怀、人文风俗等方面进行分析，探讨东南亚建筑中独特而丰富的人文情怀。

关键词：东南亚；建筑；人文情怀；地域

1　人文情怀与建筑的关系

人文情怀是指在处理人与人、人与自然、人与社会的关系、事务和创造活动中，从人的本性出发，强调全面地了解人、理解人、尊重人、关心人、体谅人、宽容人的一种思想体系和胸怀。欧洲文艺复兴时期有人道主义，提倡关怀人、尊重人和以人为中心的世界观；中古时期的经院哲学有主张思想自由和个性解放、肯定人是世界中心的人文主义；中国对人文观念的理解，也有"人文"的传统精髓，中国的"文"以"人"为本，"人"以"文"为内质，它通过人与自然、社会和心灵等关系的调节而生发出人伦文化、生存文化等。

人文之于建筑，就像灵魂之于躯体。人文情怀让看似无情、僵硬、冰凉的建筑有了情感、力量、生命和价值，建筑只有契合人文情怀，才能显示其价值、保存其长久的意义。人文情怀与建筑功能相互影响，只有运用得当才能创造经典，推动地域建筑文化的不断演进和发展。

随着中国与东盟国家的合作交流日益密切，东南亚建筑得到愈来愈多国家和人们的关注，其特有的魅力也得到了更多人的喜爱和认可。本文以东南亚建筑为例，从人文的视角解读，并从东南亚城市建筑、宗教建筑、民居建筑等方面，对东南亚地区民族历史文化、宗教情怀、人文风俗等方面进行分析，探讨东南亚建筑中独特而丰富的人文情怀。

2　东南亚建筑中多元的民族历史文化

建筑为人类提供生存场所，更重要的是，地域性建筑作为当地文化的载体，在历史长河中，透露历史的述说，展现着鲜明的民族文化。

东南亚建筑文化在总体特征上应归属于东方建筑文化系统。东南亚所处的地理位置和自然环境并没有使其建筑文化具有较大的影响力和辐射力，与此相反，它频频受到外来文化的冲击和影响。大量移民的涌入和中世纪以来宗教文化和西方殖民文化的渗透，结合东南亚民族历史的地域性特色，构成了多样的生活模式及多彩的地域性民族文化。多元文化使东南亚建筑表现出多样风格，尤其是在城市建筑中，在建筑的风格、布局、装饰、颜色风格等方面展现得活灵活现。

东南亚国家城市中殖民时期建筑最多的城市，非缅甸仰光莫属。它曾经被英国殖民者占领一个多世纪，留下了大量浓郁欧式风情的巴洛克式建筑，其南洋骑楼、红砖式等建筑极富英伦气息。仰光市区除了纯欧式建筑外，也有欧式风格与缅甸民族文化相结合的混合建筑，如仰光市政厅建筑，融合了欧式风格的楼体和缅甸风格的屋顶；仰光火车站的现代楼体与层叠屋顶、尖塔设计的结合等。越南的许多现代化建筑，也受法国殖民文化的影响，改变了以竹子、树叶、木材、砖瓦等为主要建筑材料的做法，利用钢筋、水泥等新建筑材料，配上石材和雕花装饰外墙等法式特色，充满了法式风格，称越南法式建筑。此外，还有菲律宾建筑结合了西班牙和美式风格、东帝汶建筑掺杂了葡萄牙和印尼风格等，展现着东南亚建筑风格中多元文化的融合，极具历史性、民主性和时代感。

在建筑布局上，如越南建筑中的皇宫则极具中国特色。越南曾是中国的藩属国，其皇宫仿照中国北京的紫禁城建造，包括外城和内城的布局，皇宫大殿柱子也采用的汉字的刻字，可见中国文化对它的深远影响。在建筑配色方面，东南亚国家喜好用金色、红色来表达民族情感，如缅甸、泰国的皇宫采用金、红两色作为整个建筑的主体色彩，象征吉祥、安乐的民族文化特色。

3　东南亚建筑中的宗教情怀

东南亚地区的宗教氛围非常浓厚，宗教元素成为其建筑特色的标志性符号，极具人文吸引力。东南亚国家的宗教构成以佛教、伊斯兰教、印度教三大宗教为主，大部分东南亚居民都有深厚的宗教信仰，宗教的影响力渗透到社会生活的各个领域，这也造就了东南亚建筑里浓厚的宗教情怀，及其建筑风格与众不同的鲜明特质。

纵观东南亚建筑的代表和特色，很大一部分是宗教建筑。如泰国三大国宝之一的玉佛寺；新加坡的伊斯兰教、天主教等风格多样的教堂；菲律宾的世界遗产马尼拉圣奥古斯汀教堂、圣母玛利亚教堂；印度尼西亚奇特的婆罗浮屠佛教塔庙等；还有被誉为东方四大奇迹之一的柬埔寨民族象征的吴哥古迹里，用巨大的石块垒砌而成的众多形态各异的佛塔；以及享有"佛塔之国"著称的缅甸，更是佛塔林立、金碧辉煌，它的仰光大金塔闻名世界，吸引了世界各国的佛教徒和观光者。这些宗教建筑，将东南亚各国人民的宗教意识发挥到了极致，使美好的宗教情怀得以在此释放、传承，并以其建筑的庄重、神圣、华美等特质，影响着一代又一代的宗教信仰者和建筑文化发展。

在大多数东南亚国家中，小乘佛教是全民性的宗教，佛寺是当地人心中不可缺少的文化载体和精神象征，在城市和村寨中的地位举足轻重。小乘佛教建筑主要由佛塔、佛堂、法堂、僧房四大部分组成。佛塔是佛寺里最高的建筑，最早用来供奉和安置舍利及经书、圣物等，现在被赋予更深层意义，成为佛教徒和人们朝觐的象征圣地。东南亚地区佛塔的建筑材料主要有金属、砖石等，佛塔的造型多为锥体、瓶体、抛物线形等。佛堂是供奉佛像的堂殿，在造型上比较方正工整，注重以装饰突出功能。东南亚佛教建筑在空间布局、造型、装饰及色彩的运用上，都极具鲜明的宗教特色，它充分吸取佛教建筑的精华和文化内涵，表达着小乘佛教的文化特色和时代风貌，并为东南亚现代建筑提供了丰富的建筑创作经验、宝贵的精神财富和广阔的艺术灵感源泉。

4　东南亚建筑中的人文风俗

地域性人文风俗习惯对地域建筑尤其是民居建筑的创造产生了极大的影响力，地域性民居建筑一旦产生，就会对当地人们的思想、心理、行为、生活方式等产生潜移默化的影响，人们也会对所居住的建筑产生极大的依赖性，并在文化和日常生活中，不断衍生出契合地域性建筑功能的本土文化习俗。

东南亚地处热带，浪漫的海滩、摇曳的椰树、蓝天白云、阳光充裕，休闲的环境和独特风土人情造就了当地人崇尚自然、健康、休闲的特质。在建筑中，从空间的打造到细节装饰，都体现得淋漓尽致，并被当代房地产建筑设计广泛运用，被冠以"东南亚风格"、"东南亚休闲风"、"东南亚热带风情"等称谓。

东南亚传统民居建筑是干阑式建筑，其功能构成和运用，充分体现了当地人的风俗民情。干阑式建筑主要用天然的木头、茅草、砖石为材料，分为上下两层，底部架空，人居上层。楼梯从地面直上二楼，是一个宽阔平台，用于会客、乘凉、吃饭、聊天、做佛事，还可成为家中成年少女的幽会之地。一个简单的平台，便展现出东南亚民众的生活、文化习俗。从平台入屋，便是堂屋，两侧为卧房。此外，东南亚民居建筑中的民间信仰和宗教元素极其浓厚，赋予建筑独特的视觉美感。如泰国的干阑式建筑中，卧室门口上的精美木雕，不仅有美观装饰作用，还作为抵挡邪恶鬼魂的神圣牌匾。还有独具东南亚风情的泰式尖顶、屋内固定在墙上的神台、佛像的陈设、窗台及柱子的雕刻等，无不散发着当地人的习俗信仰。

在现代民居建筑家居装饰上，东南亚人极其注重手工艺品的装饰和明艳色彩的运用，体现了东南亚人民崇尚自然、热爱生活的人文理念。如家居中清凉的藤椅、泰丝靠垫、精致的木雕、做工精细的锡器、造型逼真的佛手、木制百叶窗、艳丽妩媚的纱幔等装饰，结合现代建筑的设计理念，同时赋予了东南亚民居建筑绮丽、浓郁、神秘的色彩和奇妙无穷的想象力，表达了当地人活泼、乐观的个性。

5　结语

建筑是历史文明的延续，是人文情怀和民族精神的体现。东南亚建筑理念深受东西方意识形态的影响，在此环境下，充分运用人文情怀与地域建筑的互动性，发挥人文情怀的精神和力量，在与外域文化的交流融合中扬长避短，开放地接受新思想，在保持自身文化传统的同时，积极推动地域性建筑文化的改造、更新，才能在地域性建筑中保持和深化独立、进步、丰盈的人文情怀和民族精神。

参考文献：

[1] 吕海英 . 开放的东南亚地域主义建筑 [J]. 中外建筑，2003（6）.

[2] 韦庚男，齐康 . 东南亚现代建筑发展进程 [J]. 建筑与文化，2010（12）.

[3] 梅青 . 人文·地理·东南亚岛国传统建筑 [J]. 建筑史论文集，2000（2）.

[4] 田永杰 . 东亚及东南亚建筑的文化特征 [J]. 现代装饰（理论），2013（11）.

传统建筑元素在展示设计中的运用
——以广西园林园艺博览会花卉馆为例

广西艺术学院　曾　田

摘要：本文以广西园林园艺博览会花卉馆为例，借鉴中国建筑文化发展过程中具有代表性的元素和设计风格进行创新，针对传统建筑如何在现代设计形式下的传承问题进行探讨，正确认识了传统建筑文化对现代展示设计的影响。将传统建筑元素中的屋顶、粉墙等艺术元素和园林建筑元素的个性化和文化修养相结合运用到现代展示设计中，提升展示推介的效果。

关键词：传统建筑；现代展示设计；艺术元素；影响

0　绪论

在现代展示设计的发展进程中，随着我国经济的迅速发展，会展行业也得到快速发展，也形成了具有中国民族独特的设计风格并且受到世界认可。近些年我国很多展示设计都充分结合了传统的文化元素，例如 2010 年上海世博会中国馆"东方之冠"的设计风格；2015 年米兰世博览会以"麦浪"为创意设计的中国国家馆建筑外观，如同希望的田野上的麦浪，设计清新，大气稳重；2008 年奥运会中火炬的祥云纹样设计以及奥运会吉祥物中的福娃等，这些设计都充分体现了具有悠久历史的中华民族文化底蕴。

1　传统民族建筑元素及其特性运用

在广西第三届园林园艺博览会室内展示馆的花卉馆这个具体实践项目设计中，笔者将理论与实际相结合，总结归纳出具体的设计手法，并将其运用到实践的过程中，旨在正确认识和继承中国传统建筑文化的重要性和实际意义，不是仅仅对前人形式、风格以及原型等进行简单的模仿或者借用，而是有所取舍并积极应用于现代实践项目中。

1.1　主要建筑特色

传统建筑在南北地域方面也有很多差别，由于不同地域的文化不同，所以在建筑形式以及结构方面也表现出一定的差异性。其中，出现的徽派建筑就是当时建筑风格的一种具体体现形式，特点鲜明，并且体现了丰富的文化内涵，同时也彰显出具有时代特色的人文环境。徽派建筑的三雕艺术、马头翘角等建筑元素给人的印象特别深刻，人们脑海中也同时可能浮现出黑瓦白墙的风景。它伫立在山清水秀的自然风光之中，再与色彩鲜明的青石门（窗）罩融为一体，整体让人感觉更加古朴典雅又不失韵味。此外，徽派建筑在空间布局方面也很有讲究，主次鲜明，空间上大小错落有致，同时还注重虚实结合，以群体取胜，这些设计特点突破了传统建筑对称的风格。另外一方面，徽派建筑还充分采用漏窗、天井等设计元素，与山水结合，利用天然的地形地貌，使得建筑与大自然合二为一，巧妙结合。

1.1.1　屋顶

建筑中屋顶元素一般表现出正房屋顶与山墙屋顶铺青瓦，整个屋面向内微微弯曲等特征，这样的设计主要是便于屋面排水。同样，屋脊的设计风格也多样化，在一些大中型民居主厅中一般会使用一些鸡或龙等纹饰，在一些普通小型民居中，只是用瓦竖着砌，两头做一些简单的纹饰。普通山墙为硬山式，不出屋顶，厅堂等重要建筑的山墙用出屋顶的屏风墙，根据房屋进深的大小不同，有一山、三山和五山屏风墙的区别。

"黛瓦"，即铺盖于建筑屋面上的小青瓦。鉴于当时的文化背景，琉璃瓦多数供于皇家使用，而老百姓家庭仅能用黑瓦，所以居住式的徽州建筑一般不用其他色或改用其他屋面材料，全部采用统一的小青瓦屋面。

1.1.2　粉墙

在徽派建筑中，"粉墙"是一种典型的代表元素，在我国古代封建制度背景下，民间对粉墙的使用也有一定讲究，建筑中的粉墙也标志这一定等级的差异性。普通平民一律禁止使用金碧辉煌的彩绘和装饰，尤其黄色完全不能使用。因此，在当时建筑师的美学意识中，他们选择灰白色的基本色调，这种单色的色彩结构反倒可以体现较为突出的审美内涵。

1.1.3　马头墙

马头墙，又称防火墙或者封火墙等，它是山墙的墙顶部分，一般高于两个山墙屋面，这样的设计主要是起到防火作用，当建筑群中一个建筑发生火灾时，马头墙可以彻底隔断火源，防止火势蔓延。"马头墙"名称的由来主要源于设计师将封火墙设计成昂首长嘶的马头这一抽象的设计手法，使得整个建筑原色显得更有艺术美感。在古民居中屋面一般分为前后两面坡，它们以中间横向的正脊作为界限。左、右两面墙高度设计并不统一，有的高出屋面，有的与屋面平齐等。墙头部分的造型设计更加丰富多彩。从侧面或正面看去，高低起伏，轮廓清晰，长短相间。马头墙从整体外形来看，高低错落，别具一格，它是中国南方徽派建筑元素中最常用的一种表现元素，在众多建筑设计中频繁使用。

1.1.4　窗

徽州民居不仅具有外墙耸峙的特点，同时我们还常见建筑中在二层左右的高度开有一扇小窗户，这些窗户与气派的大门相结合，表达方式显得有一些小心谨慎。小窗户的雕刻也多样化，有些采用喜鹊登枝的剪影，有些采用寒窗苦读的冰裂纹样。其实这些小窗的开设主要是出于防盗和安全上的考虑，并不是为了满足漏景的需求。这些存在于高墙的小窗元素，一方面降低了白天光线照入室内的亮度，另一方面使盗贼没有翻入之处。这些设计都是鉴于徽州商人长期在外经商的现状，出于安全因素考虑的。

1.1.5　门头

在传统徽派建筑中，我们常见的门头元素一般在府前的左右，门顶头部聚积了整个门顶的精华，同时门网部分也是整个门头最讲究的精华部分，一般门网会考虑门向风水等因素，同时也会融入木雕等方面的元素。门头是徽派建筑的"门面"，它除了使得整体外观美观气派之外，还意味着"人生之富贵体面，全然在咫尺之间"等含义。所以门头一般是封建时代贵族爵品的居住建筑的象征元素。

1.1.6　色彩

在建筑活动中，鉴于建筑自身在功能、造价以及建筑技术水平等多方面因素的限制，建筑自身的表现形式其实略显单调和平庸，但是由于建筑色彩的使用却改变了这种情况。我们使用丰富的建筑色彩来为建筑本身的生存环境增添表现力。徽派居民建筑中的粉墙黛瓦元素，仅存黑与白两种色彩，色质简单。黑白色的混合不偏不倚，略显中性，这样使得其与每一种色彩都保持等距关系，体现出色彩的和谐共处特征。同时，黑白的介入较那些参差不齐、纷繁而又有颜色冲突的颜色组合来说，显得更和谐、理性而又有秩序性。再次，黑白色组合，搭配周边青山绿水的环境，更加衬托出一种宁静和谐的效果。尤其是，这样的黑、白色建筑经历百年风雨洗礼过后，墙面白粉逐渐脱落，会给我们显示出一种冷暖相交的色彩，尽管它没有纯白的明朗和单纯，但是建筑也因此表现出一种浓郁的历史底蕴。

1.1.7　三雕

古书有云"有堂皆设井，无窗不雕花"，这其实阐述的就是徽派民居建筑的一个重要特点。木雕、砖雕、石雕，被统一称为"徽州三雕"，在徽派建筑中频繁出现。徽州人专注于使用装饰和雕刻等室内装饰载体将传统伦理道德以及文化诉求体现出来。在"徽州三雕"中，砖雕在徽州民居建筑的门楼、八字墙等建筑结构中应用广泛，它质地细腻且平滑明快的特点使之成为一种独特的建筑壁饰；而石雕是一种浮雕与圆雕的艺术，它主要适用于寺宅的廊柱以及装饰；木雕在徽州民居建筑中独树一帜，主要用于室内装饰，在楼层栏板、窗扇、手架梁等建筑结构中我们经常看见。

1.1.8　在展示设计中的运用

徽派建筑有它特有的审美内涵和价值，其地域性特征给展示设计提供了丰富多彩的设计元素，相互交错，促进了展示设计的发展。

在广西园林园艺博览会花卉馆的方案设计中，笔者主要以淡雅简约、亲切宜人为设计思路，空间上有形无形地变幻着建筑体形布局，整体设计紧密地与自然大地环境结合起来，将秩序感、整体感、统一感表现得淋漓尽致。此设计还将徽派建筑中黑白灰的色彩、马头墙、门头、小窗等建筑元素融入设计中，整体设计体现了展示空间设计学中以人为本、至理人性的精神，同时也将场所精神文化和目的性表现出来。

在我国传统文化历史悠久，会展设计也是传承我国传统文化，丰富我国建筑特色的重要方式。展示设计借助传统建筑文化空间的表现形式，充分展现文化价值，又给观赏者营造出特有的艺术氛围。展示设计充分利用主要的建筑表现形式，吸收徽派建筑的精髓，表现出展示设计的美感，同时又与徽派建筑文化完美地融合，增强了视觉体验，让展示设计具有更大的艺术魅力。

1.2 园林中的建筑特色元素

1.2.1 园林建筑特色

我国园林建筑在传统建筑中特色鲜明，是其重要部分。它充分使用文学、雕塑等艺术形式，一方面传承了深厚的传统文化，另一方面它采用的木结构又起到营造氛围的作用，这样的表现方式能更深层次地诠释文化的内涵。我国的园林建筑在世界园林领域被称为世界园林之母，因为它追求更高的精神境界，堪称世界奇观。中国传统园林建筑结合了自然山水，营造了和谐的氛围，一方面起到丰富园林景观的作用，另一方面又借着山水景色更好地表现园林意境。在当今经济迅速发展的时代，我国很多的园林建筑都是以博物馆或者展览馆的形式向人们展现，一方面起到发展传统建筑的作用，另一方面又使"园林意境"吸引了人们的眼球而被人们重视。这样的方式使得参观者在参观时感觉置身于园林之中，又让参观者汲取了建筑园林的精华，最后让参观者触景生情，以达到境由景生的效果。在当下的园林建筑中，样式层出不穷，形状也不拘一格，比如亭台楼阁圆形、方形的表现各有不同。其次，布局也多元化，伴随着山水样式，高低不等，大小不一，与山水能巧妙结合，有些隐匿山水，有些浮于水面，起到若隐若现的效果。在展示设计过程中，我们追求形式上直接的表现，但是布局方面我们更注重园林建筑的意境，所以一般采用透空的效果，让建筑与自然环境相统一。

1.2.2 在展示设计中的运用

展示设计在当代设计领域是一种新颖的设计方法，它主要采用新式的设计材料和技术，将中式园林中有韵味的元素用到展示设计中，彰显了中国的传统文化内涵，最后达到使用现代方法表现传统文化的效果，从而传承了中国传统文化和中国传统建筑文化。在这方面，可能不是大家口中通常说的"复古风"，我们可以从这类设计中寻找到宁静和睦的空间体验，同时也可以感受到相应的情感因素。在展示设计过程中，我们通过对传统建筑元素充分进行创新和运用，表现出我们需要的视觉体验，同时寄托了国人对中国传统文化的留恋和追随。

笔者在广西园林园艺博览会花卉馆的方案设计中充分利用了园林中的建筑构件元素里面的窗景，其中漏窗、窗景美等一些中国古典园林中的微观美学特色别具一格。窗景艺术手法也是中国古代造园家特别擅长的造景手法，目前，空窗、漏窗、洞门已被广泛应用于北京现代园林之中，其中也不乏成功之作，比如石景山雕塑公园的"石景洞"，利用雕塑手法创造景墙框景，手法新颖独特。在整个花会馆的设计过程中，作者对漏窗的造型进行了大胆的简化，展现形式也丰富多彩，其中圆形连续地、重复地出现较多，

设计者将周围事物与之巧妙组织起来，整体感觉富有变化、和谐但又不失韵律，在形式上，既表现出现代感，又能体现出丰富的传统文化内涵。设计者在设计过程中，打破了形象的重复，将造型与洞门的原型巧妙地联系在一起，使得两者相互渗透、典雅灵动、虚实共生，尽显江南风情。

笔者在整个设计过程的后半程，选择设计一处室内园林景观，结合两侧的山水风光，让参观者在欣赏展览的过程中得到适当的休息并且有时间回味，同时观赏者还可以养足精神完成后续的展览。比如说川军馆就是一个很好的实例，馆的原型是具有地域特色的四川民居建筑，狭长的整体布局给人一种新奇的空间组织形式，在空间上实现与整体博物馆风格相统一。纵观整体设计，将传统园林设计融入现代展示设计中将给人带来一种游玩的体验，同时建筑园林环境的氛围，也可以给观赏者创造充分的想象空间。

2 传统民族建筑文化对现代展示设计的影响

通过以上的陈述，同时以广西园林园艺博览会花卉馆的设计为实例，阐释了明清建筑特色在现代展示设计中的应用实现过程。纵观传统建筑特色，徽派建筑最具代表性，无论在陈设、装饰，还是在布局、造型等方面都体现出深厚的传统文化底蕴。将徽派建筑元素中譬如屋顶、粉墙、马头墙等鲜明的艺术特征元素汲取，并运用到现代展示设计中，给予了展示设计自身需要补充的元素，两者相辅相成，不可分离。

传统建筑文化在中国文化发展史中更具有一定的代表性，同时传统建筑也具有各个民族和地域文化的特色、特征。地处江南的苏州园林、徽派建筑具有错落有致及与自然共生的生态美。时至今日，现代人生活水平不断提高的同时，人们日常生活中精神需求也不断提高，现代展示设计的需求也在随之发生变化。文化已经成为现代展示设计中必不可少的组成部分，传统建筑元素及园林设计特色与当时社会生产、科技水平、生活方式、传统意识形态等密不可分。所以，建筑风格的体现也是传承中国传统文化的一种有效方式。我们今天的展示设计师应该站在保护和传承中国传统文化的高度进行设计，要有高度的民族责任感，借鉴中国建筑文化发展过程中具有代表性的元素和设计风格大胆创新，将个性化和文化修养相结合，运用到现代展示设计中，提升展示推介的效果，成为现代社会经济发展的助推器。

3 总结

通过完成此论文的过程，我们充分认识到继承中国传统文化与现代展示设计工作相结合的重要性以及实际意义。在传承我们的传统文化这一方面，存在多种不同的方式，但是不论运用哪种设计方法，都应该先找到设计与传统建筑的契合点，现代设计师应该具有的水平是保护和传承中国传统文化的高度进行设计，从而来达到设计的一种

平衡。但是要达到这一点可能要经过一些时间的磨合，目前我们不可否定前人所创造的成绩，当然也存在着一些问题，比如将传统建筑元素直接"copy"到现代展示设计当中去。传统建筑元素在现代展示设计中的运用研究，是发展具有自我民族文化特色的展示设计的必经之路，更是传承了中国的传统建筑文化。传统建筑元素的运用丰富了展示设计本身，同时也是对传统建筑文化的继承和发展，让世界知晓和了解中国的传统建筑文化，为具有中国民族特色的展示设计的发展奠定了良好的基础。

参考文献：

[1] 李远.展示设计[M].徐州：中国矿业大学出版社，2002.

[2] 楼西庆.中国传统建筑文化[M].北京：中国旅游出版社，2008.

[3] 蒋尚文，莫钧.展示设计.长沙：中南大学出版社，2004.

[4] 李允禾.华夏意匠[M].北京：中国建筑工业出版社，2005.

[5] 赵云川.展示设计[M].北京：中国轻工业出版社，2001.

[6] 罗越.展示观念与设计[M].天津：天津科学技术出版社，2004.

[7] 王爱敏.浅议心理学在展示设计中的重要作用[J].包装工程，2004（3）.

[8] 周维权.中国古典园林史[M].北京：清华大学出版社，2008.

宝镜古民居建筑装饰艺术初探

广西艺术学院 林雪琼

摘要：民居建筑装饰艺术是民居建筑的重要组成部分，既是先人思维观的具体表现，又是展示地域文化的现实载体。宝镜古民居建筑装饰艺术不仅体现了宝镜先人对于美好生活祈福的相关文化，同时展示了宗教儒学文化、世俗文化、瑶文化等丰富的内容。本文针对宝镜建筑装饰艺术加以挖掘、整理，为宝镜传统文化遗产的保护和时代再利用进行初步探索。

关键词：古民居；建筑装饰；文化；艺术；工艺

1 宝镜古民居概况

宝镜村位于湖南省永州市江华瑶族自治县南部的大圩镇，东与未竹口乡接壤，南与广西贺州市开山镇毗邻，西与两岔河乡交界，北与小圩镇相连。

在清朝顺治七年（1650 年），宝镜始祖何应祺前往江华县岭东宝镜村，综合考虑宝镜村整体条件很适于生存发展，便在此建宅定居，创家立业，繁衍子孙，现有十四代，其历史距今已有 360 多年。宝镜村名起源是因为村前有田峒和一口水清如镜的井塘，它既可提供日常生活饮用水，又可灌溉农田，所以被当地村民取名宝镜，占地 80 余亩。宝镜村最早的建筑于清顺治七年建造，整体布局坐东朝西，枕青山，伴绿水，古木参天，环境幽雅，生态宜人。走马吊楼、新屋、老堂屋、下新屋、明远楼、大新屋、围姊地、何氏宗祠、忠烈祠等建筑院落，自南往北分布，严谨有序。宝镜村因此被誉为湘桂边境百里瑶山中最大的古建筑群。聚落中最有代表性的院落建筑——新屋，是由三个堂屋、九个天井、十八个过厅以及一百零八个房间组合而成的庞大壮观的古民居院落建筑，所以在当地有着"三堂九井十八厅，走马吊楼日晒西"的说法（表1）。

2 建筑特色

宝镜古民居依山而建，环境优雅。人与自然合为一体、和谐共存，体现天地人和的道家精髓。《庄子》"天地人和，礼之用，和为贵，王之道，斯之美"。宝镜古民居地处湖南南部山区，气候湿热多雨，日照充足，受湘南传统文化、生活习俗、审美观念、地理气候等因素的影响，建筑具有典型湘南古民居宏伟和古朴的特色；建筑结构是以木构架为主体，即抬梁式木构架砖砌山墙、坡顶瓦面、青墙灰瓦、沉稳质朴，加上封火墙的灵动，与周围自然环境合为一体，自然协调；同时又融合湘南地区瑶族文化，具有瑶汉文化相融的地域特色，有较高的艺术价值和美学价值。

宝镜古民居建筑年代列表 表1

名称	老堂屋	新屋	大新屋	下新屋	围姊地
年代	清顺治	清道光	清同治	清嘉庆	清嘉庆
名称	何氏宗祠	惜字塔	忠烈祠	明远楼	
年代	清光绪 1908 年	清嘉庆	明末约 16 世纪 80~90 年代	清道光 1836 年	

3　建筑装饰文化与工艺

民居建筑装饰是依附民居建筑的一种艺术表现形式，对于古民居建筑装饰艺术的起源，学术界一直未有定论，但存在以下几种观点：起源于巫术、起源于模仿、起源于图腾崇拜、起源于审美需求等。湘南古民居建筑装饰主要分为木雕、石雕、彩塑、彩绘四个部分。彩塑与彩绘的主要功能是美化空间，与它们不同的是木雕、石雕不仅起到装饰艺术的视觉效果，作为建筑构件，也具有支撑与保护建筑的实用功能。宝镜古民居的建筑装饰主要体现在雕刻艺术上：木雕、石雕。其艺术表现形式与特殊的地理环境、深厚的文化背景息息相关，大概分为以下几点：汉文化与瑶文化融合的独特、宗法制度下以儒家文化为主导的思想、以传统祈福文化为主题的思想、以现实生活场景为主题的文化精神等；内容丰富，形式多样，做工精湛。

3.1　雕刻艺术文化内涵

3.1.1　宗教儒学文化

宝镜村何氏家族的宗法族规制度严明，任何礼仪规范都必须符合"忠、孝、廉、洁"的礼制思想。在儒学思想文化方面提倡"修身、齐家、治国"的理念。在宝镜古民居的雕刻中出现了大量宣扬忠孝礼义的题材，以戏曲人物、神话人物、寓言故事等含蓄的手法表现。

3.1.2　祈福文化

何氏族人祈求家族兴旺、富贵吉祥、健康长寿等传统寓意直接表现在建筑装饰艺术上。采用相应装饰内容和装饰图案表达美好的心愿，如"龙凤呈祥"、"喜上眉梢"、"福从天降"、"富贵吉祥"以及"福"、"禄"、"寿"、"喜"等，采用象征、寓意、谐音、比拟等表现手法。雕刻装饰大多为蝙蝠、葫芦、兰花、梅花、麒麟、龙凤、祥云、喜鹊等吉祥图案；缠枝纹、卷草纹、卷云纹具有连续性的流动感，有祈福万物永恒的寓意。

3.1.3　世俗文化

中国传统文化具有很强的世俗性，艺术源于生活，生活缩影也可以体现在装饰艺术上。何氏先祖在建造自己的住宅时，在雕刻艺术上的体现，是直接采用现实的生活场景作为创作题材。其创作内容包括耕织、狩猎、捕鱼等，还有常见的飞禽走兽、植物，如狗、牛、马、羊、蝙蝠、鱼、瓜果、花卉、树木等。

3.1.4　瑶文化融入

宝镜村深处大瑶山，瑶文化与汉文化的融合，或多或少地体现在宝镜古民居的雕刻艺术当中。瑶族人民崇拜盘瓠文化，认为盘瓠是上古神兽龙犬所化。在宝镜何氏宗祠的石门上出现"龙犬戏绣球"的石雕图案，这是在汉族生活聚集地中极为罕见的。

3.2　木雕工艺

中国传统建筑的木雕主要体现在建筑物的木构件上，有大木作和小木作之分，大木作是指建筑物种承重的结构构件的制作，如柱、梁、檩、椽以及榫卯结构和不同的斗栱形制；小木作是指门、窗、天花、地板、护栏等木制构件。宝镜古民居的木雕艺术主要体现在小木作的门、窗、天花等木制构件上。江华地区盛产适合作为建筑和家具用材的樟木，质地坚硬，不易变形，耐虫蛀，宝镜古民居的木雕则多数采用樟木作为雕刻原材料。从雕刻的工艺上分有：线雕、浮雕、透雕、圆雕等，结合宗教儒学文化、祈福文化、现实题材等传统文化思想进行木雕创作。这些精美的木雕不仅蕴涵丰富的人生哲理，还表示了何氏先民吉祥寓意的祈福愿望，具有独特的地域特色，同时增加了建筑的艺术美感，使建筑艺术与装饰艺术达到和谐统一。

3.2.1　线雕

线雕也称"阴刻"，是将刻痕低于雕刻材质表面的雕刻技法，常用于传统家具的表面装饰，在宝镜古民居的木雕中也被用于槅扇的雕刻。

3.2.2　浮雕

浮雕是指留底后，将图案以外的部分都去除，使其产生立体感的雕刻技法。

3.2.3　透雕

透雕又称"镂空雕"，指将雕刻部分以外的木雕，全部去除。透雕技法在宝镜木雕中没有得到具体体现。

3.2.4　圆雕

圆雕指布袋背景和底部，且具有立体感，适合多角度欣赏的雕刻技法。

3.3　石雕工艺

石雕指用锤、凿、钎等工具在石材上进行雕刻创作，雕刻工艺可分为圆雕与浮雕两大类。

石雕可分为大石作雕刻和小石作雕刻，按视觉划分：门槛石、门边石、门枕石、石立兽、石柱、柱础、石鼓、石墩等石雕称为大石作雕刻；小样的吉祥物件、文房四宝、生活器皿等称为小石作雕刻。宝镜古民居聚落的石雕，选材就地，主要采用当地盛产的石灰石和花岗石，宝镜石雕技艺主要体现在建筑物的大石作雕刻，多以龙凤、鱼草花木、飞禽走兽、人物故事等为题材。

3.3.1　圆雕

圆雕是指从不同方位对石材进行全方位的雕刻，便于多角度欣赏。宝镜古民居采用圆雕技法的雕刻部位有：柱础、石立兽、石鼓、门边石等。

3.3.2　浮雕

在石材上进行雕刻，使雕刻图案凸起，具有立体感的雕刻技法。宝镜古民居采用浮雕技法的雕刻部位有：石门槛、门边石、柱础等，雕刻技艺精湛、题材丰富。

4　现状与保护

4.1　现状

宝镜古民居建筑装饰艺术具有独特的标本意义，无论是物质方面，还是精神方面，都记录了宝镜地域文化的历史变迁。然而，在发展迅猛的时代洪流中，宝镜古民居建筑装饰的生存现状令人担忧。一方面，宝镜村的居民维修、拆建等，处于无人管制的自由状态；另一方面，则是当地人对于宝镜传统的物质文化与非物质文化的忽视，从而产生对古民居建筑与其装饰艺术品缺乏合理修缮与保护，甚至无知的破坏。

4.2　保护

民居建筑可以反映一个地区民族的生活方式及生产水平；建筑装饰艺术则反映了当地人民的审美情趣等相关信息。宝镜古民居为我们的研究提供了一个活体标本，是前人留下的艺术文化瑰宝，必须珍惜与保护。

（1）加强当地村民的传统文化教育，让他们了解、理解、热爱传统文化与地域文化，促使他们建立起文化遗产保护的自觉性。

（2）科学、有效地对民居装饰进行保护与抢救。决策者必须制订科学、有效的实施计划，要有前瞻性，并且实施者要有专业素养，避免造成二次破坏。

（3）正确处理好保护与发展的关系。避免"重申请、轻保护"，修缮过程中，要坚持遵守"保护优先"的原则，同时做到"修旧如旧"，尽量保持原真性和完整性，正确处理好经济建设、社会发展与传统建筑保护的关系，更有效地传承和保护传统建筑。

（4）相关部门与研究学者，应多加思考，并运用科学的发展观，规划并赋予宝镜古民居可持续性的时代生存魅力与方式。

5　结语

建筑装饰艺术是先人思维观中具有象征性思维的表现，是借助装饰中具象符号表达人类思想情感和意境，对美好生活与追求平安吉祥的强烈向往的体现。从宝镜古民居建筑装饰题材内容的丰富性、艺术表现手法的多样化中可以总结出，宝镜人们在长期生产生活中形成的吉祥符号具有普遍的识别性，是中华传统文化对其广泛影响的共性；瑶文化与汉文化的融合，体现了宝镜古民居建筑装饰艺术独特的地域性。宝镜古民居的建筑装饰艺术为相关学者研究古民居建筑、地域文化及传统文化提供了活体样本，具有较高的建筑艺术价值与历史文化价值，应受到更好的保护与传承。

参考文献：

[1] 李曦. 湖南民居的装饰特征研究 [D]. 长沙：中南林业科技大学硕士论文，2008.

[2] 唐凤鸣，张成城. 湘南民居研究 [M]. 合肥：安徽美术出版社，2006.

[3] 唐凤鸣. 湘南民居的建筑装饰艺术价值 [J]. 美术学报，2006.

[4] 楼庆西. 中国传统建筑装饰 [M]. 北京：中国建筑工业出版社，1999.

河内市户外广告牌视觉设计现状研究

（越南） 白氏梅幸

摘要：越南的广告行业在这数十年间发生了翻天覆地的变化，本文旨在为河内户外广告牌视觉设计提供参考依据，通过调查研究发现河内户外广告存在的缺陷和问题，给河内广告行业的发展献计献策，希望河内的户外广告发展能更好地体现广告传播功能以及美化环境功能，得到大众的认同和支持。

关键词：户外广告；视觉设计；河内；广告牌

在经济与广告技术全球化的背景下，越南的广告行业于20世纪90年代兴起，在这数十年间越南的大城市面貌发生了翻天覆地的变化，特别是北方的河内和南方的胡志明市。户外广告牌逐渐成为首都河内的经济、文化、文明水平的展示代表之一，同时也是城市景观的不可忽视的元素之一。本文旨在为河内户外广告牌视觉设计提供参考依据，通过调查研究发现河内户外广告存在的缺陷和问题，给河内广告行业的发展献计献策，希望河内的户外广告发展能更好体现广告传播功能以及美化环境功能，得到大众的认同和支持。

1 河内户外广告牌视觉设计存在的问题分析

户外广告作为人对外界信息主要的接受体，对图形、色彩、文字、组织结构的协调等具有选择性功能。由于广告设计活动是在广告策略的指导下进行的，所以需要通过分析广告定位去发现视觉设计存在的问题。

1.1 河内户外广告牌设计定位存在的问题分析

1.1.1 视觉设计表现不符合消费者定位

户外广告的消费者定位是广告设计的首要标准，设计前要了解目标客户，需要通过定位消费者准确把握群体的共同性质、生活背景，理解他们的心理和愿望与他们对产品的要求等。调查表明，65.6%的设计师选择定位消费者是进行广告视觉设计的先决条件。通过访问一位经验丰富的设计师，笔者发现，定位消费者的过程中，企业提出的定位与设计师给予广告的定位有差别，两边缺乏了解、沟通，有的企业定位消费者的目的不明确，定位操作表面化，缺乏深度探索。同时，消费者定位以及产品定位不正确，这也是不少商品广告存在的问题。

1.1.2 视觉设计与品牌、产品定位的差异

品牌定位和产品定位是广告视觉设计前期关键的要素。在河内，针对设计师的调查结果，56.3%选择品牌定位，证明了设计师对品牌定位的重视。对著名跨国集团，户外广告视觉设计主要的手法是肯定品牌的形象，户外广告牌的视觉符号可以很简洁，甚至只有品牌的标志出现在画面上。对小企业却不总是如此，应考虑使用这样的设计手法是否合适于小企业。

1.1.3 视觉设计缺乏具体环境定位

具体环境定位是每个不同的投放户外广告的地点定位，包括户外广告的密集度、光线 - 视线的特点、附近建筑物、人们流动的规律等因素。在河内，还有一部分广告设计师缺乏环境定位的知识，没有整体、全面地把握环境定位工作的目的与要求，导致户外广告牌的传播效果不佳。

户外广告牌讲求传播面，位置显要才能引人注目。

48.9% 的受调查市民认为最容易让受众注意到的户外广告牌是广告牌被设置在易于观察的地方。78.1% 的设计师认为，首先要考虑户外广告牌的位置选定，取决于它与人之间的距离和视角，实际上，设计师仅仅注意到了环境的"物理"性质而忽略了环境的抽象因素，如区域属性，更没有注意到利用环境的特点作为设计的创意题材。

另外，户外广告的设置也要根据户外广告牌的种类特征，尽量与环境相适应。例如河内很多人行道上或公路中间的绿化带树木成荫，做灯箱路牌就不是合理的选择，河内城市内很多狭小的街道只适合放三面旋转的路灯广告等。

1.1.4　视觉设计的创意定位不到位

户外广告视觉设计的创意要具有明晰的符号形式，把宣传语言转化为图形语言，并且还要具备审美的内涵与外延。53.8% 的普通广告大众认为河内户外广告牌创意很一般，另外 31.5% 的人认为大部分广告完全没有创意性。这个数字客观地反映了河内户外广告视觉设计缺乏创意思维投资的现状。

河内广告行业运行的特点只是产生视觉设计缺乏创意问题的一个原因；另一个原因属于设计师的本身。这些原因对笔者来说很值得思考，因为要从根源上改善河内广告设计缺乏创意的问题，涉及广告业的许多内容，需要同步改善，如运行的模式、市场分配、人才培养、分配利润等问题。

1.2　河内户外广告牌视觉设计元素存在的问题分析

1.2.1　文案过多、字体运用不适当

在广告视觉传达的设计中，文字有两个方面的功能：转载叙述性的内容与视觉形象的图形。越南的现代文字属于小语种，字母的基础跟 24 个拉丁字母系统相同，另外还加上了 7 个个别字母："ǎ，â，đ，ê，ô，ơ，ư"和 5 个声调，越南文的此特点要求设计师掌握好字体的特征和字体设计的原则，熟悉文字艺术处理的同时要具有灵活的创意思维，在不同的广告版面上进行不同的版面组合，拼排文字。

（1）广告文案

在河内很多户外广告文案设计缺乏设计专家的过滤、简化，文案内容的主次位置不明，画面复杂，文案过多导致文案视觉传播的效果虚弱，缺乏美感。

（2）字体设计

越南文字都是以字母的合并构成的，现在越南电脑字体艺术发展到了四千多种，并且设计手绘的字体根据设计师的创造能力而丰富多彩、日益增多。据调查，62.5% 的设计师认为，户外广告中的字体使用比较协调、合理，但也有不少人认为字体的使用还存在问题。

河内市出现的很多广告牌的主要内容是英文，越南语所表达的内容为次要，对广大的户外受众来说会有一定的理解限制。例如设置于郊区的 Biomin 肥料产品广告，产品目标市场是河内郊区农户的消费者。农户消费群体精通英文的人并不多，使受众很难理解广告传播的信息。同样的问题也发生在 Western-Union 转账服务广告，My Colors 油漆、Packson 百盛、时尚等国际品牌的广告中。

1.2.2　图形表现单一，缺乏创意

户外广告设计已经迈进了精制的图形时代。随着电脑和摄影技术的发展，拍摄照片和三维效果图片逐渐取代了手绘插画的位置，现在广告中图形插画（绘画图、漫画、图表）只有少数，而广告摄影照片和电脑合成制作图成为普遍的广告图形表现手法，占据视觉指导的位置。

实证研究河内户外广告牌发现，河内的公益广告图形是河内的标志放在蓝色的云纹上面或鸽子含着一片月桂叶，过于简单、表达方式落后的广告图形设计完全不宜作为宣传国家首都的形象。河内一些广告牌设计对"真实可信"的观念有点不合适。如为了使广告的信息显得有可靠的科学依据，香皂、牙膏、洗发水等同类的产品广告都使用这样的表现手法：广告画面是实验室的背景，穿着白色制服的研究专家在热情地向消费者介绍产品，广告语加上某个研究院名称。又如河内的方便面户外广告牌无处不在，而此广告设计几乎采用同一"标准"：画面中间是色彩艳丽的一碗面，两边是企业的标志、广告语。由此可见，广告图形设计单一和缺乏创意。

1.2.3　色彩夸张，不符合户外的环境

色彩在广告中的运用直接影响广告设计的成败，它要求设计者具备丰富的色彩理论知识和细致敏锐的色彩感受能力，并且充分了解消费者对色彩的审美心理感受。在河内的户外广告牌设计中，一些广告对色彩变化没有把握好，例如 HSBC 银行的灯箱广告主要使用浅金色、奶油色和白色广告图形，在白天可以看得比较清楚，但在晚上，广告图形几乎成为白色了。

河内的户外广告牌对色彩搭配设计相当讲究，如 Big C 超市、Pico 中心、Vincom 购物中心等，主题突出，艳丽夺目，凸显商场广告活动的性质。但是也有不少 POP 广告把图片真实的色彩过分夸张，导致设计失去了真实性，色彩刺眼、杂乱。

1.2.4　版面编排

一个成功的排版设计，首先必须明确地传达信息，并深入了解、观察、研究与设计有关的方方面面。从调查数据看，79.8% 的受调查市民认为河内的户外广告牌的排版很一般和不好看，62.5% 的设计师认为排版虽然被注意到，但只达到了一般的审美水平。越南《推销与广告》期刊的黄孟蒋记者认为："河内户外广告牌视觉设计存在的最大问题就在排版方面，设计师对排版工作存在两种状态：一

是呆板性排版，缺乏创意；二是排版随意，放满就行。"

根据他的观点来研究问题，笔者收集到了一些河内的广告牌设计，如驱虫广告公司、TSA定型铝管、海河糖果公司立柱牌广告，整个画面信息满满，广告排版带来了封闭、压抑的感觉。同时，河内同类型商品的广告设计"模板"单一，例如饮料广告就是版面中间几个年轻人跳起喝饮料，矿泉水广告就是在浅蓝色的背景下水瓶一边、标志一边，化妆品就是美女在左边，化妆品在右边，缺乏创意和突破的变化。

1.3　视觉设计的文化内涵和审美存在的问题分析

户外广告视觉表现蕴涵文化的因素，有助于建设文明精神，倡导积极健康向上的生活方式，使其成为教育的有力工具，并引导新潮流和新审美观念。

据调查，70.7%接受调查的人认为河内户外广告设计没有体现好或完全没有体现文化内涵。河内是一个文化多元的城市，包括一千年的传统文化历史、受东西方不同文化的影响、流动人口多、与国际开放交流等因素，因此难以用简单的词语来概括、描述城市的文化特色，所以，对广告设计师来说，也很难通过户外广告视觉简洁、具象的因素来表达整个城市的文化底蕴。在河内很少出现能引导审美潮流的广告，主要的原因是设计师对消费者的审美发展趋向没有掌握，设计不要跟着潮流而是要超前于潮流，视觉表现的形式美缺乏创意。

2　创新河内户外广告视觉设计的建议

2.1　广告主与设计师的一致，准确定位设计

广告设计的活动一定是在广告策略的指导下进行的。设计师在进行工作时，一定要仔细研究广告主提供的广告策略，根据策略来找到符合表现的手法。广告主与设计师应积极沟通，提高定位的一致与准确。

对户外广告牌来说，要注意户外消费者的生活形态和媒体接触习惯。以受众的生活轨迹来"分"众就成了户外媒体准确定位的法宝。为此，把握现代都市不同人群的基本生活轨迹，从不同的信息接触点进行创意就显得尤为重要。在设计前期准备中，设计师要深刻了解环境的性质，不仅要研究户外广告投放的环境（区域的风土人情、背景与特点、文化等），还要把握具体广告位置的特征，周围的特点，甚至尽量利用户外载体的特点作为创意的出发点。

2.2　思考与创意设计元素

2.2.1　文字表达

整理文案的内容、选择字体表现之后，创造良好的排列与组合效果才能完整地使用文字元素的工作。户外广告牌文字设计，要注意以下几个方面：①适应人们的阅读习惯，文字排列组合的目的是诱导人们有兴趣地进行阅读。②考虑文字外形的特征，如扁体字有左右流动的动感，长体字有上下流动的动感，斜体字有向前或斜向流动的动感。

③确定一个设计基调，即确定一种文字的风格倾向，形成总体情调和感情倾向。④注意版面的空间运用。利用空白区分不同类型的文字。⑤运用两到三种语言文字，应注意语言的主次角色。

Black，Arial等正方字体是户外广告最常用的字体，简洁明了，视觉冲击力比较强。在户外广告的字体设计中，设计师一定要注重结合古典和现代两种韵味，字体特征与广告风格、字体形态与广告图形融为一体等问题，才能强化主题，也是对视觉中心的一种衬托。

2.2.2　图形表现

具象图形能够在一瞬间直接传达给受众商品的内容，在户外广告中，常利用具象图形直接传达商品的信息，方法包括：第一，直接用真实的画面表现产品外观的优点；第二，强调商品的特点；第三，比较使用前后的直接效果或将同类的两个产品进行比较；第四，表现商品用途，介绍商品的用法、使用过程、使用情形，比用枯燥的文字令人感兴趣，且感受具体；第五是运用一定的符号，通过指代、假借等手法，映射商品。

同时，图形的表现应注意以下几点：第一，简洁明确，主题突出；第二，创意新颖，形象动人；第三，真实可信，情理交融；第四，追求情趣，手法多样；第五，图文呼应，协调一致。

2.2.3　色彩选择

户外广告特征要求色彩选择跟别的广告类型有所不同。户外广告受环境变化影响，因此色彩选择要注意思考色彩在不同环境中的变化会带来给设计何种影响。还需要具体了解投放广告的位置，广告色彩是否符合环境的色调。在使用设计软件修改画面的色彩时，注意画面的真实性、说服性，同时避免在一个画面上使用过多纯色，导致混乱的视觉感受。广告设计要了解色彩与心理反应。根据商品不同的性质，需了解色彩的标准和象征性等，并注意色彩象征与广告主题的关系。

2.2.4　版面的空间安排

在广告排版设计中，空白在画面中也是不可缺少的重要部分。画面上留下一定的空白是突出主题的需要。空白是画面上组织各个元素之间呼应关系的条件，也有助于创造画面的意境。因此，空白是一个重要的设计元素，让别的设计元素有空间发挥传达信息和审美作用。

2.2.5　丰富化设计的文化意境

从另一个角度来探讨问题，文化包括物体和非物体的两种状态，受众也需要了解广告视觉设计体现的文化内涵，包括具象显现的文化物体和抽象性的文化精神表现。户外广告具有的文化内涵可以从几个方面进行分析：①广告视觉设计体现人类共同的道德观念、文明精神。②体现某个地区文化的价值：民族特色和传统文化精神。③广告主体

的文化，就是品牌的文化理念通过广告视觉元素而具象地体现出来。因此，在设计过程中几乎忘记了加入文化因素的意念。

其实，抽象文化的概念就通过河内具象的生活而存在，例如河内人的礼貌优雅，注重家庭美好关系的价值，人道爱心等。同时，广告视觉设计中不一定要出现具体文化物体的身影才是有文化内涵，更多的是广告通过视觉元素能让人意识到文化的精神。河内户外广告被认为缺乏艺术性，这些问题一定需要从根源上解决，从设计师对户外视觉设计的重视态度、对户外广告设计的每一个细节的讲究到整体设计与环境的关系。

2.3　改善广告教育体系

目前在越南，广告设计的教育体系还不完善，河内的广告设计教育还不够"整体"，做广告的设计师一般拥有熟练的技能而缺乏广告设计系统、规范的理论知识。因此，要改善广告设计存在的问题，最重要的是改善教育的体系。

不仅需要改善广告教育的体系，对于广告设计师，还需要培养他们的审美素质，了解艺术的美学原理，对自己专业艺术创作的特殊的美的领悟，还需要自己多多动手创作，提高审美素质和能力。设计师要具备专业"感觉"，让设计师多用专业性思维去观察、发现、欣赏和创作，使他们具有宽阔的知识面，把看到过的事物巧妙地变为创造的材料。

2.4　创新户外广告形式

创新户外广告视觉表现效果也是河内户外广告迫切的要求，只有通过创新，河内户外广告牌才能脱离落后的形式。

（1）创新广告空间：在平面的广告牌空间，尽可能使用图形和有层次感的排版方式形成平面上的立体感觉。

（2）实物造型：在户外的宽阔空间中，一个放大的立体实物广告具备极大的吸引力。

（3）静态视觉向动态拓展：动态化画面可以给人带来逼真的视觉感受，吸引受众的注意力。

（4）利用户外物体的形状、运行、功能、转动、使用方式等特点来设计广告，根据每个事物不同的特点专门为它进行设计。

（5）连续性的户外广告：户外广告是有程序的安排，每一张广告都有变化，以引出最后广告的内容。

（6）利用广告外部环境的特点。

（7）互动性广告：体貌参与、感官参与和行为参与。

3　结论

本文以视觉设计为切入点深度研究河内户外广告，希望能为河内以及越南大城市的户外广告提供比较真实、可信、有科学性的借鉴。另外，还有很多不同的户外广告创新方式，在实际运用中，设计师需要有具体、详细的策略，进行调整，使其更符合河内的社会与自然环境，同时通过研究而提出效果预测。户外广告设计的创新要点就是给受众新鲜的视觉空间，让消费者参与到广告活动中，利用广告环境的特点是越南户外广告将来的发展趋势。

参考文献：

[1] 赵志勇. 户外广告设计. 上海：上海人民美术出版社，2007.

[2] 马泉. 城市视觉构建——宏观视野下的户外广告规划. 上海：上海人民美术出版社，2012.

[3] 赵志勇. 户外广告设计. 上海：上海人民出版社，2011.

[4] 王伟明，马中红. 中小城市户外广告控设体系研究. 苏州：苏州大学出版社，2004.

[5] 越南广告协会（VAA）的广告杂字（2012年3期、6期、7期、9期）

[6] 王伟明. 户外广告视觉设计与传播. 艺术设计论坛，2004，8（136）：20-21.

[7] 母莉. 户外广告设计的定位. 新闻爱好者，2007，11：40.

梧州传统建筑灰空间研究

广西艺术学院　杨韵怡

摘要：本文从阐述灰空间的概念与内涵入手，结合我国岭南地区湿热的气候特征，研究以骑楼、冷巷、天井等为例的梧州传统建筑灰空间在形态功能上的运用，并发掘灰空间在城市空间与建筑空间共生之中的重要作用与价值意义。

关键词：湿热气候；传统建筑；灰空间

1 灰空间的概念

将建筑与外部环境、室内与室外空间的二元对立状态打破，并创造出第三种状态，即灰空间。灰空间，又称"泛空间"或"缘侧空间"，其概念最初由日本建筑设计师黑川纪章提出，常用以阐述具有不确定性、模糊性、渗透性的建筑过渡空间。从北方四合院的抄手游廊、江南民居的廊棚、客家土楼的内廊、黔湘桂少数民族地区的干阑建筑，到岭南建筑的骑楼等，灰空间作为主体建筑的补充和延伸在我国历史传统建筑中的应用已非常广泛。

2 岭南湿热气候对梧州传统建筑灰空间的要求

广西梧州市地处广西东部，紧邻广东省，是有着2100多年历史的岭南名城。岭南地区的天气受亚热带季风气候主导，夏长冬暖，热量丰富，台风雷暴频繁，冬季潮湿温暖，夏季高温多雨，这就要求本地区的建筑灰空间具备以下的功能：

2.1 防晒隔热

梧州市处于东经111°51′14″~111°40′，北纬22°58′12″~24°10′14″之间，北回归线横跨其中。全年热辐射量大，全市范围内年日照总时数约1915小时。年平均温度21.1℃，最热月为7月，平均温度达28.9℃。建筑灰空间的合理运用，可一定程度上降低太阳直射室内所造成的温度过高，防止夏季长时间热辐射带来的过量热能，起到阻隔热量的作用，使室内气温降低。

2.2 通风散热

受季风气候影响，岭南地区冬季风以东北风与偏北风为主，夏季风则盛行东南风、西南风及偏南风。当夏季风主导时，岭南地区气候表现为高温多雨，除去台风天外，岭南地区多见静风天气。建筑中亟须将内部废气带走，换来清新干爽的空气，以保持室内外空气的流通，减少夏季静风高温下人体的闷热潮湿感觉。在建筑空间中，主要运用热压通风和风压通风两种自然通风形式，能够满足传统建筑通风散热的功能需求。

2.3 防雨防潮

梧州市地处珠江流域中部，位于三江交汇处，雨量充沛，年均降雨量1503.6mm，空气湿度大。岭南地区夏季湿度一般在80%左右，传统建筑中除敞厅外，其余室内空间相对封闭阴暗，较差的通风采光条件使室内环境愈加潮湿，建筑长期处于潮湿的环境中，其构件容易腐烂生菌，外墙易腐蚀剥落，直接危害到建筑的寿命。人们居住其中也易患皮肤病和风湿等疾病。高湿度的气候之下，建筑内部产生了通风组织、排气等要求，以达到调节室内湿度、排出污浊之气的目的。

3 梧州传统建筑灰空间的类型

3.1 骑楼

骑楼是梧州传统建筑的重要组成部分，旧城中连绵数里的骑楼街尤为适应岭南地区日晒烈、雨水多的高温潮湿的天气。建筑连房广厦，多为2~5层的并联建筑群。骑楼跨出街面架空在人行道上，其底层由柱和廊组合形成半围合半敞开的线性灰空间，成为室内外的媒介空间，丰富城市空间层次。廊道为建筑墙面遮阳挡雨，虽然太阳入射面积随时间变化有所不同且地面仍存有部分太阳辐射，但宽3~5m，高约4.5m的廊道可保证地层建筑内部不受日晒雨淋以及廊道中的行人身体上部不受影响。以双边形式出现的骑楼，缩减街道的宽度，建筑之间互相遮挡日晒，使遮阳效果更佳。气流在廊道中穿堂过室，可形成人们常说的"穿堂风"，通风良好，行人可在骑楼廊道中自由穿行，供交往与休息之用。骑楼营造了舒适宽敞的城市使用空间，为人们提供全天候的商业环境，不仅可方便居民的日常生活也可适应商埠梧州的商业发展。

3.2 冷巷

冷巷，指建筑组合连排成较窄的巷道，或在建筑底层留下小廊道，常见于岭南民居建筑，其中又分室内冷巷与室外冷巷两种。室内冷巷为建筑内连接各房间的交通通道，巷道的截面面积小，受太阳辐射少。利用风形成的原理，制造微风循环，由于风速较大，风压降低，与冷巷连接的空间内的热气被带出，将室外冷空气引入作补充从而达到通风效果，保持空气的流通，使得巷内温度较低，最终可达到室内降温目的。室外冷巷又称青云巷，是外墙与周围墙之间或两屋之间狭窄的露天通道，降温效果以室外开放型冷巷最为明显。建筑两侧与巷子的高宽比大，两侧房子可相互遮阳，遮阳效果取决于实时的阴影面积，建筑一侧阴影造成的温度差便形成了热压通风。由于受太阳辐射的面积小、时间短，冷巷不仅能适应岭南地区的湿热气候，还可组织自然通风，具备交通、防火等多种功能。

3.3 凹入口与趟栊门

建筑大门独有的功能属性使其既可开敞又可封闭，由此将大门划分到建筑灰空间之中，其中最具岭南传统特色的为凹入口和趟栊门。凹入口为檐下向大门凹入的空间。凹入口有两种形式，一种为单开间普通民居在檐口下形成的凹形空间，另一种为三开间或以上的建筑凹入正间与檐口下方组成的空间。由于顶棚檐口可起到遮阳的作用，凹入口内只有一部分受到太阳辐射，而正门入口处基本不受日晒影响，遮阳效果较好。门口防晒的方式还有趟栊门。趟栊门由三道门构成：第一道是屏风门，像两面可对外打开的窗扇，高度约为1.5m，其设计轻巧，方便开关。上部是格栅，有利于通风和挡住路人的视线，下部是实木板，能够遮挡室内大部分物体和人体下部，更为了有效地阻挡太阳的热辐射和雨水的飘入。第二道门叫趟栊门，是岭南建筑中最具特色的一道门，四周的木框中间横架着十几根圆木，只能朝一个方向左右推拉。第三道门才是真正的大

门，外观与普通的木质大门相似。这道古老的"防盗门"，在平日里通常最后一道大门不关，只关上屏风门和趟栊门，这样既通风又兼顾了居民的基本安全。由凹入口与趟栊门共同组成的灰空间成了岭南建筑中别具地域特色的空间之一。

3.4 庭院和天井

在市内金龙巷和维新里一些面积较大的民居中设置有庭院和天井，其四周由房子或隔墙围合而成，底部呈正方形，面积与深度各有不同。庭院和天井作为室内与室外的过渡空间，打破了室内或室外固有的空间形态，对室外环境来说，它是建筑内部空间，而对室内来说，则为室外空间。庭院和天井作为岭南传统建筑中典型的灰空间，往往处于建筑的核心位置，周边布置敞厅、厢房、厨房、杂物房等功能空间，其门口均对天井或庭院而开，把通风与采光的要求赋于庭院或天井之中。由于其进深、开间、面积各有不同，有利于各个空间形成不同风压引风入室，且岭南建筑中的天井一般为深井，受太阳辐射影响小，地表温度较低，可为主体建筑降温。再者，庭院内常种植常绿植物，植物形成的阴影增加了庭院遮阳面积，有利于改善室内环境，使室内形成良好的气候循环。庭院和天井是梧州传统民居内调节小气候的重要组成部分。

4 梧州传统建筑灰空间的作用

4.1 气候适应功能

在天人合一的传统思想指引下，传统建筑无论从空间布局、建筑结构上还是材料运用、方位的选取上都适应了地域气候的特征，建筑设计运用在通风、散热、隔热、防潮等方面既要顺应自然、遵从自然规律，又要改造自然，使建筑空间能够满足人们的生活需求。但单体建筑的设计在功能上难以完全满足以上的全部要求，灰空间的设计发展完善了建筑主体欠缺的功能，使自然环境与建筑空间自然渗透交融，为抵御亚热带气候给岭南地区带来的负面影响起到了十分重要的作用。

4.2 交通功能

传统建筑中的骑楼、冷巷等与外部自然环境直接接触的过渡空间，承载了人员和物资的流动，此类灰空间具有交通功能，其空间形态均呈狭带状，使其产生明确的指向性和动态性。骑楼自身形成的线性灰空间延伸方向与街道一致，带有强烈的引导性与方向性，连贯的廊道承担了骑楼街内人们的主要交通联系，引导行人的视线与步行路线，并将车行道路和骑楼空间柔性分隔，实现人车分流。冷巷在室外组织起整个民居区域的交通流线，成了到达各民居建筑的交通要道，将整个民居区连为一体。室内冷巷指内部的交通流线组织的通过性空间，它连接室内各个房间，成了住宅中的交通空间，是整个住宅的有机组成部分。

4.3　精神文化作用

伴随岁月沧桑的梧州传统建筑的历史悠久、沉淀深厚的商埠文化，对城市建筑独特的情感深藏于本地居民心中。现代社会日新月异，新建筑追求速度、高度，风格日趋简洁与同一化，骑楼、天井、趟栊门等已成为梧州古建筑中的标志与象征。要重视城市建筑的保护与发展，积极保存历史文化建筑，尽力维护历史建筑、街道的空间布局、原有面貌以及空间形态，将新老建筑有机结合，和谐相融，既要彰显传统文化氛围，又要适应当代城市的发展。

5　传统建筑灰空间的意义

5.1　丰富城市与建筑空间层次

在形态区别明显的两种建筑空间中加入第三类空间，这种第三类媒介灰空间调整了空间之间的节奏与氛围，让其相互间不再有唐突或单薄的感觉。灰空间的妙运用使建筑空间之间相互联系、相互补充，渐进式地为固有空间增加变化，丰富了城市与建筑空间的层次感。内外相互融合渗透的通透空间，将建筑整体含蓄巧妙地融入城市之中。灰空间为人的行为和人流的变化提供多种可能性，令人在心理上产生开阔、舒适、活泼的感觉。重叠交叉、互相包容的灰空间成为整个城市建筑中不可或缺的一部分。

5.2　体现以人为本的设计原则

如亚里士多德所说：人们为了生活来到城市，为了生活得更好而居留于城市。城市建筑应当给予居民良好的栖居环境，建筑空间人性化是灰空间形态应用的重要原则。传统建筑的设计既重视外观风貌的装饰，更应考虑人在其中的感受，从人对建筑空间的实际需求和人对自然环境的感性认知规律出发，无论在繁华的闹市骑楼步行街还是安逸的民居巷道，其建筑规模、高度、人车流线、灰空间均有其相应合理的尺度，共同创造人性化的城市建筑空间。以骑楼为例，跨出的廊道空间形成了富有人性的有机步行空间，在狭长的空间中适应人们对环境变化的要求，舒适的环境将对建筑的功能需求上升到精神需求，骑楼中人与人自然和谐地交往，不由自主地融入场所之中，产生安全感和归属感，这是以人为本设计原则的最高体现。

5.3　增强场所体验感

舒尔茨在《场所精神——迈向建筑现象学》中说：一个空间之所以能成为场所，是因为它具有了独一无二的特色。城市建筑是城市记忆的载体，它的存在赋予了每个城市独特的个性与城市记号。灰空间作为梧州传统建筑之精髓，其存在体现了历史意义，传递着场所感和岭南文化的历史延续。场所精神之体验源于对历史环境中文化内涵及人文特色的保护和重新赋予。在现代的保护与改造中，不仅塑造单纯的建筑空间，还塑造环境场所：旧时的骑楼建筑摇身变成兼具旅游特色文化和商业文化的"中国第一骑楼城"，金龙巷与维新里等明清时代特色民宅也得到了很好的保护，传统建筑表达的独有的场所精神使人产生认同感，将人们固有的生活与行为模式延续，维持其交通、交往功能，使场所精神之体验得以回归。

6　结语

灰空间的产生创造了建筑空间新秩序，使不同层次的空间和谐相融与渗透。尽管传统建筑在现在城市中已逐渐式微，但蕴藏于历史传统建筑中的灰空间精髓在现代建筑中依然保持着旺盛的生命力。梧州传统建筑灰空间给予我们的宝贵经验和启示，为地域性建筑探索的道路指明了更积极的方向。

参考文献：

[1] 汤国华. 岭南湿热气候与传统建筑. 北京：中国建筑工业出版社，2005.

[2] 杨江峰. 泉州传统民居灰空间研究. 哈尔滨：哈尔滨工业大学，2009.

[3] 何元钊. 广州近现代公共建筑的外廊热缓冲研究. 广州：华南理工大学，2012.

[4]. 谢浩. 从自然通风角度看广东传统建筑. 技术交流，2008.

基于壮族地区传统民居的"活化"

广西艺术学院　何奕阳

摘要：传统民族民居，融合了上千年的历史文化、地域特点、文化脉络，形成了建筑风格的独树一帜，具有很高的艺术价值。壮族作为人口最多的少数民族，传统民居依山傍水而建，便更受人关注。文章对壮族地区传统民居的现状及"活化"的意义进行了研究，阐述了活化壮族地区民居建筑文化的价值，对新民居的以人为本、生态自然协调及设计具有独特地域文化进行了建议。

关键词：壮族地区；活化；传统民居；地域特色

各地的居住建筑，又称民居。居住空间对于人类来说，往狭义来说是一个遮风避雨的"家"的概念，往广义来说是一种生活形式和地域文化的体现。21世纪人民生活质量飞速提高，新历史背景下，党的十六届五中全会提出了建设社会主义新农村，是社会的和谐以及时代发展的必然要求，新民居更是关乎每一位村民"生存"的大问题。需要重视的是传统民居建筑的文化含量及立足于当代的"活化"，对于分布在中国南部边陲的壮族地区，拥有丰富的壮族民族文化，民居建筑在当代的"活化"显得尤为重要。

1　壮族地区民居特色

如梁漱溟老先生所说："原来中国社会是以乡村为基础和主体的，所有文化，多半是从乡村而来。"每一个村落都是一段不可复制的历史，每一幢传统建筑就有一个独一无二的故事。传统民居大多经历了长时间的岁月沧桑，承载着厚重的文化积淀，是中华民族的文化记忆和文化标志，是一种不可再生的文化遗产。壮族人民向来尊重自然，崇尚人与自然和谐相处的传统文化。传统民居建筑作为不可再生的文化资源和遗产，是民族文化中的一颗闪烁之星，具有鲜明的区域性和历史文化性。就区域性来说，在中国传统民居建筑中最有特点的莫过于北京的四合院、西北的窑洞、客家的土楼等。民居建筑与周遭自然环境息息相关，例如西北汉族的窑洞，黄土高原地貌，少雨干燥，缺乏木材，所以因地制宜地造就了特殊的建筑形态，节省木材、冬暖夏凉的建筑形式给予了西北汉族地域文化更好的体现与传承。有别于西北汉族地区的壮族地区，则是以干阑式建筑为主。壮族民居多聚集在中国南部亚热带气候丘陵地区，以高温潮湿的天气为主，同样也是为了适应天气环境，古人们创造出了这样奇特的建筑形态。在壮语中，"干"被解释为上面，房屋被称为"阑"，顾名思义，是上下结构的居所，干阑式建筑为壮族传统民居典型的建筑风格。壮族人民生性勤劳，喜于依山傍水而居。目前，传统村落以木结构的干阑式建筑为多数，主要式样有两种：全干阑式和半干阑式。木楼上面居民住，下层圈养着牲畜。据《太平寰宇记》载"俗多构木为巢，以避瘴气。"[1]考古学家进一步证明："干阑式建筑，是长江流域及其以南地区的土著建筑形式，大约在新石器时代晚期便出现了。"由此可知，这类干阑式建筑主要是为了对付高温潮湿的天气，抵御猛兽，防盗贼偷盗牲畜以及洪水的侵害。民居的文化多样性在人类历史上是恒久不变的存在，现有的壮族文化中的任意一种文化，当有别于其他文化时，才具有识别性，也才有实际存在的价值。

2 "活化"壮族地区传统民居原因分析

2.1 现状分析

为了响应国家的"美丽乡村"新农村建设，许多地区马不停蹄地开展了新民居建设工作。面对新农村建设不断深入实施这样一个历史机遇，传统和现代、保护和发展如何协调统一、共同发展是值得关注和思考的现实问题。[2]一些壮族地区人民长期以来都没有把民族历史文脉当作不可或缺之宝，所以设计缺少了壮族地区民族文化的内涵。中国南部壮族地区，就地理位置来说稍显偏，交通不如发达地区便利，当地设计行业起步晚，民族地区保护意识淡薄，专业设计人才缺乏，由于社会的发展，使新农村开发不合理，盲目发展旅游业，反而更加剧了当地村落传统民居原始风貌的破坏，新农村建设危机加剧。为了有笔直的村道、平坦的路面，砍伐珍贵树木，推倒古建筑，忽视了生态环境的保护。有些甚至拆除了原有具上千年历史的民居，集中搬迁到新村场，而设计单一形态、毫无地域文化特征的新民居。大部分壮族地区新民居要么是千篇一律的所谓的西式洋房，要么是毫无规划的钢筋水泥。如广西的巴马壮族地区，近些年来，巴马作为长寿之乡颇受关注，游客络绎不绝。可是，为了发展旅游业，一些村落盲目地拆改房屋，想以新的建筑形式招揽更多的游客驻足，但殊不知，建造的与长寿之乡碧水青山的环境不协调的房屋，反而起到反作用。既然来了巴马壮族地区，游客希望感受的正是壮族民族文化和建筑特色。这类新民居与村落环境格格不入，这些违背自然、生态的表现，与生态文明核心的"人与自然的和谐发展"是不一致的，辨识不出民族文化特征，摒弃了壮族原有建筑风格，失去了壮族的文化记忆和生机。

2.2 意义和目的

在进入21世纪后的十多年来，我国自然村总数锐减为近100万个。新农村建设是统筹城乡发展，生活宽裕是基本的目的。"美丽乡村"新农村建设的重要组成部分便是保护和传承民族文化，被省委、省政府提上了工作议程，成了践行"中国梦"的重要举措。如何"活化"这片壮族传统民居是迫切需要人们解决的大问题，因为民居建筑是人文与自然的有机结合，在当前倡导"美丽乡村"，"活化"人与自然和谐发展的新传统民居显得尤为重要。而民居承载着的历史文化是沉淀了多年的古老艺术，因社会、民族、文化、经济及物理环境因素相互的作用而形成差异，象征着各地域、各民族的演变历程，见证与记载着历史遗留的物质文化，传达着各时期人们的精神文化生活。文化是民族之魂，正是每个民族的特征差异，产生了民族的独特性。在壮族新农村民居建设中，每一幢房屋皆有其物质财富与精神财富，也同样应该保留住民族文化的根本，才能反映出民族的标识。新农村民居建设的保护和传承，充分地反映了当地居民的文化习俗，并融入当地的自然生态环境中，表现出了民族、地域、传统文化和社会习俗等诸多要素，能让后代看见建筑历史的痕迹、文化的传承，具有很高的价值。正因如此，更应该秉持保护与传承原则，有规划性地进行壮族地区的民居设计，将壮族地区沉淀了千年的建筑文化重新赋予生命使它"活"起来。

3 "活化"壮族地区传统民居的建议

3.1 以人为本

人是"活"的，民居更应该是"活"的。人的农村，就该以人为本。民居是以人为主体的空间建筑，生活宽裕是新农村建设的核心目标。想要达到生活宽裕的目标，就应该从实际出发，考虑人本身对民居环境的需求，要吸取传统民居文化之精髓，充分利用当代的建筑方式和材料，设计既适合现代人的居住条件，又具有传统民族民居文化特色的民居建筑形式，如从传统壮族的干阑式建筑形态中，壮族地区新农村可以取建筑的"魂"。干阑式建筑的最大特点为上下层，设计时可保持上住人、下圈养格局，传统的结构是木质为主，"活化"传统民居则可以用混砖白墙灰瓦的方式砌上下格局，保留房屋下部圈养牲口、摆放农具的分区，既符合现代房屋条件，又保留了传统建筑格局，而居民养殖种植的习惯依旧沿袭。除了民居的整体设计之外，需要充分挖掘壮族地区的传统文化，从歌圩、三月三、壮锦纹样、壮族图腾等民俗艺术中找到标记。民族的文脉也是以人为本的态度，并且向村民大力宣传民族文化的珍贵及保护传承的重要性。如此一来，"活化"之后的壮族传统村落才会呈现出一派百花齐放、欣欣向荣的局面。

3.2 生态自然协调

传统民居的"活化"重点在于自然生态环境与传统建筑，"天人合一"也将是倡导的原则。壮族民居都喜于依山傍水而建，地区也享有山清水秀、生态自然的有利条件，农村生态文明制约着农民的经济发展和生活水平的提高，"活化"，就得把生态自然协调融入壮族地区新农村建设的"血液"里，真正做到顺应和尊重自然，保护和合理开发好山、水、林、田、地等生态资源，让村庄新民居整齐有序而不是杂乱无章，把村容村貌整得有壮族民族特色，让青山绿水环绕相间。"活化"传统民居应当利用好空间场地与周围环境，民居设计空间与外部环境空间相互作用，使壮族新民居本身的意境及村落整体的功能与环境得以统一。正如壮族的新农村，干阑式的改良加上现代的建筑材料以及屋檐绘有装饰图案，都和生态环境统一在同一个村落中，展现着不同于其他民族的新农村样貌。壮族新农村建筑要充分体现出地域特色，需注重建筑外形和内部特征与自然生态环境的协调。

3.3 结合民居建筑展现独有的地域文化

新民居建设的最大利益是提高人民生活水平。"活化"

壮族地区新民居也应该借鉴国内外成功经验，结合民居建筑展现独有的地域文化特色。"活化"的原则对于进行新农村建设具有重要的文化意义和现实意义，任何一个地方的传统民居建筑，都是一个民族文化的基本表征，对于社会、国家以及居民都具有多方面的价值。近些年来，经济的发展和交通逐渐便利，旅游业成为发展经济的大热门。壮族地区新农村建设应在传承民族传统文化和保护文化遗存的基础上，优化村庄的人居环境，合理适度地开发休闲旅游业，把村落的民族文化与现代文明有机结合成为新农村建设的美丽乡村。在保护的前提下，将村落文化、民居建筑等作为旅游文化资源，是"活化"传统民居和传承民族旅游文化内涵的必经之路。新农村民居建筑提炼传统民居中优秀的文化基因，并找到当代表达的载体，结合新农村村落大环境，开发成独有的地域文化旅游村，例如开发成功的汉族徽派建筑的典型代表西递、宏村古民居群，广西巴马瑶族长寿村都是展现地域新农村建设文化村落的典范。旅游村中通过开辟各种增收渠道，增加农民收入。发展农家旅游，让游客进入建筑生活，使其亲身领略到壮族地区新农村民居的文化魅力。具体针对壮族地区新农村，建设原住韵味与现代文化相结合的新兴发展业态，开发具有地域特色和民族风情的旅游文化产品，是"活化"壮族地区传统民居的重大举措。

4　结语

"活化"壮族地区传统民居建筑设计必须在继承中创新，有选择性地保留壮族传统文化中有价值的内容，创造性地将传统建筑与当代建筑相结合，追求自然和谐的效果。[①]当今社会飞速发展，生态自然要求协调，传统民居建筑也应当保持平衡，蕴涵着历史文化的壮族传统建筑，将以其特有的民族文化魅力"鲜活"地向人们展示新农村民居建筑的未来。

参考文献：

[1] （清朝）佚名 . 太平寰宇记 [M].

[2] 文红 . 试论新农村建设中民居特色的保护与传承 [J]. 民族论坛，2007（10）.

---

① 周波，杨京玲 . 中国传统文化在建筑设计中的传承与发展 [J]. 东南文化，2011-3.

南宁三街两巷改造中岭南地域装饰符号解读

广西艺术学院　覃　宇

武汉理工大学　曾晓泉

摘要：三街两巷作为南宁传统历史街区，其街区以岭南建筑文化作为主要基调，是南宁市历史发展的一个缩影，也是南宁建筑史发展的一个载体，但在近年来的旧城改造当中，地域性文化与民俗在南宁城市发展过程中日益褪去色彩，本文通过对三街两巷的实地调研，以地域性装饰符号为侧重点来解读南宁三街两巷在改造中如何将传统岭南装饰符号融入其中。

关键词：三街两巷；岭南建筑文化；地域性装饰符号；岭南装饰符号

0　引言

对于南宁而言，岭南文化是其地域文化构成的一部分，岭南文化在发展过程中融汇了中外的元素，形成了其独具的文化特色，其文化构成涵盖了建筑、园林、语言、戏曲、工艺美术、绘画、饮食等。但在人们的潜意识当中认为岭南文化即为广府文化，其实不然，岭南文化以地域划分主要为广府文化、桂系文化和海南文化三大体系。在桂系文化中，因广西主要为少数民族聚居地，其文化的最明显特征则是少数民族众多，主要聚居了壮、汉、瑶、苗、侗、京、回等12个民族，带有别样的民族风情；其次，那里保留着众多的古迹，如三江侗族的建筑、融水苗寨、黄姚古镇、南宁黄家大院等，都体现了桂系民居建筑文化悠久的历史。南宁作为桂系文化发展较为活跃的城市之一，其在传承广西本土桂系文化的基础上，又汲取了广府文化体系的精华，在南宁本土涌现了许多岭南民居建筑，如地处闹市区的"三街两巷"是至今还遗留的百年前独具岭南特色的建筑，在语言、戏曲、饮食上也继承了广府文化的特色。

1　岭南传统装饰符号解读

岭南建筑为增强其艺术性，将实用与审美相结合，在充分考虑了当地的气候条件、地形地貌、材料、民俗风情及海外思潮等因素的影响下，建筑装饰上多为精细与质朴、中西交融的特色。

1.1　细部装饰

作为丰富建筑外观的重要组成部分，岭南建筑在其细部装饰上主要由屋脊山墙面、大门、漏窗花墙、照壁、柱础等元素构成。山墙的墙头通常分为"金形圆而足阔"、"木形圆而身直"、"水形平而生浪"、"火形尖而足阔"、"土形平而体秀"五种形式，即金、木、水、火、土，在实际运用中，式样的选择依当地地形、环境及五行的说法而考虑，脊饰上印有各类人物、花鸟、凤凰、鳌鱼、跃龙等，正中为"祥龙吐珠"。其中作为岭南建筑典型代表的是"镬耳墙"及青砖砌墙，镬耳墙在坊间被认为蕴涵富贵吉祥、丰衣足食之意，青砖砌墙则源于起初用于大户人家的外墙。大门处于建筑外部的中心，既是外部进入建筑中重要的交通节点，又是反映户主身份高低的象征，大门主要分为围墙大门及住宅大门，在门壁、檐口、屋脊饰面上采用绘画、雕塑、陶瓷等绘制寓意吉祥和反映民俗风情的纹样，造型上以简洁的线条配合光影突出门头的核心位置。漏窗花墙一般用于民居内部及庭院外墙，具有遮阳和通风的功能，材料多采用砖砌、陶制等，使用纹样主要为较规则的几何图案。照壁放置于大门入口后，坊间认为照壁放置于此处能有辟邪的作用，实质上，照壁在视觉上可起到遮挡视线的作用，材料上以砖砌筑而成，壁中央绘制纹样来装饰。柱础一般用于公共建筑或大型宅邸，通常采用石材制作，具有保护木柱底部和防水防潮的功能，形式有圆形、方形、六角形等，普通民居通常采用形式较为单一的柱础，带有纹样雕刻的柱础则多用于大型宅邸及宗祠中。

1.2　装饰分类

建筑雕刻作为传统建筑装饰的重要组成部分，除在某种程度上提供建筑特定的使用功能之外，也可满足人们审美的需求。岭南民居在雕刻艺术上主要有木雕、石雕、砖雕、灰雕、陶雕等。木雕主要在建筑的梁架、外檐等装饰上结合建筑构架进行雕刻；石雕则常用于建筑的柱、柱础、门槛、栏杆等；砖雕由石雕工艺衍化而成，由于其性价比及雕刻难度略比石雕低，表现风格上较为灵动活泼，故在民居建筑上得以广泛使用；灰雕用材以灰膏为主，可随意在墙面上绘制不同种类的壁画；陶雕采用陶土烧制所需形状，而后采用糯米及红糖水为粘合材料，主要用于屋脊上的装饰。

其次在构件装饰上，以木质装饰构件为主，讲究层次分明、有序、协调，其种类包括门、窗、门罩、挂落、檐板、家具等，主要用于大型宅第及小型民居中，但在雕刻工艺精细程度及纹样所表达的内容上大型宅第更为丰富。

2　南宁岭南建筑装饰符号

南宁建城一千多年的历史中，自清朝初，南宁商贸与各地往来频繁，随之与外界的交流也愈发密切，加之桂系文化作为岭南文化重要的组成部分，在此环境影响下，南宁市出现了如黄家大院、"三街两巷"等一系列具有岭南及南洋特色的民居，这些建筑既是南宁市历史发展的一个缩影，也是南宁建筑史发展的一个载体。

2.1　黄家大院

作为南宁岭南民居建筑的代表，始建于清康熙年间的黄家大院，占地约3000平方米，房屋依次沿轴线左右对称展开布局，形成横向四排的布局，纵向共为九进，主体结构采用砖木结构。内部房间布局呈左高右低的状态，左边为花厅、道厅、神厅、居室等主建筑。

对于黄家大院细部装饰而言，因大院起初新建之时社会动荡不安，为抵御外敌及保护居民的安全，外墙采用青砖砌筑，保证外墙的坚固之余也遵循了岭南传统民居特有的外墙肌理，出于门面的效果，主入口处两侧房屋二层外墙上依稀可见八角形漏窗花墙，丰富了入口漏窗花墙的装饰性，而内部外墙的漏窗花墙则采用较为规整的"十字形"镂空。大院主轴线上共设四道大门，第一道门门头采用了较为西式的手法处理，大门两侧偏上还保留着两个小孔，

是前人所设的枪眼，抵御外敌时用作隐蔽的枪口发射处；第二、三道门在装饰上手法一致，采用了单檐屋盖，上方的墙上刻着龙凤图案，寓意龙凤呈祥，门口背部屋檐下有方形木格栅作为饰面装饰；最后一道门做法较为简单，以砖砌筑成门形，作为连通轴线及呼应纵向的四进。由于内部破损及许多屋舍闲置，在小木作这一装饰上仅存有窗花及入户大门上方的门头装饰，窗花多数采用较为简洁的竖向线条，而门头上方的装饰则使用了方形的几何纹样。

2.2　"三街两巷"

"三街两巷"的由来：清朝南宁开埠以来，货运船只源源不断驶入邕江，依托邕江码头的优势，在今民生路一带便形成了两条纵向的巷子——金狮巷和银狮巷，因传说曾有一对金银狮子在此嬉戏而得名，两条巷子都以东西横向贯穿于整个商业区，其功能定位以居住区为主。沿着巷子往东，则是南宁解放路、民生路、兴宁路首尾相连而成的主要街道，除民生路贯穿方向与金银狮巷一致外，解放路与兴宁路则头尾沿南北纵向贯穿整个商业区，三条主街功能定位以商住为主，骑楼的建筑风格，底层为柱廊形式，建筑进深较大，而开间略小，因沿着街道，供商业使用，楼上则为仓库或居民居住空间。

在"三街两巷"的装饰上，解放路依稀保留着一些较为完整的骑楼建筑，而民生路与兴宁路则通过改造及部分破损建筑的拆除，使这两条街道面貌焕然一新。解放路街道现存的岭南骑楼建筑，其建筑风格中西合璧，以南洋式和仿古典复兴式为主，窗花则多用木格窗棂的满洲窗，立面装饰构件雕刻西式浮雕，阳台栏杆采用铸铁栏杆。民生路与兴宁路步行街骑楼通过政府的改造，以南洋式风格为主，主体由清一色的改良罗马柱支撑，以淡黄色为立面主色调。金狮巷作为"三街两巷"中保留最为完整的传统岭南民居建筑群，外墙为青砖砌筑，建筑外墙二层多为十字漏窗花墙而院墙则用八角形漏窗，院门采用单檐屋盖的形式对门头进行装饰，而一些竹筒型的近代民居，门口采用了广州西关趟栊，既有利于房屋的通风又起到了防盗的作用。相比金狮巷尚存的传统民居而言，银狮巷的传统民居早已被拆除，更多的是20世纪八九十年代新建的房屋及部分现代商业建筑。

由于缺乏整体的规划及历史文物保护意识，该片区现存建筑超期使用、建筑装饰构件破损严重、公共配套设施不齐全等问题。《老南宁·三街两巷修建性详细规划》通过了专家评审，《规划》按照修旧如旧的方式，对整个区域将进行重新统一改造，提升市中心的城市景观和商业价值，有效保护和开发区域内历史建筑及文物，为下一步南宁市申报国家历史文化名城工作做好准备[1]，笔者重点以岭南民居建筑装饰艺术来论述岭南地域装饰符号在南宁市"三街两巷"改造中的运用。

3　南宁三街两巷改造中岭南地域装饰符号运用

3.1　尊重历史肌理

尊重历史肌理，非完全采用复制照搬的模式，应将传统与现代相互结合，突出时代及地域特征。正如吴良镛院士提出的"抽象继承"的观点：一是将传统建筑的设计原则和基本理论的精华部分加以发展，运用到现实创作中来；二是把传统形象中最具有特色的部分提取出来，经过抽象，集中提高，作为母题，再用到当前的设计创作中去。[2] "三街两巷"的改造中传统装饰元素的表现并非一味地仿古，还原原始的街区面貌及完全注入原始的装饰元素，而是应该深刻理解岭南建筑文化，提取岭南建筑文化中建筑装饰元素的精华并表达出来，不应仅仅追求表面的继承只做到"形似"，而是将重点放在建筑的精神内涵上。三街两巷的改造中，历史遗留的保护文物需加大修缮力度，破损程度较低的民居及装饰构件则适当修缮，为保护历史风貌部分可采用"修旧如旧"的方式进行改造，保证其建筑风貌、色彩、装饰上继承传统的岭南建筑特色，破损程度较高的建筑可采用现代施工工艺进行建造，并在尊重传统装饰元素的基础上对装饰构件再次设计。

3.2　装饰符号的运用

屋脊山墙、外墙、大门、漏窗花墙、建筑雕刻、木构件等为岭南民居装饰的符号，在"三街两巷"的改造设计中，应以传统的装饰符号结合建筑的造型、功能和与周边环境的协调来融入装饰元素。除民生兴宁路步行街和解放路部分的南洋式和仿古典复兴式外，"三街两巷"现存建筑外墙以青砖砌墙为主，墙作为丰富岭南建筑外观的主要组成部分，以青砖砌墙作为"三街两巷"改造建筑外立面的主色调，既可让建筑保持原有的传统风貌，同时灰色调的沉稳也能与周边的现代建筑相互融合。民居主要分为竹筒型和院落型。竹筒型小开间的大门可采用广州西关趟栊，简洁的木质直线条，可保证采光、通风及防盗，又能让街区的邻里来往更为方便；院落型的民居门头可用单檐或重檐屋盖，院墙局部沿用漏窗花墙的装饰手法，墙面和花格等部分可采用雕刻简单的修饰。传统檐口、柱头、窗等部分，严格遵守传统的做法和比例，还原建筑的传统韵味。

新建建筑应结合现代的建筑材料和施工工艺，通过提取传统装饰符号进行重构，用于装饰，如窗花的运用，岭南一带民居较喜欢使用满洲窗，"三街两巷"中解放路使用满洲窗的频率较高，新建民居的窗花使用可简化花窗的纹饰，提取满洲窗的基本纹饰形状进行抽象化并将钢架与玻璃结合用于沿街外立面上，可增加建筑的现代感和坚固性而又不失传统的韵味。由于街区部分区域空间狭小，可在部分廊道上增设玻璃廊的装饰，这样既可增强巷道间的呼应关系，又可通过玻璃廊架的装饰增加户外的景观空间。

3.3　装饰符号运用与现代生活的结合

装饰符号的运用除了考虑建筑自身的美观外，还需考虑其使用功能是否适于现代人的使用。基于"三街两巷"危旧房隐患、无消防通道、公共及市政设施配套不齐全等现状问题，首先在建筑内部需考虑功能的置换，采用现代材料、技术改变原先民居内部采光、通风、隔声等问题，原有许多院门的尺度较小，笔者认为，将原有的院门尺度扩大能保证疏散的功能也不影响装饰的美观；其次，考虑"三街两巷"中三街为商住结合区，对于商业氛围浓厚的街区，要做到能让使用者停留在此感受老街的韵味，商业区外部装饰种类可比居住区更为丰富，建筑雕刻图案上可稍微复杂一些，除以岭南常用的花、鸟、人物、山水外，还可以街区的一些传说、历史作为雕刻主题，在商业氛围如此浓厚的地方也能感到老街的历史；第三，不可忽视的还有与周边环境的结合，现今国内许多老街以纯仿古的手法改造和装饰，造成与周边的现代建筑完全脱节，"三街两巷"的改造在整体的色调上不可过多使用鲜明的色块，这样既不符合传统民居的用色，也与周边的环境不协调，应使用较为中性的色彩，如青砖砌墙的灰色。

4　结语

何镜堂院士曾说："我们是要提升我们全民族的一种对理想，对民族，对文化的力量，现在我们党也是提倡这个东西，国家也是提倡，所以要弥补我们这方面，光是政治发展不行，我们的追求比较强调物质的力量，强调享受的力量，而缺少精神文明的一种寄托，这个对一个民族是不好的。"

装饰艺术是传载着历史文化和民族风情的重要纽带之一，对传统文化的传承对于我们来说任重而道远。与两广其他城市相比，南宁传统岭南建筑装饰艺术在逐步衰减，如何将南宁岭南建筑装饰艺术与当今的文化可持续发展相结合，是一个值得我们进一步探索的课题。

参考文献：

[1] 中国建设报.南宁将修复"三街两巷"[OL].2012-08-22. http://www.chinajsb.cn/bz/content/2012-08-22/content_68655.htm

[2] 吴良镛.广义建筑学[M].北京：清华大学出版社，2011：77-79.

[3] 凤凰博报.何镜堂：建筑要有精神与信仰的寄托[OL].2010-12-24.http://blog.ifeng.com/article/9301464.html

[4] 陆琦.广府民居[M].广州：华南理工大学出版社，2013：3.

[5] 薛颖.近代岭南装饰研究[D].华南理工大学，2012：12.

[6] 韩强.岭南区域文化构成及特色[J].岭南文史，2012（4）：17-22.

西南传统村寨现代开发利用浅析

——以桂北、黔东南地区为例

广西艺术学院　张　鹏

摘要：村寨景观是现代旅游开发的热点项目，合理地规划布局，传承和发扬传统民居文化，既能保护传统建筑空间，又能改善群众的居住条件。西江千户苗寨和三江程阳八寨是西南地区少数民族村寨的典型代表，对其现代开发利用进行分析对比，对西南传统村寨的保护发展提出建议。

关键词：西南村寨；功能布局；景观利用

　　我国西南地区聚居着众多少数民族，民族的多样性使得这一地区建筑文化的多样性尤为显著，在此土壤中孕育出的传统村寨也显得异彩纷呈，具有独特的魅力。现今保存下来的传统村寨大多分散在郊野，依靠自然环境形成的村寨形式与周围地形、水体、植物、田园等要素构成了和谐独特的农村景观，具有历史、文化与艺术等价值。

　　随着现代化的发展进程，近几年来经济的发展、文化水平的提高、旅游业的兴旺和生活水平的提升，使得传统村寨的空间布局、景观的形态、建筑的保护利用面临严峻的考验，如何传承开发新时代背景下的传统村寨，是风景园林专业工作者必须深入思考研究的问题。

　　本次外出考察区域为桂北-黔东南地区，该区域是近年来我国传统村寨旅游开发的主要地区，主要考察了西江千户苗寨、肇兴侗寨、朗德上寨、芭沙苗寨、黄岗侗寨、程阳八寨等传统村寨。通过实地的考察调研，以贵州省西江千户苗寨和广西壮族自治区三江程阳八寨的开发现状为例进行分析，从风景园林专业的角度研究景观规划设计对传统村寨发展的影响，对西南传统村寨今后的保护和发展提供理论参考。

1　西南传统村寨传统风貌

1.1　黔东南地区传统村寨概况（以西江千户苗寨为例）

西江千户苗寨位于贵州省黔东南苗族侗族自治州雷山县境内，距离县城36km，距离黔东南州州府凯里35km，距离省会贵阳市约260km。西江苗寨由10余个传统自然村寨组成，是目前中国最大的苗寨，现有1460多户，因此得名"千户苗寨"。西江是一个保存苗族"原始生态"文化完整的地区，牯藏节、苗年声名远扬，西江千户苗寨也被称为露天的博物馆，是认识研究苗族传统文化的首选之地。

　　西江千户苗寨地处河流谷底，清澈的白水河穿寨而过，传统苗寨的建筑集中位于河流东北侧的河谷坡地上。苗寨的上游西区为开垦的大片梯田区域，具有浓郁的农耕文化和优美的田园风光。由于受到地形与资源的影响，当地苗族建筑以木质结构的吊脚楼为主，利用地形的特点，上千户吊脚楼随着起伏变化，十分壮丽。苗族居民根据自己的信仰和习俗，在村寨坡头种植成片的枫树作为守寨树，成为重要的自然景观之一。千户苗寨具有深厚的苗族文化底蕴，苗族的建筑、服饰、银饰、传统习俗在这里得到了很好的传承延续。

　　1982年，西江被贵州省列为农村旅游开放区，1987年确定为贵州东线的民族风情点，2005年被评选为中国民族博物馆西江千户苗寨馆，2008年正式步入发展阶段。

1.2　桂北地区传统村寨概况（以程阳八寨为例）

三江侗族自治县位于湘、黔、桂三省交界处，是黔东南和湘西出海出边的必经之路，而程阳八寨就坐落在三江县与湖南通道县相毗邻的林溪乡一处四面环山的河谷内，距离县城19km。由马鞍、平坦、平寨、岩寨、东寨、大寨、平铺、吉昌等八个自然村寨组成，形成一个自然村寨景观，俗称"程阳八寨"。

村寨整体坐北向南，依山傍水，顺应山势，充分利用当地的自然条件，使村寨的山水、田园、建筑和谐统一。当地侗族人民就地取材，依山就势地创造了适应南方地形气候的木构干阑建筑，程阳八寨共有2000多座吊脚楼，9座鼓楼，7座风雨桥。世界四大历史名桥之一，国家重点文物保护单位——程阳风雨桥就坐落于此。由于地理位置较偏僻，这里纯正的民族风情得以保存，完好地保留着侗族的木楼建筑、服装、饰品、歌舞文化、生活习俗等古老传统。

程阳八寨是广西三江侗族自治县旅游开发最早的传统村寨群，是桂北地区传统村寨的典型代表。

2 西南传统村寨的发展现状
2.1 黔东南地区（以西江千户苗寨为例）
2.1.1 西江千户苗寨的功能布局规划

西江千户苗寨以从寨中穿过的白水河为轴，村寨入口景观区设计有能容纳客车20辆、普通汽车100辆的停车场，从景区大门入口至苗寨寨门之间约1000m的山路，可乘游览车、客车并设有人行路。入口的设计从心理学的角度，让人感受一种远离尘嚣，前往世外桃源的心情。河流东北侧为传统村寨保护区，保留老寨建筑和传统苗族生活方式，在其中规划苗族文化展示区和民俗活动体验区，让人们深入地了解传统苗族村寨的风土人情。河流的南侧为新建游客居住区，河流上游为田园风情区，在两侧村寨最高处设计有观景台，供人们将千户苗寨全景风光尽收眼底。沿河流两侧为商业区，功能齐全，有饭店、邮局、服装店铺等。

大寨中央设芦笙场，河沙坝设斗牛场，赶集处有斗鸡场，都有各自不同的集会活动举行，节日期间更是热闹非凡，人声鼎沸。

2.1.2 西江千户苗寨的建筑开发改造

作为一个未经规划的自然形成的村落，传统村寨每家每户的房屋都是自己修建的，并没有整体地协商和统一，但是每个单体建筑的修建都是建立在尊重原始地形条件的基础之上，依山而建的。再加上相对统一的建筑材料和建筑形式，于是从整体上看，建筑相互之间、建筑与环境之间达到了令人惊叹的和谐。

景区的建筑都保留着原始的建筑风格，以木结构吊脚楼为主。西江千户苗寨在保护老寨的同时，在新寨的建设中传承传统工艺建造，部分建筑进行了现代材料的应用，一层为砖结构，二层及二层以上部分为木结构。新建建筑

大部分以商业功能为主，传统建筑以满足苗寨家居功能为主，新的建筑在内部空间上进行改造，增加了卫生间等功能空间，符合城市人的需求。

合理的新旧区域划分和建筑风貌的整体统一，良好地保护和传承了传统建筑，满足了游客对居住的需求。

2.1.3 西江千户苗寨的景观构成要素

道路是景观规划设计中的组成要素，风景区内部游览公路一般由景区游览干线、景点游览支线和步行游览小道组成，以游览干线为主干，分别向各景点敷设游览支线和步行游览小道，像树枝一样联系所有景点。西江苗寨内部基本不通汽车，是一个以步行为主的村寨。寨子中的主要道路与河流平行，同时也是地形等高线的走向。传统村寨的道路与建筑是有关联的，在自然形成的村寨中，道路没有规划设计过，道路仅仅是由建筑落成后的间隙构成。因而建筑随山势而建，道路自然而然地也依山就势，蜿蜒起伏了。西江的主街路径宽阔，能良好地适应旅游发展，其他道路的尺度较小，以步行为主。曲折蜿蜒的路径丰富了街道的天际线，沿街立面得到了更好的展示。这种富有变化的游览路线，可增加游客游览的兴趣。水系穿寨而过，是村寨景观空间中重要的组成元素，建筑与河流走向相依相偎，河流与村寨的亲密关系表现出了充满灵性的苗寨环境景观，是村寨景观的独特之处，规划将河流两岸原农田改为商业区，复建传统的苗族木构建筑与水中倒影对话，自然驳岸可增加游人的亲水性。

传统村寨的梯田区域规划设计为农田风光区，传统村寨景观是农田和自然风景的结合，但现阶段开发不足，修有主要游览路径，但缺乏公共设施，例如垃圾桶、座椅等。吃农家饭，穿民族衣，种农家地，才是农趣。

公共设施具有明显的地域风情，路灯、邮箱、指示牌等公共设施设计有代表当地文化的元素，千户苗寨的基础设施完善，指示牌、路灯、休闲座椅等全区覆盖，能接待不同流量的游客，即使单人游览也不用担心迷路。"千户夜景"是西江千户苗寨的最美风光之一，完善的公共照明系统有利于景区夜景的游览。

2.2 桂北地区（以程阳八寨为例）
2.2.1 程阳八寨的功能布局规划

在当地侗族文化的影响下，程阳八寨空间结构以鼓楼为中心组成民居组团，由风雨桥巧妙地连接，构成了点线连接的结构整体。程阳八寨入口处，设立有容纳客车8辆、小车40辆的停车场，古朴美丽的程阳风雨桥屹立在不远处。寨内主要商业和游客居住区集中在平寨，商业区和传统民居的混合有益于让人们体验传统民俗风情，不利于古建筑的保护，覆盖面较小。民俗文化体验点设计不多，主要景观以建筑为主，商业区以饮食住宿为主，带有少量的纪念品贩卖店铺。受风水学说影响，侗寨与溪河、水塘联系紧密。

自由的水系蜿蜒环寨而去，配上精美古朴的风雨桥，组成美丽生动的风景画，景区关于亲水互动的设计较少，让清澈的溪河只能观，不能游玩。

2.2.2　程阳八寨的建筑开发改造

巧夺天工的鼓楼、风姿绰约的风雨桥和独具匠心的吊脚楼是侗族村寨精美的人工景观。鼓楼在传统侗族村寨可起到保卫、凝聚和议事的功能，是重要的公共场所。程阳八寨内建筑由传统工艺者设计建造，传承着古老的建筑风貌。在鼓楼的利用上还存在欠缺，游客仅能观赏到建筑的精美，体验不到鼓楼在传统侗寨中的文化活动。风雨桥在景区中起到了穿针引线的作用，但过去的侗家建桥，不仅为了交通的便利，更重要的还有民俗文化内涵，拦截风水宝气，保护村寨平安更是风雨桥的精神含义。风雨桥在功能上便利交通的同时，还为人们提供了休息娱乐、交易的场所。侗族的民居建筑又称"干阑楼"，为迎合旅游发展，新建的干阑建筑保留传统建筑外观，改善内部使用功能。

2.2.3　程阳八寨的景观构成要素

道路系统是景区的内部骨架，保持传统面貌的路径，有天然自成之趣。街巷多在溪边与风雨桥衔接，沿着等高线的小径分散在民宅周围，起到了连接自然空间、公共空间、私人空间的作用。地面铺设材料为青石板，与整个侗寨的古朴风格一致，和传统村寨景观整体和谐统一。

程阳八寨水系发达，不但有环寨而去的溪河，寨内还有面状的风水塘，不但可起到降温调节小气候的作用，也可方便生活用水。传统村寨的内外水系结合，创造了良好的村寨环境，现阶段开发利用较少，水体是景观组成的重要因素，合理的规划设计更能美化村寨环境。

基础设施不全，路灯、垃圾桶、座椅覆盖率不够，导致部分时间无法外出游览。景观导视系统的不足，让人们无法更方便地游览村寨，会错过很多景点。

3　黔东南与桂北传统村寨对比

3.1　整体规划对村寨的现代开发影响

在西江千户苗寨与三江程阳八寨的比较中可以发现，千户苗寨规划较为整体，基本将规划范围分为三个层次：核心区、风貌控制区和外围接待区，将村寨的景观资源合理利用。规划将入口对外交通外移，解决过境交通对传统村寨景观的影响。入口设置门票管理站、服务中心、标志性大门、游客集散广场及大型停车场，满足外围接待功能。

新旧寨的分区可更有效地保护传统建筑，特色的民族风情体验展示区域从多方面、多角度展示民俗文化，让游人充分感受传统村寨文化内涵的同时，又为当地村民带来了好处，沿河的规划设计，丰富了临水建筑立面，让河岸风光成了新的美丽的景观带。

传统的公共活动有着自身的特点，被村寨规模和人口限制，人与人之间基本相熟，农闲时又有大量的空闲时间，使得村民之间或两三人，或数十人不同规模地相互聚集。公共空间正是提供这样活动的场所，而少数民族有参加各种传统节日活动的风俗，这些都是需要公共空间提供场地进行的。西江苗寨的公共设施也是多种多样的，既有功能性设施，也有休息、活动的场所。

商业区的覆盖范围合理，功能齐全，满足现代人的旅游消费需求，更利于带动当地的经济发展。

3.2　传统建筑的传承利用对现代开发的影响

西江千户苗寨与三江程阳八寨的传统建筑保持得相对完好，但传统工艺都是靠手艺人代代相传，人为影响因素较大，其传承方式相当脆弱。木构民居建于斜坡陡坎之上，年代久远，干燥易燃，火灾隐患大，生产生活用火，都是导致建筑实体毁损的危险因素。由于外来文化的冲击，思想观念改变，许多年轻人已经不愿意住陈旧的木房，认为居住木质结构的房屋是一种落后与倒退，喜欢高大整洁的楼房，根本不愿意去学习这种古朴建筑的技艺。所以，将古村寨与新村寨分区能更好地保护有历史意义的建筑。为满足现代人的需求，新材料的引入已成为必要条件，传统木构建筑隔声效果差，空间布局受结构限制。而以砖石一层，二层以上木构的新村寨建筑，在传承基本建筑风貌的同时，有效地改善了传统建筑使用功能的不足之处，增加了建筑的稳定性。传统村寨需要发展，为提升当地人的生活质量，不应一味地复制古建。

侗寨的标志性建筑鼓楼利用率不够，适当的增加亮化系统，将景观点以新建鼓楼中心发散设计，给予更多的使用功能，如登楼观景，聚会表演等。丰富村寨的景观空间。

3.3　村寨景观设计对现代开发的影响

西江千户苗寨与三江程阳八寨的景观设计比较，千户苗寨的自然风光和人文景观利用率较高，可以做到百步一景。丰富的自然和人工景观体现了乡土气息和亲近自然的朴实属性。完善的公共设施，给游人带来便利，公共设施上传统的元素符号设计更让人印象深刻，传播着民俗文化。合理的道路设计，方便游人观赏的同时又利于村民的出行，一举多得。材料的选择上，选取当地石材铺设，与传统村寨风格和谐。水系是传统村寨的血脉，又是景观设计中重要的元素，改善河流的亲水性，丰富河岸景观，形式和功能不同的水环境能造就村寨新颖的水体景观。

田园风光和自然风光的结合是传统村寨景观的要点，现阶段村寨的开发以建筑核心为主。美丽的梯田在村寨附近形成美丽的斑块，观光路径、休息点、观景台等基础设施还需丰富，游客在领略当地民俗文化的同时，更希望领略乡土气息，田园风光能直观地表现乡土景观。

4　西南传统村寨的展望

传统村寨拥有丰富的地域文化，是历史的微缩景观，无论在历史、艺术还是在建筑方面，传统村寨都有重要的历史价值。对传统村寨的保护性开发利用，能合理地带动地方经济发展，传播西南地区传统民族文化。在村寨经济发展的同时，我们应寻找农田景观和商业景观之间的平衡，达到村寨传统乡趣的和谐发展。

参考文献：

[1] 范俊芳.侗族传统村寨景观空间形态的保护性规划.安徽农业科学，2015（04）.

[2] 叶雁冰.广西侗族村寨建筑的保护与发展思考.山西建筑，2009（04）.

[3] 贺静.贵州"西江千户苗寨"景观的自然环境特点分析.南方农业，2012（01）.

[4] 任爽.程阳八寨景观空间结构及其特征分析研究.林业调查规划，2010（10）.

建筑设计与地域文化的关系研究

——以广西武鸣博物馆为例

广西艺术学院 叶雅欣

摘要：在"全球化"背景下，世界上的建筑千篇一律，丧失地方的个性与特征，人们想要突破现状，以地域文化为线索对建筑进行研究与设计。文章首先分析国内外地域性建筑设计研究的过去与现在，其次以广西武鸣博物馆为例，从历史文化、地形地貌、当地材料，以及与周边环境和谐共生这几方面进行，分析了地域性建筑设计需要考虑的因素，最后，总结了地域性建筑设计的研究价值，展望了地域性建筑设计未来发展的方向。

关键词：地域性建筑设计；地域文化；广西武鸣博物馆

0 绪论

二战后，由于经济原因，世界上逐渐形成了以密斯·凡·德·罗等大师为代表的追求经济、可批量生产的现代主义建筑思潮，世界上的城市建筑面貌雷同，形式单一。现代主义建筑设计以单一的手法去应对多种不同的需求，以简单中性的方式来应对复杂的设计要求，单纯强调对功能性要求的满足，而忽视了心理性的需求，忽视了个人的审美价值，忽视了传统对于人们的影响；设计师们的经验、知识和能力在新时代、新技术、新知识结构面前显得牵强附会，导致了现代建筑的个性和地域特征逐渐丧失，可识别性的降低，人们对于自身所处的环境难以产生认同感和归属感。这个时候，研究地域文化就显得尤为重要，地域文化的研究与建筑设计相结合，能将建筑创作提升到一个新的高度，一座城市的个性与特色通过保存的地方特色文化来体现。

1 地域性建筑设计研究现状分析

1.1 国际概况

提到地域性建筑就不得不提西方后现代主义建筑。最早在建筑界提出后现代主义看法的是美国建筑家罗伯特·文丘里。他还在学习建筑时就挑战过密斯·凡·德·罗的"少就是多"的看法，他主张采用历史建筑因素来丰富建筑，包括古希腊、古罗马、中世纪、哥特、文艺复兴、巴洛克、洛可可等风格，利用历史符号来丰富建筑面貌。后现代主义建筑理论研究学家认为现代主义建筑是全面否定历史建筑，而后现代主义建筑强调在现代建筑上体现历史特征，赋予建筑历史性与文脉性，实用性地采用某些历史建筑的因素，比如建筑的结构、比例、符号、材料等。如文丘里设计的"文丘里住宅"，在建筑的立面上的大门入口处使用了一个具有罗马三角山花墙形式和比例特征的弧形装饰，象征古典的拱；他利用历史建筑符号，以戏谑的方式设计建造的这栋住宅具有完整的后现代主义特征。另外，也有学者提出后现代主义建筑理论研究的主题不仅仅是历史主义或者装饰主义，更涉及其他边缘学科，如建筑、人和自然关系的研究，在后现代主义运动中，有些学者认为文化与自然不再属于对抗关系，应是和谐关系，建筑界受到这种思潮的影响，产生了关于考虑建筑与环境相关的新探索、新流派。如赖特的作品，流水别墅，其处在美国匹兹堡市郊区的熊溪河畔。别墅由几个具有体积感的块面组成，两层硕大的平台向不同方向延伸，错落开来，几片高耸的片石墙有力地穿插在平台之间。涓涓流水从平台下缓缓流出，建筑与山水树木自然地结合在一起，仿佛原本就是一体一般，室内也保持了这样的自然风格，一些被保留下来的岩石成了室内最天然的装饰品，大面积的玻璃幕墙使得室内隐于自然中，别墅就好像是从岩石与溪流中滋长出来的一样。

1.2　国内概况

几十年来，中国的城市化建设发展快速，建筑的新旧交替频繁，"流行"与"落伍"的快速更新，以及国外设计师对中国市场的进军，这一切都使得中国设计师们迫切找到一条有自己特色的道路。中国幅员辽阔，民族众多，各地差异大，存在着大量的地方建筑，具有深厚的研究地域文化的基础。在新中国成立初期，出现了一批以追求传统和纪念性为目的，以大屋顶为形式特征的建筑，虽然这种手法饱受争议，但它无疑是建筑设计地域性倾向的最早的探索。接下来的很长一段时间，设计师们将官式建筑造型简化后用于民居建筑中，虽然强调的是民族性，但是仍然没有出现地域特色，官式建筑没有地方代表性。1980年代开始，中国的学者们开始着眼于与官式建筑相对的民居建筑，这就出现了以传统民居为创作源泉的地域性建筑。近几年，中国出现了一些以地域因素为设计出发点的优秀建筑，如贝聿铭设计的苏州博物馆新馆。新馆地理位置非常独特，它北边紧挨拙政园，东边毗邻忠王府，南侧则是狮子林，又处在苏州最古老的历史保护街区中。在这样一个文化遗产旁边建立一座现代化的博物馆，贝聿铭主张不高不大不突出，沿用当地建筑的特征——粉墙黛瓦、假山流水，另外使用了钢筋混凝土、平板玻璃、刚性构件等现代的建筑材料，既保护了苏州古城的风貌，又将几千年的文化差异相融合。中国的另一位著名建筑师王澍提出"循环建造是中国建筑的特点。"他也将这样的理念贯穿到他的作品当中。在中国处于"拆"的大环境下时，王澍设计的中国美术学院象山校区却使用了大量的旧建筑材料，所有的砖头、瓦片、石头都来自浙江省的拆房现场，利用这些旧材料，使得他的建筑一起来就有了新建筑所没有的当地历史印记，另外，他的建筑中使用了南方民居中常见的砖、瓦、檐、竹、木等材料来让建筑更富有灵性，他用这种具体的形式继承了传统。不管是贝聿铭的强调结构装饰还是王澍的乡土主义，都有一个"向后看"的共同特点。

2　设计实践与设计理论思考

地域性建筑设计需要考虑反映当地的历史文化、回应地形地貌与当地材料，以及周边环境，以下以广西武鸣县博物馆为例说明这几点。

2.1　地域性建筑设计需考虑反映当地历史文化特点

武鸣县位于广西中南部，是广西首府南宁市的辖县，距离南宁市区32km，旅游资源十分丰富，是广西经济较发达的县份。武鸣县历史悠久，壮族人口占百分之九十，颇具壮族代表性，而这里也是骆越文化的发源地。骆越古国的范围囊括了广西红水河流域，云贵高原东南部，广东省西南部，海南岛和越南的红河流域。骆越文化的中心和最早的国都就在武鸣。武鸣是壮族先民骆越人的祖居地和骆越古国最早的都城所在地。武鸣县管辖十一个镇，五个乡，其中的马头乡是骆越文化中"马头方国"的政治、经济、文化中心，方国是指"由原始时代的部落组织衍变而来的、以血缘（族姓）联系为基础的社会集团"，而方国又是中国最早的国家形式。如此灿烂且具有鲜明地域文化特点的历史正在慢慢地被淹没。

有人说"一个城市的地标不在于它的高度，而是在于能否在身处的环境中显示出独特的气质。"武鸣博物馆的设计立意于深度挖掘骆越文化，传承发扬壮族文化，将该博物馆打造成武鸣乃至广西的标志性文化建筑。博物馆作为地标性建筑，是传播地域文化最好的载体。因此，该博物馆的设计元素来源于骆越文化中的"马头方国"，在该概念中提取的"方国"元素。古代的国都是以城墙来划定国家土地的界限，因此，这里用象征手法得出矩形元素作为建筑造型，矩形的造型四平八稳，突出"国都"的宏伟气势。

2.2　地域性建筑设计需考虑回应当地地形地貌与材料特点

地域环境因素包含地形地貌等自然条件，自然环境是人类赖以生存的外部条件，地形地貌往往决定当地建筑的形式，也是因为各地的地形地貌存在着差异，世界上才形成了那么多特色传统民居，设计师应该通过建筑设计来强化建筑所在地点的自然属性。广西传统的壮族民居分类主要有两种形式，一种为"干阑式"，一种为"院落式"，武鸣当地院落式建筑居多，坡屋顶屋檐下方有一个支撑的结构。根据这些，博物馆内部设计成四个单坡屋顶围合成一个院落民居式的造型，壮族民居的另一特点是建筑中央部分属于公共空间性质，所以，该中庭的设计中加入了连廊，将中庭变成可观赏也可使用的公共空间，水为财，将水围在中央，成为中庭，也成了博物馆内部的景观。

建筑作为物质的存在，材料是建筑的组成部分，地域性建筑与生态环境息息相关，它的使用材料往往就地取材，例如土木结合的建筑、木构建筑、竹建筑、岩石建筑等。武鸣多产石，主要为石膏、石英石等，武鸣博物馆的建筑表皮使用的就是当地的石材。表皮图案来源于武鸣当地出土的国家一级藏品——商代晚期的兽面纹提梁铜卣。为了方便自然采光与通风，以及展览建筑中特殊的用光需求，将表皮分为两部分，一部分是方便采光的玻璃，另一部分是遮挡阳光的混凝土，玻璃部分将铜卣盖上的"天"字变形，作为建筑表皮几何分割的依据，此"天"字有"天子"之意，强调了武鸣是当初繁荣的"马头方国"的都城所在地；混凝土部分提取铜卣盖的边缘以及颈部的龙纹作为表皮上的立体图案。

2.3　地域性建筑设计需考虑与周边环境和谐共生

地域性建筑不仅需要依靠现代技术，更需要考虑自然环境因素，突出可持续发展理念。每个地域都有着独一无二的文脉，但是伴随着城市大规模的建设，城市原有结构遭到了破坏。城市问题比建筑问题更重要，我们需要将对建筑的关注转为对整个城市结构的关注，传承与延续城市原有结构，还原地域性环境。武鸣整个城市文脉呈"井"字形，该博物馆位于武鸣县标营新区，处在城市中轴线上，场地主要出入口沿南面城市道路。场地内设有博物馆、图书馆和档案馆，这三个馆的外形呈矩形，合理利用空间又能与周边建筑环境、城市文脉相呼应。

3　地域性建筑的研究价值

3.1　地域性建筑设计研究的文化价值

地域性建筑的产生能够很好地促进地方文化精髓的继承和发扬，地方传统建筑是针对特定地点而发展出来的建筑体系，具有功能、结构和形式上的合理性，有相当良好的因地制宜特点与强烈的地方特色。这些建筑根据所在地的具体地理情况和人文情况发展起来，都是经过时间的考验传承下来的，是当地民族的智慧结晶。但是由于社会的发展，人们生活水平的提高，地方民居的改造或重建等因素，地域文化正在慢慢消失，而建筑就是这样一个可以传承地域文化的良好的载体，因此，我们在建筑设计中应该通过将地域文化精髓与现代技术和现代人的生活习惯相结合，用现代手法表现地域文化，既起到传承历史的作用，又能改善人们的生活环境。地域文化建筑的产生可以提升城市的文化氛围，增加人文关怀，更增强了各地人民的民族自信心以及对自身民族文化的认同感。

3.2　地域性建筑设计研究的经济价值

经济是社会的命脉，是一个社会持续健康向上发展的根本支柱。地域性民居建筑的生态旅游价值给地方经济带来了极大的促进作用。如北方地区的庭院式建筑，陕北地区的窑洞式建筑，西南地区的干阑式建筑，草原地区的毡房以及青藏高原地区的藏族建筑等，这些建筑与自然环境融合一体，具有相当独特的地域特征，成为人们向往的原生态世界，人们纷纷到这些地方参观旅游，促进了当地的经济发展。又如解构主义大师弗兰克·盖里的设计——西班牙毕尔巴鄂的古根海姆博物馆。毕尔巴鄂是西班牙的一个依靠冶金和化工的城市，经济萎靡萧条，一度陷入危机，

为了摆脱困境，毕尔巴鄂地方政府决定改造城市，古根海姆博物馆就是其中的一个项目，该博物馆位于污染非常严重的奈尔威河的河畔。博物馆在材料方面的使用呼应着毕尔巴鄂长久以来的造船业，如玻璃、钢和石灰石，部分表面还包覆钛金属，这座现代艺术博物馆建造完成后，创造了 4 万 5000 个就业机会，每年来参观的游客就有百万。这个建筑让一个默默无闻的西班牙的小港市闻名世界，而它也成为为数不多的因为一个美术馆而使全市旅游业兴隆的地标建筑。这无疑是一个地域建筑给地方经济带来巨大发展的成功案例。

3.3　地域性建筑设计研究的社会价值

当前中国正处于较为盲目的城市建设当中，城市结构、区域文脉遭到严重破坏。地域性建筑设计以人为本，以自然环境为背景，它不仅满足了人们日益增长的物质与精神需求，更注重环保节能，开发地区特有的可再生能源，降低了不可再生能源的消耗，走可持续发展道路，尊重历史，尊重当地文脉。地域性建筑的产生保持生态环境的同时发展经济，提高了经济生活水平、增加了税收、吸引了外来资本进入、提升了城市形象等。

4　结语

建筑是传播文化的载体，是反映地方文化的最典型代表。地域性建筑是体现城市个性与特征的最直接的方法，地域性建筑设计是未来建筑设计的大趋势，它将给所在的城市带来不可估量的历史、文化、经济价值，必然会在建筑设计的历史上留下光辉的篇章。历史既不可逆转，也无法重现，社会日新月异，不停向前，是自然的规律，提取历史的精髓，用现代的思维方式，现有的技术与材料，将地域文化运用到现代建筑设计中，既创造了具有价值的现在，也尊重了历史。

参考文献：

[1]　王受之．世界现代建筑史 [M]．第 2 版．北京：中国建筑工业出版社，2012：167-173.

[2]　张小迪．流水别墅 [J]．山西建筑，2008．

[3]　刘婉华，梁涛．论后现代建筑的哲学解释学意义 [J]．重庆大学学报（社会科学版），2004.

[4]　刘宇航．度假村创作讨论 [J]．城市建设理论研究（电子版），2012．

湖南宝镜村何氏聚落建筑空间及布局研究

广西艺术学院　黄皖琳

摘要：江华县宝镜村位于湖南省永州市，属湘南地区，泛指湖南郴州、永州、衡阳南诸县，与江西赣州、广东韶关、广西桂林等地接壤。地形以丘陵为主，占总面积的3/4，水面较少，俗称"七山一水三分田"。地势东南高西北低，属湘江上游。其民居受到了江南徽派建筑、客家建筑的影响，形成了当地特有的建筑形式及风格。

关键词：湘南；徽派建筑；客家建筑；影响；风格

1　何氏聚落建筑空间特点

1.1　徽派建筑风格明显

何氏聚落的街巷构成建筑群的脉络和外部空间。它由两边围合的大院围墙所界定，具有连接、分割、过渡的空间性质，形成了特殊的聚落空间系统。它对于聚落环境具有由闹到静的过渡，从公共空间到私密空间的转变，使人身处在街巷中体会到所谓"窄巷深弄"的空间感。支祠的老堂屋门口的一组高耸的马头墙，没有皖南的建筑气势雄伟，但起伏叠加的设计十分巧妙，极富空间韵律。照壁门的前面，种有层次错落的植物群，丰富了空间。

1.2　建筑内部空间功能划分明确

何氏聚落由六个大围屋组成，现有五个保存下来，除了最晚建造的"新屋"，其余的都是由中原传统民居单元式"一明两暗"的形式发展起来的，基本空间划分为：中间为堂屋，是聚会、就餐、祭祀的地方，两侧是卧室，与早期的"一堂二内"格局一致，也叫三连间。之后，随着社会的发展，不断地演变、衍生出其他形式，增加了开间，中间叫"堂屋"，是祭祀、迎宾和办理婚丧、请神仪式的地方。两侧厢房叫"人间"，是用来住人的，"人间"又以中柱为界分为前后两间，前面较小间为伙房，叫"火铺堂"，屋中设3尺见方的火炕，周围用3~5寸厚的青石板围合。火炕中间架三脚架用于煮饭炒菜。父母住左"人间"，儿媳住右"人间"，若兄弟分家，兄长住左"人间"，小弟住右"人间"。父母住在堂屋神龛后面的"抱儿房"。无论大小房间都有天楼，楼下住人，为防盗，屋子四周有土墙或石头作围墙。在两边或一侧添加附属用房，如柴房、仓库等。[2] 围姊地是四合天井型的一种变化，衍生出了九宫格局，有上堂、下堂和天井。"两边是厢房卧室，对称排列。"[3] 天井两边的横厅如有顶的天井，与前后厢房和两侧增开的侧屋又有围合之势，成了一种九宫格局。

1.3　客家建筑的影响

1.3.1　客家建筑的发展再现

建筑内部空间的"三堂九井十八厅"位于新屋，它是来源于客家的一种建筑形式——围龙屋的空间布局。这种空间形式与客家的居住环境有关，在原有的民居基础上不断地演变。"它实质是合院式民居，这是汉民族最常见的一种基本的民居形式。所谓合院式民屋是指由房屋与墙四周围合，中间形成院落或天井的民居形式。"[3] 但是南迁之后各地的环境、文化等因素不同，衍生出的合院式民居的变化也不相同。围龙屋就是一组特殊的合院多重组合类型，它的空间结构为屋前必有水塘，屋后必有山脉，"核心部分的堂屋和横屋都紧靠山脚，所以向后延伸的围屋就在山坡上，随着地势升高，一层层围屋也越来越高，最外一层的围屋是制高点。"[3] 正中一间房为"龙厅"，如只有一圈，龙厅就在此围的正中，即堂屋正中。"其次，由堂、横屋呈矩形状，且以水平方向平面展开，而两头连接横屋的围屋又是处于山坡上的半圆状，所以，两者之间就形成了一个呈前低后高的落差，而填补这个落差的是一块球面空地，被称为'化胎'，这也是围龙屋最有特色的地方。其实整个围龙屋是地形剖面是由堂、横屋的平面与围屋、化胎的斜面组成，整体并非平面。"[3] 最后，建筑空间特点是空间序列的完整性、布局位置的规则性、内部公共空间的协调性，在生理和心理上满足人的需求。这些现象在"新屋"中表现明确。

1.3.2 居住，防御两相宜

"三堂九井十八厅"是来源于客家的具有防御功能的一种建筑形式——围龙屋的空间布局。历史记载，该聚落先祖何应祺于顺治七年迁徙至此地，当时正处于历史上著名的"湖广填四川"人口大迁徙时期，一直到清中期左右停止。何家所处的湘南地区正是移民队伍必经之地。大量的客家人西迁，使得当地的建筑风格也受到了外来文化的影响，形成了多元化的建筑形式，同时，由于长期处于当地土著居民的包围之中，在入口大门支祠云墙上设计了射击口，其八字门的设计是湘南地区建筑的特点，有利于防御外敌入侵。在进入后山的道口处修建门栏，阻止土匪抢掠。后辈在以支祠为中心的轴线两边不断加盖新屋，却始终围绕支祠聚集在一个整体空间里，对抵御外患有积极作用，同时，每个大院之间的道路围墙设有偏门，方便邻里照顾。

2 何氏聚落的建筑特点

2.1 散点布局

整个何氏聚落建筑群为散点式分布，属于一种常见的自然村庄形态，因地制宜地分布于山脚下，在空间形态上不强调整合一致的布局，虽然看上去缺乏规划，建筑散点分布，却也有其聚落的中心点，如祖屋和宗祠等，体现了开放与多元化，不拘泥于传统建筑中强调的中轴对称布局平衡等，也是湘南地区建筑的特点之一。

2.2 非对称的轴线布局

聚落主体建筑设在轴线上，结合地形设计道路功能。道路为不规则形式，既有对称，也有非对称。"不求对称，但求均衡的布局手法"[1]，巧妙控制了虚与实、几何与自然、中正与自由、高与低的层次对比空间关系。

2.3 道家思想浓重

湘南地区常见的聚落多以单一姓氏为主，属于以血统为纽带的氏族聚居形式。经过长时间繁衍发展而成的自然村落，受到中原农耕文化——道家思想的影响深远。其核心是"天人合一"的精神，太极与乾坤，不管是徽派还是

客家建筑都有这一文化体现。在处理大的环境空间时，布局手法上，首先，强调与自然是一个整体，即"天人合一"；其次，强调个体空间和大环境的协调统一，建筑形式表现上符合风水文化习惯；最后，强调个体空间内部各组成要素的和谐完整，结合建筑空间与建筑装饰可清晰地感受到中国传统文化底蕴在建筑表现与空间布局上的渗透，其核心在于遵循"道"的思想。

3 建筑空间与布局分析

何氏聚落中的支祠老堂屋的布局为三合天井型，称为"三间两廊"，此布局模式是史料中了解到的最古老的形制。中间庭院的规模与两厢的关系各有不同，都表现出内聚性的特点，在这个基础上横向发展的有九开间排屋，这是一种围合型民居，与"一明两暗"有密切联系。"两厢与正屋围合的小庭院被纳入到"家"之中。在这里，光，自然与神祇交会，这种类型因庭院大小不同，也称为"三合院"或"三间两廊"，与"三坊一照壁"形制相仿。"这种一正两厢的堂庑式建筑历史悠久，其中大新屋、下新屋在空间规模上比老堂屋大，增加了堂屋进深尺度，在原有的"一明两暗"堂厢式的基础上不断演变。

据考察资料记载，"新屋"始建于清光绪二十四年，历时五年竣工，俗称"三堂九井十八厅"，其布局为多重组合式。"正屋两纵向排屋，称为横屋或从厝。"横屋的设定根据家族财力而定。中部天井合院单元的厢房多作为侧厅使用，这是源于客家的一种民居形式——围龙屋的组合形式。整体造型就是一个大太极，三栋两横，上、中、下各厅之间均有一口天井，并用木质屏风隔开，屏风按需要可开可闭，具有保护作用，厅堂左右有南北厅、上下廊侧、花厅、厢房等。主次分明，建筑结构前低后高，利于采光、通风、排水、排污等功能，选址符合防御模式。

4 结语

建筑是一种连续性文化和社会表现。建筑空间作用和建筑布局手法都反映着当时社会生产力发展水平与所受思想文化的影响。在何氏聚落中，最初建立的老堂屋是早期传统民居中"三合院"或"三间两廊"形式演变而来的。在之后几百年的发展中，伴随着人们的迁徙，如客家南迁，建筑的形态为适应环境变化而变化，才有了晚清中后期出现的围龙屋等多重组合型民居。通过了解何氏聚落的组合形式，可反映出湘南民居建筑发展的演变过程，也为今后有关人员研究、保存、保护此类型古民居找到了理论依据，为继承和发展中国民居建筑艺术提供了一个实例。

参考文献：

[1] 毛兵，薛晓雯．中国传统建筑空间修辞 [M]．北京：中国建筑工业出版社，2010．

[2] 李晓峰，谭刚毅．中国民居建筑丛书——两湖民居 [M]．

北京：中国建筑工业出版社，2009.

[3]　熊寰.围龙屋特色空间之建筑文化内涵 [J]. 内蒙古大学艺术学报，2014（2）.

[4]　魏挹澧.湘西风土建筑 [M].武汉：华中科技大学出版社，2010.

[5]　汉德宝.中国建筑文化讲座 [M].北京：三联书店，2008.

[6]　彭一刚.建筑空间组合论 [M].北京：中国建筑工业出版社，2008.

[7]　王其钧.中国传统建筑组群 [M].北京：中国电力出版社，2009.

巴渝山地特色民居建筑的保护与改造
——以重庆洪崖洞街区设计为例

广西艺术学院　朱明明

摘要：在城市发展建设的过程中，老旧街区和建筑都无法摆脱改造的命运，推倒重建的粗暴发展模式盛行一时。这些千篇一律的"国际化"新建筑的兴起，正蚕食着城市地域性建筑和历史文脉。以重庆洪崖洞特色民居的改造为例，在特色民居建筑的保护与改造过程中，应注重以"旧"改新，重视环境保护和文脉传承；实行整体的片区性的保护，从宏观到具化，因时而立、因地制宜，兼顾延续传承与发展创新；发掘历史街区和老民居风貌的价值，为保护和发展注入动力。

关键词：巴渝山地特色；重庆老民居风貌；地域性建筑；洪崖洞；保护与传承；改造设计

1　引言

随着现代化经济的快速发展，各种资金、文化的涌入，城市的建设和发展也进入了迅速崛起的新阶段。加速城市建设发展、改善居民生活水平质量的确刻不容缓，然而在新兴建设中，城市里的老旧街区和建筑逐渐失去昔日风采，甚至被挂上贫穷、落后，甚至"脏乱差"的标签。大部分老旧乃至历史街区和建筑都逃不脱推倒重建的命运，取而代之的是千篇一律、毫无地域性特点的"国际化"新建筑。这对于我们城市发展来说是一种暴力而自我否定的发展模式，长此以往城市的地域性特点和文化传承将逐渐消失，对于当地居民来说城市空间将逐渐缺乏认同感、安全感、归属感。因此，城市发展建设应该逐渐进入一个"自我更新，再次发展"为主的拓展阶段，而不是单纯地推倒重来，应该以地域性建设为基准，保护城市文脉，从而推动城市的可持续发展。

2　重庆都市地理环境介绍

公元前11世纪巴人在此建立了巴国，后隋文帝改称渝州，重庆始称为"渝"，因此地群山屹立，两江环绕故称巴山渝水交汇之处，久了即简称重庆为巴渝。重庆是我国西部地区最大的山地城市，地形起伏有致，立体感强，城市中部和东部地势以低缓的丘陵为主。主城区位于中梁山和真武山之间的丘陵地带，长江和嘉陵江汇合处，三面环水，两江四岸，有着闻名遐迩的山城、水城之称。正是如此，重庆城依山傍水，山水轮廓和多层次的建筑轮廓相互交织构筑出城市丰富的天际线，形成了"多中心，组团式"的城市空间布局，总体形态呈现出山水城交融一体的立体地域特色。

3　山地地理对民居风貌特色的影响

正是由于重庆地区独特的山地地形地貌特征与传统文化长期融合衍化的原因，从而形成了具有重庆地域文化特征和独特个性的吊脚楼民居。"吊脚楼"作为重庆特有的地域性传统民居形式之一，年代久远，可追溯到东汉以前。而现在市内保留的吊脚楼民居群多修建于20世纪三四十年代以后。由于重庆特殊的地理位置和航运物流通道，以及在抗战时期曾为国民党政府陪都，使他逐渐发展称为长江中上游地区的经济中心。

航运发展带来码头文化，多数从事相关工作的都是城市中下阶层劳动人民，这些劳动人民为求栖身之地开始不断在靠近码头的沿江两岸搭棚造房，所以"吊脚楼"民居形式的出现既适应陡坡地势，减少传统建筑材料搬运的工程量，又充分节约占地面积扩充用地空间，要依山势建造房屋又要解决山地防潮问题。吊脚楼以木构为主，高度一般多为两三层，最底下用木架架空，居住的房屋从第二层开始。因山地地势江边多为台地，起伏较大，所以要将吊脚楼一层一层叠加到半山腰，依靠山势，依山傍水，崖下便是滚滚江水，形成了高低错落、跌宕起伏的吊脚楼民居建筑群，展现了巴渝地域性特色风貌。巴渝吊脚楼"依附悬崖，临坎吊脚"不仅是居住特色，更体现了一种人文精神，在险地求生存的勇气也反映了巴渝人民坚忍顽强的意志和智慧与精髓。

穿梭于巴渝民居里的山城步道也是重庆最重要的城市景观符号，依照城市山地地势，即使在城市中心坡坎也是又陡又直，悬崖沟壑无处不在，穿梭中免不了爬坡上坎，一直以来它都是居民生活中不可或缺的一部分。步道联系着高差不同的台地，形成丰富的梯道景观、高台、下沉广场，丰富了街道空间。重庆倚山筑城，步道盘旋而上，建筑层层叠叠，踏在起伏蜿蜒的步道上也是一种趣味。

4　重庆部分老旧民居现存状况

由于近年来城市规划建设的快速发展，城市规模不断扩大，公路、铁道及航空运输的发展和壮大，使得航运日益落寞，码头文化逐日消失，沿江吊脚楼民居群也逐渐失却往日繁华，和新兴商业中心相比，俨然成为落后贫穷的"城中村"、"棚户区"的象征，与现代生活格格不入，一部分原住民也选择搬离。对于当前主要现状归纳为以下五点。

4.1　文化封闭

由于棚户区产生的历史原因多是城市下层务工劳动人员或城乡边缘的农民转为城镇居民之后的居住房屋，在重庆吊脚楼群的居民就多为曾经的码头劳动人员。棚户区居住群体受外界影响较小，形成较为封闭的群体，教育等相关配套设施不齐全，大多接受文化教育程度不高，文化水平提升较缓慢，整体文化闭塞乃至与城市社会发展脱节。

4.2　经济粗放

棚户区居民依旧没摆脱旧时农作经济模式的影响，棚户功能单一，存在重地上轻地下、重规模轻质量、重有形轻无形、重姿态轻生态的"四重四轻"观念，经济基本功能低下，人流、物流、资源都受阻、不流通。还居住了一大部分年事已高或下岗的人员，经济发展方式落后。

4.3　交通阻塞

在棚户区内自修自搭违章建筑现象严重，随意占道，交通散乱，缺乏规划，没有科学的交通分流，人车共行，肆意停车占道，居民通行和安全存在极大隐患。交通缺乏科学规划和指引，交通网络不完善，严重阻碍着旧区发展。

4.4　环境污染

说到棚户区的环境，都打上"脏、乱、差"的标签，例如老居民在棚户区内烧柴炉子和垃圾，对密闭棚户区造成一定的空气污染，因为没有合理的建筑规划、房屋设计，污染的空气在棚户区长时间无法散去，甚至造成健康影响和火灾隐患。以及随意饲养家禽，家禽排便和鸣叫易污染环境和形成噪声影响，还容易成为传染病源，给居民健康造成危害。另外，乱接电线和生活废水、垃圾的排泄处理不当也都会带来严重的环境污染。

4.5　建筑质量差

由于建筑年代久远，采用木材建筑为多，重庆地区气候较潮湿，木材腐蚀损耗较大，在棚户区内很多年久失修的建筑已是危房，早已没有安全保障，成为一大隐患。

5　重庆洪崖洞片区概况

重庆洪崖洞片区拥有两千三百多年历史，位于重庆市渝中半岛，嘉陵江南岸，是古代巴国至明清时期的军事要塞和发达的通商口岸。这里曾经是城市"关厢"地带，因为航运水路贸易的发展而繁华一时。洪崖洞下临镇江寺和纸盐河街都是码头，且相当热闹。在洪崖洞两侧的悬崖下建起的一排排吊脚楼，层层叠叠，错落有致，似摇似晃，美不胜收。新中国成立以后，沿江一带的码头，特别是千厮门、临江门码头逐渐衰落，洪崖洞也失去往昔的热闹，曾辉煌一时的吊脚楼经历几十年风雨，已成危房。

洪崖洞片区的吊脚楼倚山就势，因地制宜而建，选材来源自然木材或竹等质量轻便的材料，墙面由抹灰竹或木板做成以减轻自重。吊脚楼外立面利用建筑材料的自然肌理，没有多余装饰，内部结构通透，促进空气流通，也达成特有的美感，通过干阑式支架提高了建筑稳定性、经济性以及宜居性。依托山体的体势而建，层层错落，似晃似摇，完全融入巴渝山地文化的地域性特征之中，遵从巴渝特有的自然环境，折射出地域性建筑文化。

巴渝地区传统民居的主要结构方式可以分为三种：穿斗结构，砖柱夹壁结构和捆绑结构。穿斗结构因其灵活性以及建筑取材的便利，是使用最普遍的结构方式。重庆地域性建筑的细部装饰相对简单，将重点装饰集中在建筑主立面上的门窗、檐口部位。内部分隔以质轻价廉的自然材料为主，地域文化有自由、平等的特点，居民自我阶层意识不明显。传统建筑的地域性与我们所生活的山城环境密不可分，建筑模式灵活多样。"吊，台，靠，挂，架，挑"有竖向争取空间的地域性；"坡，坎，托，合，措"是建筑空间在山地环境里的拓展。重庆民居大部分在三层以下，多为坡屋顶，用小青瓦铺盖出层层叠叠的肌理效果。传统民居建筑群的空间关系与地域特有的山水环境和社会关系网络密不可分。高低起伏的地形，灵活的建筑技术，自由开放的文化观念，使旧民居群在建造过程中更注重实用性和适用性，以垂直或平行等高的方式聚居在山水环境之中。

6　洪崖洞历史街区的保护与改造

2005 年出于对地区经济发展的刺激、弘扬地域性建筑文化传统、改善城市面貌的考虑，重庆市政府对洪崖洞历史街区进行了更新设计。拆迁洪崖洞棚户区，通过后期修缮设计，以巴渝传统山地民居的"吊脚楼"形式，将巴渝文化、码头文化、山地民居建筑文化并入现代商业旅游范畴，形成以休闲旅游为龙头、餐饮娱乐为主体、时尚商业为补充的商业联合体，打造出"巴渝民俗风情集镇"。

在洪崖洞历史街区的保护与改造方案中，规划顺应了巴渝地域性特点的台阶式地貌修房筑路，使建筑群保持原有的山地民居特色，归类分为三级台阶筑建，繁荣街区，从而体现出建筑群良好的视觉形象。洪崖洞作为巴渝文化和重庆城市人文形象的一条根脉，从老民居风貌、地域性建筑、景观、业态几方面演绎巴渝文化的价值内涵：以最具巴渝传统建筑特色的"吊脚楼"风貌为主体，依山就势，采取分层筑台、吊脚、错叠、临崖等山地特殊建筑手法；辅以青石板、小青瓦、古门窗等巴渝传统民居风格为建筑的主基调。在街区修缮的过程中并非全部推倒重来，而是保留了江溢炮台、洪崖闭门、纸言码头、明代城墙、辛亥碑文、洪崖青翠、嘉陵夕照等大部分历史遗迹。用码头文化作为补充，以雕塑、浮雕和真实的码头环境，充分展示出巴渝特有的码头文化精髓。最后在业态上汇集巴渝剧院、雕塑陈列馆等大型民俗文化展示中心，特别设立巴渝名小吃土特产一条街、古玩店、字画精品收藏、琉璃馆、易卦馆、中药坊等民俗业态作为文化传承的方式。

洪崖洞街区改造后以多层高密度的"伪地域性建筑"取代了原始的"竖向街区"空间组织，虽然失去了原有的地域生活模式与空间格局，但灵活地满足了山地聚居中人流集散和商业流通的要求。地形曲折变化使得顺应地形的街道没有了明确的方向性，局部可出现步移景易的空间效果，地形平缓的地方，用建筑的内庭院或天井与街道空间来过渡；地形陡峭的地方，通过建筑的退台或局部下跌、多层入口的方式，在即使狭窄的空间也争取了更多的有效空间，获得了丰富多变的空间层次感。配合建筑院落的跌宕层次，以及形式多样的梯道，台阶将整个街区联系成一个整体序列。每当夜幕降临之时，层层叠叠的洪崖洞灯火与嘉陵江上灯火相互辉映，成为巴渝山地特色中最美的风景。

结合洪崖洞街区的改造案例，对于老旧街区及建筑的改造，本文提出几点粗略看法：

（1）以旧改新，重视环境保护。

对于传统旧街区的改造案例，多采用推倒重建的方式而忽略了文物本身"旧"的韵味，如不是危房或无法修葺的建筑，应采用以旧式的手法和材料来补救，呈现出旧街

区新面貌。例如保护吊脚楼民居建筑本身以外，还可以把促成吊脚楼民居形式的诸多历史和人文环境因素：街道，古迹，码头，景观和与之关联的社区人文活动一并加以保护，如果失去环境的依托、陪衬，则是没有进行彻底的文化保护和传承，是没有灵魂的建筑。

（2）要实行整体的片区性的保护。

传统民居是我们人类聚落文化发源的体现，民居建筑单体相对简单但族群片区丰富多样。吊脚楼这样的民居形式也同理，单栋的民居建筑是无法体现传统民居的整体风貌和发展历程的，也无法体现出民居之间形成的变化和无限的公共空间，如院、街、巷等表达出的人文情怀也是民俗传承中不可磨灭的一部分。这种感受在当今趋于单个体量独门独户的现代化居住建筑里更是无法体验。所以，民居邻里之间建筑内外的所有空间都要整体保护，缺其一都不可。

（3）因时、因地制宜。

因涉及因素很多，比如原住民的去留，应结合实际，具体问题具体分析。在传统民居风貌保护改造的过程中需拓宽思路，既要传承文化传统保持风貌特色，又要发展与创新，提升品质，与时俱进。

7　民居改造的价值

"历史的经验已经证明，建筑的科学技术永远是属于全人类的，它不受国界的阻挡，具有全球化的性质。而建筑的精神文化则不可避免地要带上民族与地域的特征，否则各个国家的建筑将在国际式的沙漠中枯死。"国际一体化、地球村等称誉或许将你我拉近距离，而地域性文化在今天比往常势必更加成为"世界文化"的地域性折射。就今天地域性建筑的价值而言，以吊脚楼为代表的老民居风貌是重庆独特山地地域性特点和传统文化长期融合演化的结果，在当今城市快速发展更新的过程中，吊脚楼作为特殊的民居形式仍有很高的文化保护和开发利用价值。

老民居风貌展示了地方传统建筑文化，拓展了城市旅游资源。在当今，保留传统的生活方式已然没有太大意义，传统老民居实际上已成为一种地域性文化载体和名片，因此可将老民居风貌作为静态的历史文化现象加以保护和再次开发利用。同时我们要用发展的眼光来看待地域性建筑的复杂性和矛盾性，结合现代建筑发展中运用的新材料、新技术甚至新理论，汲取传统设计精髓，才能算真正传承地域建筑文化，设计出符合地域性的、可持续发展的、生态环保的宜居人居、地域性建筑。

8　结语

对于传统民居建筑的保护与传承发展任重而道远，在当今城市更新过程中，重庆吊脚楼民居作为一种适应陡坡山地地形的特殊民居形式，具有较高的保护和开发利用价值。在世界大同、文化共通的今天，地域性文化势必更加

成为"世界文化"的地域性折射，从而对地域性文化的保护和发展也刻不容缓。在特色民居建筑的保护与改造过程中，应注重的是以"旧"改新，重视环境保护和文脉传承；实行整体的、片区性的保护，从宏观到具化；因时而立、因地制宜，兼顾延续传承与发展创新；发掘历史街区和老民居风貌的价值，为保护和发展注入动力。

参考文献：

[1]　卢锋，朱昌廉. 重庆吊脚楼民居的保护与改造策略 [J]. 住宅科技，2003（2）.

[2]　徐煜辉. 历史、现状、未来——重庆中心城市演变发展与规划研究 [D]. 重庆：重庆建筑大学博士学位论文，2000.

[3]　季富政. 巴蜀城镇与民居 [M]. 成都:西南交通大学出版社，2000.

[4]　余文熙. 探析重庆吊脚楼对山地建筑的启示 [J]. 湖北科技学院学报，2014（6）.

[5]　王鹏. 探析重庆吊脚楼民居 [J]. 城市建设理论研究，2011（15）.

"那文化"在蝶城广场改造设计中的构建

广西艺术学院　陈慧杰

摘要：壮侗语民族中称水田（稻田）为"那"。据"那"而作，依"那"而居，据此孕育的文化称之为"那文化"。隆安县在 6500 年前就拥有了稻作工具，出现了大规模的有组织的水稻生产，隆安所在的坛洛平原是那文化圈中"那"地名最集中的地方，全县有 122 个乡镇和村屯以那命名，那文化包含众多文化，如铜鼓文化、歌圩文化、干阑建筑文化等，本文通过对那文化的考察与研究，结合南宁市隆安县蝶城广场的现状进行分析，从中发现不足之处，从而提出改造设计创新的构想方案，将那文化在广场改造中充分体现出来，凸显那文化的特色。

关键词：那文化；蝶城广场；改造设计

1　安县蝶城广场现状概况

广西壮族自治区南宁市隆安县蝶城广场地处隆安县县政府办公大楼正前方，本地区属湿热的亚热带季风气候，夏长冬短，四季常青。蝶城广场作为隆安县城市居民休闲的聚集地，在隆安县扮演着重要角色。广场成了当地居民特有的公共休闲娱乐场所，一直受到人们的青睐。但是，广场规划还存在一些不足的地方，比如未充分体现那文化的本土特色，在规划中不够合理，缺乏相应的娱乐场所，没有更好地借助水体进行造景等。下面分别从规划现状、铺装现状、绿化、水体及公共设施现状等方面进行阐述。

1.1　整体规划

蝶城广场规划的现状是由竖向的三部分长方形组成，中间部分是以铺装为主的活动区，活动区两侧是园林形式的休闲区。在规划上大多采用直线规划，目前的蝶城广场比较单调，缺少情趣性和文化内涵。规划面积，就目前而言，基本满足使用的需求，但从长远考虑，当前的广场可以适当增加一半，才能符合未来发展的需求。广场扩大之后，活动区可以根据功能需求、活动特

点、年龄阶段等进行划分；休闲区在现有的基础上可适当增加一定的公共设施，并对已有的设施进行完善与改进；从整体上来讲，在广场规划中应因地制宜，结合岭南文化、那文化等进行设计构建，从而体现蝶城广场的地域性。

1.2　铺装现状

蝶城广场现有铺装相对单调，大多采用广场砖和单一的鹅卵石，基本满足了市民使用的需求，成了居民休闲、娱乐、健身的公共空间。但是该广场的铺装已经跟不上当今时代的发展，从长远的发展眼光来看待当前广场的铺装，确实需要进行改造设计和构建具有那文化气息的铺装来体现地方文化，从整体来看，现有铺装过于单一，层次不够丰富，造型不够美观，图案过于简单，工艺过于简陋，更缺少特有的那文化本土气息。

1.3　绿化现状

绿化在蝶城广场现有的设计中分居广场两侧，属于景观休闲区，在植物的种植上以当地的盆架子、榕树作为广场周边的行道树，树木的种类相对稀少；草坪的绿化较为普通，植物的搭配种类比较简单，缺少绿化节点的创新景

点；从绿化的造型来看，植物虽有简单的修剪和处理，但缺乏艺术性以及那文化的相关造型元素。

1.4　公共设施

公共设施在园林设计、景观设计、庭院设计中一直都占有非常重要的地位。蝶城广场虽然已经具有基本的公共设施，当前能够满足市民的基本需求，但还缺乏人体工程学原理和创意性的设计；材质上，只是单一地运用石材，未将当地的木材和新型的材料运用到设计当中；整体的公共设施缺乏相应的围合空间，且未将那文化的相应元素运用到公共设施的设计中。

2　广场改造设计与那文化

2.1　"那文化"在改造设计中的体现

2.1.1　铺装改造设计

结合蝶城广场的现状，通过对蝶城广场的设计与构建，将整体面积扩大之后，铺装可以在原有的基础上进行改造设计。比如在活动区的中央，可以在现有铺装的地砖的基础上，采用具有那文化气息的铜鼓纹样进行切割改造，点缀那文化的相关纹样和符号，从而凸显那文化在广场铺装上的艺术性；针对休闲景观绿化部分来说，把现有活动区域两侧的绿化进行拆除，并结合三个踏步的高度抬高地面45cm，抬高的地面铺装青石板及台阶作为长廊的基座，并结合交通确定台阶的位置，本区域改造之后，可以成为活动区与休闲区之间的公共休闲平台，又可通过地面的落差形成不同的区域，在长廊的设计上采用当地的干阑式建筑特征进行建造；针对广场两侧休闲区的铺装，在造型上可以利用直线、弧线、曲线及各种形状进行铺装，并通过青石板、鹅卵石、广场砖、透水砖等不同类型的砖进行搭配，结合地面落差灵活构建，改造后的整体铺装不仅可以体现那文化的民族特色，而且可以为整个环境增添浓厚的意境。

2.1.2　绿化改造设计

蝶城广场的绿化尽量在现有的基础上适当地移植，特别是行道树，因为当前的行道树长势非常好，尽量在现有的基础上合理地进行改造设计，该修建的修建，在保障移栽成活率较高的情况下适当地移植，并在现有的基础上丰富树木的种类，特别是两边的休闲区部分，更要重视植物的搭配，可以结合树叶的大小、习性、颜色等进行搭配，再结合花卉和设施创造更丰富的节点景观，在整体构建上可以根据铺装形状和改造后的设施造型添植相关的植被和花卉，来烘托那文化的整体氛围，在个别节点和局部区域，可以借助那文化元素，对植物的造型进行修剪和加工，来体现艺术审美与那文化的魅力。

2.1.3　水体改造设计

水体在整体设计中避免大面积的规划，更不允许出现较深的水池，应该将安全放在第一位进行改造设计，因为

该区属于休闲娱乐的广场，如果设计较大的水池和湖泊，会有很大的安全隐患，并且当前的状况也是不允许的，所以应该在现有的基础上进行适当的改造和美化。比如在水体改造设计上，可以在广场中央根据铜鼓造型设计旱喷，每天在规定时间段播放具有那文化的音乐，让喷泉的高低起伏的节奏跟随那文化音乐的韵律，增添蝶城广场的灵气，使得蝶城广场充满动感和活力，针对休闲区可以规划出小型的浅水池，在水池的边角借助水体、石头和灯光设置水景文化墙来烘托那文化。

2.1.4　公共设施改造设计

公共设施是广场的灵魂所在，应在蝶城广场规划设计中增添相应的公共设施，针对已有的设施，根据构建的情况进行取舍和改造。比如：在广场休息区域增加适量的休息坐凳，在坐凳外形上，可以饰以具有那文化特征的稻谷纹样，体现相应的文化元素特征；针对广场中的长廊、亭子、卫生间，应该根据实况在建筑的外观上体现那文化特色；在垃圾箱、路灯的创意上，也可以借助那文化特有的元素进行创新设计，并通过不同颜色的灯光体现广场的夜景；在整个广场中应该结合不同区域增添相应的艺术雕塑，彰显颇具内涵的文化艺术氛围。

2.2　"那文化"在广场设计中的创新

每年的 4 月份是"那文化节"，每到这个时候，当地的居民都会在广场举行各种各样的活动来庆祝该节日，体现广场改造后的真正意义。由于蝶城广场的现状缺乏特定的活动区域，并且广场现有的面积不能够满足节日庆祝活动的需要，导致节日期间广场上会出现场地不足的混乱场景。如果进行创新改造设计，可在广场局部建立可供演出的戏台，且在戏台的外观上进行一定的文化元素的装饰，再区分出不同的区域，进一步增添当地的那文化气息，从而体现广场的创新设计。

3　综上所述

本文通过对蝶城广场现状的考察、分析与研究，结合蝶城广场当前的现状，分别在道路铺装、水景绿化、公共设施等方面进行设想构建和改造设计，根据改造的需求增添那文化的相关元素，打造具有那文化品牌的广场设计，不仅可以加深当地居民对那文化的重视与理解，还可以为那文化的研究者提供相关的参考依据，从而体现对那文化研究的重要意义和实用价值。

参考文献：

[1]　翟鹏玉 . 那文化生态审美学 [M]. 桂林：广西师范大学出版社，2013.

[2]　邱健 . 景观设计初步 [M]. 北京：中国建筑工业出版社，2010.

[3]　俞孔坚 . 景观：文化、生态与感知 [M]. 北京：科学出版社，

2010.

[4] 刘晖，杨建辉，岳邦瑞，宋功明．景观设计 [M]. 北京：中国建筑工业出版社，2013.

[5] 文增．广场设计 [M]. 沈阳：辽宁美术出版社，2014.

[6] 宋珏红．城市广场植物景观设计 [M]. 北京：化学工业出版社，2011.

Wolff Schoemaker's Ideas of Hybrid Tropical Architecture in Bandung: A Critical Regionalism Approach

沃尔夫·苏梅克的混合亚热带建筑思想在万隆应用：一种批判性地域手法

Krismanto KUSBIANTORO & Amanda MULIATI (Maranatha Christian University)

印度尼西亚马拉拿达基督大学　克里斯曼托·库斯比安托洛、阿曼达·穆里尔提

1　Critical Regionalism: An Approach

The last century of our times has been an intense moment of conflict between regionalism and globalism. Obviously globalization is an inevitable phenomenon that has put pressure on all aspects of human lives and design. John Naisbitt in his book *Global Paradox* argues that this is a paradox phenomenon where bigger global pressure produces stronger local identity.[1] Therefore, globalization brings a blessing in disguise for local values to emerge in all living aspects.

The conflict has shaped most social, political, economic and cultural debates, including architecture. We can find many theories written to support the idea of global architecture which tends to shape the global trends, encouraging tacitly the conformity of architectural ideas. Without any doubt discovering, encouraging and applying universal norms in design practice has its benefits. But it also has a serious negative impact when employed uncritically regional scope and values.[2]

Regionalism, as opposed to globalism, stands for the local and the specific to a region that is to a unique, distinct geographical area occupied by a more homogeneous object；including flora，fauna，people and other artefacts. As an approach，it is clear that we objectively divide or "finite" the world into human construct regions within a finite framework of intentions. Therefore if any central principle of regionalism can be isolated，then it is surely a commitment to place rather than to space. In terms of architecture practice，it is more likely to be a production of place rather than space. This stress on place may be regarded to a conjunction between cultural，social and also political issues in a particular space.

The idea of critical regionalism is not to suppressed the universal values and denote the vernacular instead. Paul Ricoeur, a philosopher, has advanced the thesis that a hybrid "world culture" will only come into being through a cross-fertilization between rooted cultures on the other hand and universal civilization on the other.[3] So, the idea is to create a hybrid regional culture that enlivened the rooted local culture aligned with the universal values and become a form of world culture.

One kind of regionalism that will be comprehensively

① Naisbitt John. Global Paradox. http://www.bizbriefings.com/Summaries/F%20G%20H%201%20J/BizBriefings%20--%20Global%20Paradox.PDF.

② Lefaivre Liane，Alexander Tzonis. Tropical Critical Regionalism: Introductory Comments. Tropical Architecture: Critical Regionalism In The Age of Globalization. Chichester: Willey-Academy，2001: 1.

③ Frampton，Kenneth. Prospects for A Critical Regionalism. Theorizing A New Agenda for Architecture. New York: Princeton Architectural Press，1996:471.

discussed in this paper is tropicalism, since the "tropics" is considered as a region. The tropics is a zone characterized by a typically hot climate around the year, humid and steamy with high rainfall and great similarities in vegetation. It is a vast belt that stretches over the entire middle of the globe from the Pacific islands, South East Asia and Australia, India, Africa and the Caribbean. Most of the countries in the tropics have a common attributes that is significant within a pragmatic framework of architecture. First, all the people have to struggle with the hot and humid climate. Second, there is a common historical and political fact that they are all ex-colonies. Third, there is a common architectural heritage from the colonial period. [①]

The point of departure for most tropical architecture is climate. So modern tropical architecture has been simply an adaptation of modern trends in design and construction to climate, taking into consideration some changes in the lifestyle that the tropical climate affords. [②] The challenge of hot and humid temperature in the tropics often encourage people to create open or semi-open spaces, verandas and balconies with large windows to welcome strong breeze. But heavy rainfall throughout the year is another issue for those open spaces. Not to mention other like iron rust, material deteriorate and fungi that grow faster in the tropics. The vernacular building types of the tropics obviously sustains, but what about the modern buildings or those architectural heritages from the colonial period?

2　Indonesian Modern Architecture: The European Culture Encounters

The Indonesian modern architecture era was initiated by the arrival of European traders to the archipelago by the end of 16th century. They are the Portuguese, Dutch, Spanish and British. It was undeniable that the rise and the domination of European traders and colonials was supported by the role of the Chinese who came earlier for trading. The Chinese became connector in trading, services and manufactures.

For 350 years, Indonesia had been occupied by the Dutch. It was Cornelis de Houtman who firstly arrived at the Indonesian archipelago in 1596 for trading. But within 200 years, the Dutch finally conquered almost all Indonesian region. The Dutch came along with their culture and gave a strong influenced to the local culture, including the development of Indonesian architecture. The need of living and working spaces forced them to build buildings in the tropics. It is obvious that the existence of the European colonial buildings has become an inseparable part of Indonesian modern architecture.

Architecture obviously considered as cultural artifact due to its ability in reflecting the local cultural uniqueness. Architectural design can visualize the image of local identity in a period of time. In addition to the image of architectural design, the interior of the building can also help to reinforce the identity of the display that want to be realized.

At the beginning of the 17th century, the European transplanted their four-season type of building into the tropical land of Indonesia. Those buildings were trading offices, fortress and other military buildings. Then inevitably the regionalism problem as discussed earlier emerged while transplanting Dutch sub-tropical architecture into the tropical context of Indonesia. Massive, heavy with small openings type of building is clearly not suitable for tropical climate regions. Not to mention thick wall without cross ventilation, short roof extension that cannot block the all-day shining sun and the heavy rainfall all over the year creating hot and humid atmosphere. The building became uncomfortable to dwell. [③]

In order to survive, obviously they had to adapt and accommodate local characteristics. The first step of evolution was to adapt the local climate condition. The most significant adaptation was the roof and the building façade design. They created a bigger and taller roof to widen the roofing area so that the hot radiation of the sun can be spread in the surface and also to avoid the hot transmission into the interior. Steep surface of the roof would easily drop the rain water into the ground and also created a taller interior space that allow the air to circulate better and reduced the interior temperature. They also lengthened the roof extension to create a semi outdoor space in front of the building to get more shading against the sun and the heavy rain. Bigger and wider doors and windows

---

① Lefaivre Liane, Alexander Tzonis. Tropical Critical Regionalism: Introductory Comments: 2.

② Bay Joo-Hwa, Boon-Lay Ong. Social and Environmental Dimensions in Tropical Sustainable Architecture: Introductory Comments. Tropical Sustainable Architecture: Social and Environmental Dimensions. Oxford: Architectural Press: 3.

③ Widodo Johannes. Arsitektur Indonesia Modern: Transplantasi, Adaptasi, Akomodasi dan Hibridisasi. Masa Lalu dalam Masa Kini Arsitektur di Indonesia. Jakarta: Gramedia, 2007: 19-20.

were created to ensure an effective cross ventilation of the air. Sometimes the doors and windows were fitted up by louvre so that fresh air can flow easily into the building.

The latest evolution of the colonial buildings in Indonesia can be recognized in buildings that were built in the early 20th century. It was supported by the idea of ethical politics of the Dutch colonial to support the colony to raise the spirit of grand cultural synthesis; a spirit of creating a new nation. Cities were built, schools were open for the locals, and public facilities were set up for the good of all. Architects were encouraged to do more research and projects that created a new synthesis of form that accommodate the European modern spirit without eliminating the local cultures. The result is a hybrid cross-fertilized synthesis of Indonesian modern architecture in that era.

Bandung as one of many historical cities in Indonesia had a long history about the development of its architecture. Buildings in Bandung are dominated by the work of Dutch architects, which are always looking for innovations in the art of architecture. Such innovations result in a new architectural style that is better known as *Indische* architecture. Architecture in Bandung is dominated by the European architectural prototype, which adapt to the concept of the tropical traditional architecture of Indonesia. This presents a fusion of European architecture in the form of vernacular architecture. Although the architectural concept is not entirely derived from our own country, but this architecture style has a close relationship with the modernization process of Indonesian architecture. This style emerged with the term "*Indo European Style*". This term is defined as a combination of the archipelago architecture and modern architecture that has been adapted to the climate, building materials, and technologies developed at that time.

One of the most creative and respected Dutch architects that came up with the cross-fertilization synthesis between Dutch modern style architecture and the challenge of tropical climate is Kemal Charles Proper Wolff Schoemaker.

3　Wolff Schoemaker's Hybrid Tropical Architecture

Kemal Charles Proper Wolff Schoemaker (1882 – 1949) is one of the most respected Dutch architect who played a significant role in the development of Bandung. He was born in Java but studied in the Netherland and became a talented architect, painter and sculpture artist. In 1918, in partnership with his brother Richard, Schoemaker established the architectural firm C.P. Schoemaker and Associates in Bandung. He did many research on Indonesian cultures, especially Indonesian traditional architecture including temples from the Hindu – Buddha period. Along with Macleine Pont, another respected Dutch architect, they created a new paradigm of architecture that concentrated on local potential and culture in their works. All of their effort is to cross-fertilize the European style and the traditional style to create a new hybrid synthesis.

According to Schoemaker, there is a significant difference between European architecture and Indonesian traditional architecture. European architecture is a totality construction while Indonesian traditional architecture consist of subjective and elementary parts that gathers in a certain order. The focus of Indonesian traditional architecture is on the building envelope, especially the front facade. He encouraged other architects to take reference on Indonesian traditional architecture and learn from it. Not to revive the traditional in the modern era, but rather to accommodate the local ideas in the modern way.

In 1922, he became the professor of the *Technische Hoogeschool Bandoeng* (Technical College of Bandung). While professor, he mentored Sukarno, who would become the first President of the Republic of Indonesia. With assistance from the young Sukarno, Wolff Schoemaker renovated the Hotel Preanger in 1929. Under Schoemaker's assistance, Sukarno also designed several houses in Bandung. One of Schoemaker's most significant works was the Villa Isola, built from 1932 to 1933 for the Dutch media tycoon Dominique William Berretty. Schoemaker traveled to the Netherlands in 1939, where he took a post at the Delft University of Technology until his retirement in 1941.

The Schoemaker's idea of hybrid architecture can be observed in many of his works, who has several characteristic[①]:

(1) The use of vertical-horizontal axis and hierarchy, and also north-south axis to unite the buildings and the surroundings. The north south-axis is considered important in Bandung

(2) Clear state of zoning and function in each place;

---

① Kusbiantoro Krismanto. Studi Komparasi Bentuk dan Makna Arsitektur Gereja W.C.P Schoemaker. Ambiance Journal of Interior Design Vol 1 No 2. Bandung: Maranatha Christian University, 2008: 74-75.

deliberately applied a functionalist approach to his buildings

（3）Symmetrical mass composition in some part, but overall is asymmetrical

（4）Putting local elements such as geometrical motifs as reliefs and moldings, thick and thin wall variations and also wall outlines variation that inspired by the Hindu-Buddha temples

There is so many Schoemaker's building in Bandung and each of it had become a significant city landmark of Bandung. They are Jaarbeurs Building, Concordia/Museum of Asia-African Conference, Landmark Building, Becker and Co Office, Majestic theatre, Bandung Main Post Office, St. Peter's Cathedral, Bethel Church, Cipaganti Mosque, Red Villa, renovate Preanger Hotel and many more including the famous Villa Isola.

4　The History of Asia-African Conference Museum

In a further development, the city of Bandung started experiencing various changes and losing its identity as a city of "Europe in de Tropen" (Europe in the tropics) . The development of science and cultures had shifted some core values that is fundamental to the city development in the past. Rapid urban growth and population density required buildings and somehow became a threat to the existence of historical classical buildings. But the development of the city does not alter the presence of several historic buildings that survived among various changes in the environment of the city. One of that is the The Asia-African Conference Museum or famously called *Gedung Merdeka*, which witnessed the struggle for independence in Asian and African countries in the fight against European colonization.

Gedung Merdeka has a very long history. It is located on Asia Afrika Street, Bandung. At the early years, this 7500 sqm building functioned as a meeting place for "*Societeit Concordia*"；a society of Europeans especially Dutch who lived in Bandung and its surrounding.

Since the beginning of its construction, the *Gedung Merdeka* has undergone many architectural changes. *Gedung Merdeka* just started from a simple building and has experienced several changes functional changes.. In 1921, the building was named Concordia, and was renovated to be the most luxurious, well facilitated, exclusive, and

modern "super club" meeting hall in Indonesia by C.P. Wolff Schoemaker with art deco style. In addition, in 1940, for the second time, the building especially the left wing was renovated to be more interesting by A.F. Aalbers with international style architecture.[①]

During Japanese occupation, the name of the building was changed into *Dai Toa Kaikan* and functioned as a cultural center. The left wing of the building was named *Yamato*. After Indonesia proclaimed its independence (17 August 1945) the building became headquarter of the Indonesian youth in facing the Japanese troops and then became the center of the municipal government of West Java. From 1946 to 1950, the function of the building again became the place for recreation.

Prior to the Asian-African Conference, the building was renovated and its name was changed into *Gedung Merdeka* by Indonesian President, Soekarno, on April 7th 1955. As a result of the 1955 General Election, the Indonesian Constituent Assembly was formed and *Gedung Merdeka* became the Building of the Constituent Assembly.

Within the same year, a very important event in the history of Indonesian foreign policy and a great occasion for the nation and the Government of Indonesia was held in this particular building. It was The Asian-African Conference that was held on 18 – 24 April 1955. It is so, since the conference was held only ten years after Indonesia announced its independence. Within a short time, Indonesians had their courage to propose as the host for such important international conference. Leaders from 29 countries participated in the event.

The most important thing was that the conference ended successfully in formulating common concerns and in preparing operational guidance for cooperation among Asian African nations, as well as in creating world order and world peace. The conference bore the Dasasila Bandung, which became the guideline for the colonized countries in fighting for their independence. It also became the fundamental principles in promoting world peace and international cooperation.

Further development of the building, the Assembly was abolished through the Presidential Decree of 5 July 1959 and *Gedung Merdeka* was used by National Planning Agency in 1959. Later on, this building was used as the Provisional People's Consultative Assembly from 1960 – 1971.

---

① History of Asia-African Conference Museum. http://asianafricanmuseum.org/en/gedung-merdeka-dari-masa-ke-masa/.

After the failed coup of G30S in 1965, *Gedung Merdeka* was taken over by the Indonesian military and part of the building was used as a prison for political prisoners. In 1966, the management of the building was transferred by the Provincial Government of West Java to the Municipal Government of Bandung. In 1968, the Provisional People's Consultative Assembly changed the decree of *Gedung Merdeka*, which stated that the Municipality was only responsible for the main building, while the rest was managed by the Provisional People's Consultative Assembly. In 1969, the management of the building was taken over by the Provincial Government of West Java from the Municipal Government of Bandung. In 1980, the whole part of the building was presented as the Museum of the Asian-African Conference.

In April 2015, this building regained its popularity in a very prestigious event, the 60th Commemoration of Asia-Africa Conference. Leaders from 72 countries came on the occasion and also enjoyed the beauty of the building. For months, the City Government of Bandung had prepared the building and the surrounding for the event. *Gedung Merdeka* had once again become a center of attention and also a beautiful landmark of Bandung.

5 The Architecture of Asia–African Conference Museum

Gedung Merdeka architectural design visualizes the implementation of the Indo-European Style embodied in a blend of Art Deco architecture and tropical architecture. C.P Wolff Schoemaker is able to accommodate Western modern architecture with Indonesia's eastern architecture. Eastern architectural theory is always rooted in something mystical or cosmological concept. This is certainly contrary to the theory of Western architecture that has always been associated in the mindset of logic. Schoemaker accommodates these different perspectives in any of his designs. The local philosophy and cosmology were visualized in the work of modern construction and atmosphere. This concept was applied by C.P Wolff Schoemaker in renovating the *Gedung Merdeka* in 1921. Schoemaker showed his awareness in implementing Indo-European architecture at the *Gedung Merdeka*. Schoemaker presented the concept of Indo-European architecture in the form of a symmetrical building, which has vertical and horizontal rhythms that are relatively similar. Construction of the building had also been adapted to the tropical climate, particularly in the setting of space, natural lighting, and rain

protection systems.

Gedung Merdeka consists of three parts of the building, the main building, the left wing and the right wing. The right wing of the building is used as the Asian Studies Center of Africa and other developing countries. The left wing of the building is used as the Asia-Africa Conference Museum, which contains information about Asia-African Conference. The main building of *Gedung Merdeka* is the venue for the Asia-African Conference in 1955. The right wing and the left wing had experienced many changes of function and form. The main building experienced various optimization and revitalization to keep the authentic and original interior and architectural elements in good condition. Currently the main building is still used for the 60th Commemoration of Asia-African Conference. These efforts are made to maintain the functionality and historical value of the *Gedung Merdeka*.

The design of a building cannot be separated with the concept and the message that wanted to be realized. Spatial and architectural design ideas are derived from some set of concepts that had been decided earlier. The consistency of the design system that will produce a contextual comprehensive architecture is determined by the elaboration of both the ideas and the concept to deliver the message.

Gedung Merdeka is considered to be a building with a multi-dimensional message in Bandung. It survived through many periods of time by building optimizations and conservations. The multi-dimensional message that delivered by Gedung Merdeka were consist of the particular style as the basic pattern, concepts and tradition which refers to the values of the local culture. These are the elements that produce the concept of a building that can easily accepted and significant through many years ; a hybrid timeless architecture. Schoemaker successfully created a synthesis of form that gathers many contradictive items of geometry, nature, technology, the spirit of the past and the hope of the future.

Gedung Merdeka was designed with the simplified version of the Art Deco style. In 1920's the Art Deco was a trending style in Europe. This particular style was brought to Indonesia by European architects, especially to Bandung. The simplified Art Deco style was implemented in *Gedung Merdeka* through the use of curve lines, cylinder and other decorative geometrics ornaments. These set of elements produced a dynamic and organic space that also express modernity. The use of the Art Deco style eventually related to a modern, functional and decorative architectural design. The modernity of the decorative elements expressed simplicity in geometry with many layered that dominated with horizontal lines. Squares and rectangular dominates the decoration. All of these elements were composed in a symmetrical pattern that shows balance and unity.

The Art Deco style can also be seen in other supporting elements of the building and the furniture. The material of these elements is teak wood in natural finishes. These elements are well composed in contrast to the white wall as the background. This is another implementation of the Art Deco style in this particular building, which express a harmonious contrast in colors and materials.

As mentioned earlier that Schoemaker tried to cross-fertilize the east and west in this particular building. The east can be learned from the shape of the roof which is similar with other traditional houses of Indonesia. It is a tropical type of roof with steep surface as a respond to the tropical climate requirements due to the heavy rainfall throughout the year. Schoemaker adapt the pyramid and the saddle back type of roof which was inspired by the roof of Sundanese and Javanese vernacular architecture. High ceilings with several ventilation holes in the upper part of the walls reduce the humidity of the interior space, which often makes fungi grows more rapidly. The high ceilings also avoids the large amount of hot transmission into the interior space and give more thermal comfort to the rooms. From the outside, it is quite difficult to see the roof because of the thick and tall wall around the building, as if the colonial style enclosed the traditional style.

In the building façade, Schoemaker applied many moldings that used to be found in Gothics buildings in Europe but in a more simplified and modern expression. The moldings create the illusion of wall thickness. In Gedung Merdeka, these moldings appears to be the frame of the openings. They are intended to create a transition planes for the sunlight and creates shadow to reduce the radiation of the sunlight which enters through the window glass. The shadows that were created when the sunlight touches the white wall surface especially the moldings, adds more linear effect on each façade continuously in turns according to the sun direction. These moldings is one of the characteristic of Schomaker buildings that inspired by the bevel and moldings in the ancient Hindu-Buddha temple.

Openings is one of the elements contained in the wall, but space openings at the Gedung Merdeka are a unitary element of the overall processing wall. Shapes and patterns of the openings produce unity blend creating chamber wall as a whole. Openings at the Gedung Merdeka are dominated by a rectangular shape and ornaments squares, which are arranged symmetrically. In addition to opening in window, on the wall there are also doors, which adopted the concept of Art Deco. The concept was applied with the use of materials and decorations on the door surface. Teak wood material is always used to make doors and window frames. On the door surface, there is always an ornament of decoration and repetitive geometric angle. The entire ornaments on doors always have a common motive to provide alignment in the overall space. The windows and doors are in stark contrast with the white walls produce a harmonious composition. In the end, the openings can be categorized into a part of the room decor.

Floor is one of the fundamental elements in the formation of space. This is because the floor is a surface that provides physical support and the basis for building visually and physically. Overall, Gedung Merdeka is using Italian marble flooring material measuring 40cm×40cm. Marble material is selected to create a lower room temperature and furthermore supports a better thermal comfort in tropical buildings. Marbles are used on the entire floor of the building, so it does not create a psychological limitations and significant circulation path. The color of the floor is dominated by gray that visualize the impression clean and neutral. The use of marble was intended to give the impression of luxury and classic in the interior space of Gedung Merdeka.

6 Conclusion

C.P. Wolff Schoemaker has a major role in presenting a hybrid tropical architecture in Bandung. Many buildings were built and became an icon of Bandung until now. In all of his design, we can see that Schoemaker combines the elements of Eastern and Western culture, in particular the implementation of the local elements as a respond to the constrains of the tropics. Schoemaker and many other Dutch architects was inseparable from the history of Indonesia modern architecture due to their commitment in presenting modern architecture that fits the context. Their cross fertilization idea of the west and the east creates a new hybrid form of architecture which is considered as the real act of critical regionalism. They do not tend to merely revive the vernacular, but create a hybrid new type of architecture.

地域性民居对柯布西耶现代建筑设计的影响

铭传大学　梁铭刚

摘要：20 世纪初的现代主义建筑能从新古典主义的世界中脱胎换骨而来，对柯布西耶而言，各地非学院主流的民居建筑扮演了重要的角色。当时的欧洲充满了对新事物的追求与实验，钢筋混凝土、汽车的发展等大幅扩张了建筑与都市的可能性。年轻的柯布西耶一心要摆脱当时的学院派主流——巴黎美术学院的束缚，他除了研究当代的社会现状与科技发展之外，各地民居建筑提供了丰富的空间经验及实例，不论是在适应当地气候地形、材料工法还是当地文化生活上。经常旅行的柯布西耶不断研究地域性的传统建筑，从旅行中不断地学习这些乡土民居建筑的经验，作为发展设计现代建筑的启示。另一方面，在他所设计的新建筑中，柯布西耶采用了许多民居建筑的地域元素，对各地域环境的特性也有着相当的敏感度与尊重。本文从柯布西耶的文献中，检视他对传统地方建筑的态度，各地的乡土建筑的启示以及新设计中对各地域环境的尊重，作一比较，是广泛性而非个案深入式的观察。

关键词：柯布西耶；现代建筑；民居

0　前言

20 世纪初的欧洲充满了对新事物的追求与实验。毕加索的第一张立体派绘画实验完成于 1907 年；汽车的发明与普及大大地影响了都市的发展；而钢筋混凝土在建筑上的应用大幅扩张了建筑的可能性。在建筑领域，当时的学院派——巴黎美术学院的主流传统也不断地受到质疑与挑战。彼时前卫的建筑现代主义的健将如包豪斯学院、柯布西耶（Le Corbusier，或译为柯比意）等均是这些运动的要角。在现代绘画的领域中，柯布西耶也是纯粹主义（Purism）绘画的主要人物之一。

终生反对巴黎美术学院传统的柯布西耶，投注心力在更为根源与更贴近这个时代精神的问题上。他研究了许多大自然的现象及物件，例如贝壳的数学比例等，并从汽车、轮船、飞机等当代科技以及各地传统地方性民居等建筑中汲取诸多启发和借鉴，并以现代绘画为其造型艺术的研究实验场域。虽然他的某些早期作品被若干评论者归类为国际式样，但事实上经常旅行的柯布西耶不断研究各个地域性的建筑，同时在设计新建筑时对各地域环境的特性也具有相当的敏感与尊重。

柯布西耶在探索现代建筑之时，一方面发掘普遍性的原则，例如数学比例的规线（Traces Régulateurs / Regulating Lines），另外一方面也研究许多地域性的建筑，例如法国布列塔尼亚或爱琴海周围等地区的民居建筑。柯布西耶觉得这些建筑非常有趣，一方面，这些建筑是从当地生活环境中成长出来的，更重要的是未受到学院派的影响，保持了相当程度的真实、纯粹，而且精练。这些地域性的建筑对柯布西耶有莫大的启发。

1　对地方传统建筑的态度

柯布西耶自 1929 年起将自己的作品整理出版成了一系列的作品集（Oeuvre complète）。在他一生的作品集之中，如长河一般系列作品的起点，并不是他所设计的影响世界的现代建筑；相反，是他所研究各地区建筑的手绘记录，包含他在 1911 年东行之旅的记录，例如保加利亚、土耳其、希腊、意大利等地的建筑，或在法国国家图书馆里阅读各国建筑的图文笔记，包含中东、中南半岛，以及中国及日本等。

作品集中，放在这些手绘记录前面的，并不是宏伟的教堂或神殿，而是一系列东行之旅中，以民居建筑为主的室内、室外建筑空间。这些在欧亚交界区域的民居建筑，不但与当时主流的巴黎美术学院所教授的新古典主义建筑大不相同，也与西欧传统砖石造的民居相异。这些民居建筑有许多是木构造，使得平面安排与立面开窗有了较大的自由度，而较为接近现代建筑的自由平面与水平窗带，而颜色上，许多地中海沿岸的民居建筑本身就是漆成纯白或接近白色。例如欧亚交界区域保加利亚 Tǔrnovo 的民宅，柯布西耶在《东行漫记》中写道："这些房间漆成了白色，且这些白色是如此美丽。"①

另外，当柯布西耶在研究建筑的根本问题时，他也思考了建筑最初的起源——原始建筑。例如他在讨论"规线"（Regulating Lines，掌握建筑各部分比例的定位线）时，以一个原始人建立神殿作为源起，接下来的讨论横跨了整个建筑历史。原始的状态不但反映自然，单纯与未受污染，也是一种重新开始。柯布西耶说道："我寻找原初的人们，并不因为粗野，而是因为他们的智慧。美洲，欧洲；农民，渔民。"②另外，现存的民俗乡土建筑本身也保留了相当成分的原始建筑，因为居民的生活方式与建筑本身保存了若干代代相传的传统，也呈现在对周遭环境的相同呼应上。

柯布西耶非常重视且用心研究民俗文化，不论是装饰艺术还是建筑。他认为："民俗文化由全体的合作形成，是一种完美、有价值、具有长久品质的成果……民俗文化是一个伟大的创造。一个由时间与数目精炼的成果……民俗文化是人们实质及情感资源最好的呈现。"③"民俗文化展现了每一个延续行为的严肃性……民俗文化的简朴是许多世纪成果的总和。"④"民俗呈现了一个诗意的目标，在表达对土地的创造本能。民俗是传统之花。"⑤

柯布西耶在他的书里引用了卢梭当年经过瑞士乡间时写的一封信："这些幸福的农人们……我不断地羡幕他们非凡的精练与简洁。"⑥如同卢梭仰慕"高贵的野蛮人"（Noble Savage），柯布西耶相信原始住屋具有高度的经济性，加上俭朴的几何形态传达高贵及美感，因之和宫殿一样贵重。建筑史家 Joseph Rykwert 教授指出，柯布西耶认为这个世界是从原初开始（Primeval Beginnings），而非眼前。⑦事实上，卢梭自身的浪漫主义与柯布西耶所处的前卫主义彼此有若干相似之处：两者都在反抗学院传统，并寻求新的与不寻常之事物。

一直到他生命的最后，柯布西耶仍然对民居建筑着迷。在他生命的最后几个月中，他告诉达梭先生 1911 年东方之旅时，一些最反学院传统的事情让他为之惊愕，例如在小亚细亚，坡地上的农民住宅由墙包围着，顺应着地形起伏而倾斜弯折，并不像一般欧洲的建筑师那样会先把基地整平成为台阶。顺应地形倾斜的围墙是如此的优美，这件事震撼了他的一生，"这是真理的精神"，柯布西耶认为。⑧

2　各地的乡土建筑的启示

柯布西耶研究了许多不同地区的乡土建筑，从中得到了许多的启示，支持与启发了他的现代前卫建筑的探索与发展。柯布西耶对于法国布列塔尼亚的民居进行了相当的研究。位于法国西北的布列塔尼亚地区一向是法国国内较为独立、边缘与原始的区域。早年画家高更为了避开文明，在前往大溪地岛之前就是先来这里居住。柯布西耶曾于 1924 年来过此地，以绘画及摄影记录了许多沿海村落的石造建筑。⑨他认为这些民居建筑是一种标准的形态，"如同苹果般的纯净，如同潮汐般的准确，就像是恒久的真理"，并称渔民的住宅像是"一棵树根很深的树，一种具有深刻理由的形式。"⑩

在法国西南部 Arcachon 海湾的周围有许多渔村。柯布西耶曾前往度假，并创作了许多画作。他观察这些渔村的建筑简单平实，以当地材料构筑，运用最经济，最少的资源达到了最大的效果，且又完全巧妙地符合人性尺度。⑪

① Le Corbusier. *Journey to the East*.Cambridge, Mass. London: MIT Press, 1987：60.
② Le Corbusier. *The Radiant City: Elements of a Doctrine of Urbanism to Be Used as the Basis of Our Machine-Age Civilization*, translated from French by Pamela Knight, Eleanor Levieux, and Derek Coltman London: Faber and Faber, 1967：6.
③ Le Corbusier. *The Decorative Art of Today*. translated by James I. Dunnett, London: The Architectural Press, 1987：32-36.
④ Ibid., pp. 207-209.
⑤ Le Corbusier. *Le Corbusier Talks with Students*. translated by Pierre Chase, New York: Princeton Architectural Press, 1999：61.
⑥ Le Corbusier. *My Work*, London, Architectural Press, 1960：18. 卢梭当年经过的瑞士乡间正是柯布西耶的家乡 La Chaux-de-Fonds.
⑦ Joseph Rykwert. On Adam's House in Paradise. Mass., Cambridge, The MIT Press, p. 13.
⑧ Ivan Žaknić. *The Final Testament of Père Corbu: a Translation and Interpretation of Mise au point*, New Haven, Conn. London: Yale University Press, 1997：108.
⑨ Le Corbusier. *Alamanach d'Architecture Moderne*. Paris: Les éditions G. Crès et Cie, 1926：83-90.
⑩ Le Corbusier. *Une Maison – un palais*. Paris: G. Crès et Cié, 1928. Reprint. FLC, Editions Connivences, 1989：46.
⑪ Le Corbusier. *Une Maison – un palais*, and Modulor 2, Faber and Faber, Basel: Birkhäuser, 2000：159.

柯布西耶 1911 年的东行之旅，到了欧亚边界保加利亚的 Kazanlik 时，他仔细观察了一个当地住宅，记录了其不对称的格局、流畅的庭院及室内配置，其中一张透视图描绘了开向庭院的整片转折透光的门窗以及室内的流动空间。这张手绘图后来发表在作品集（Oeuvre Complète）第一册的最前面，空间形式上非常接近现代建筑常用的自由平立面及流通空间。而柯布西耶的速写中在保加利亚 Tŭrnovo 的民宅内部的开窗方式是水平窗带，是柯布西耶于 20 世纪 20 年代宣示的新建筑的五个元素之一。不但涵盖整个立面，也延伸至左右两侧，如同柯布西耶日后设计的斯坦恩住宅（Villa Stein）中一、二楼的水平窗带。

柯布西耶在东行之旅中，结束土耳其行程返回欧洲时，从希腊进入南意大利。在造访罗马前，曾在庞贝古城盘桓数日驻足研究，在他的笔记本中留下了将近百页的图文记录。其中部分后来发表在他的《迈向新建筑》[1]一书中。书中称许当进入庞贝的小型住宅——诺且住宅（The Casa del Noce）时，"顿时感受到非常高贵、有秩序、宏伟动人的空间。"而对悲剧诗人的住家（House of the Tragic Poet），沿着轴线的空间在精心的处理下，一切都那么有秩序，又那么的丰富，同时微妙的轴线错位强化了体量的效果。

柯布西耶观察庞贝古城悲剧诗人的家，并勾画出了建筑计划，他认为这个家有"微妙的一个完美的艺术"，一切都是在一个没有遵循严格对称的轴中心线上，在建筑物内部结束，接着右转延伸到其他房间。他认为："轴线是意向……它最巧妙地利用了光学幻觉……你然后注意到巧妙的轴线的变化，给予量体的强度。"[2]

许多现代建筑的品质及特色已经呈现在我们身边早期的民居建筑之中。1929 年柯布西耶在阿根廷演讲时，当地观众以为他正在画一个现代住宅；其实他是在画现有布宜诺斯艾利斯（阿根廷首都）的民宅。柯布西耶告诉观众："这是布宜诺斯艾利斯生活合理的呈现，尺度是正确的，造型是和谐的，与基地的关系是考虑周详的……在阿根廷的光线下表演造型，是一个非常纯粹，非常优美的造型表演。"[3]

20 世纪 30 年代柯布西耶做了许多阿尔及利亚的首都阿尔及尔的都市设计案。当他研究阿尔及尔的城市时，他认为法国人所设置的新城区是倒退的，相反称许奥图曼帝国风华的旧城卡司巴（Casbah）区是"纯粹且有效率"[4]，而当地阿拉伯人的民居是"具有启发性、凉爽、安静、迷人的住宅，如此的清洁、慎思、宽阔及亲切。"[5]

1931 年柯布西耶来到阿尔及利亚时曾到中部撒哈拉沙漠绿洲旅行，到达了 M'Zab 区域，包含 Ghardaïa 等地。柯布西耶速写的一些建筑群落，是由许多自由曲线的建筑构件围绕着约略长方形的中庭。柯布西耶观察，这里的住宅单元是与巷道分开的，巷道围墙内的住宅完整、有效率，且非常符合人性的尺度。在这里有所有的：家庭、凉爽、亲切、水果、绿意、阿拉伯风格和建筑。[6]

当柯布西耶在讨论他所设计的萨伏伊别墅的中央斜坡道，从地面花园延伸到屋顶时，他说到，阿拉伯的建筑给了我们珍贵的教益。人们在行进时看着景象变换，此时建筑的布局被展开了。这是一个与学院派喜爱的巴洛克建筑相反的原则：巴洛克建筑在纸上构思，在理论点的周围环绕着；柯布西耶则偏爱阿拉伯建筑的教益。[7]

1933 年举办的第四届国际现代建筑会议（CIAM）是在一艘从马赛开到雅典的穿过爱琴海的轮船上举行的。有一回轮船停靠在希腊的一个岛上，柯布西耶发现岛上的建筑物非常具有人性尺度，也让他想到了法国布列塔尼亚的民居。在这个岛上，柯布西耶记录着："过去数千年来的生活方式仍然保持完整……我们发现了恒久不变的建筑，活的住宅，今日的住宅可追溯回长远的历史。这些住宅的平面及剖面恰好是我们十年来所思考的。这里在人性措施的怀抱里，在希腊，在这个充满着恰好合宜气息的土地上，幸福……由生活的喜乐所引导，我们发现了人性尺度的大小。"[8]

3　新设计中对各地域环境的尊重

柯布西耶除了研究各地的民居建筑与当地环境之外，在进行建筑设计时，他与民俗建筑持相同的态度，很重视并配合运用当地环境的特色，例如运用当地的材料及施工方法，反映了当地的气候条件以及地形特色

---

① 这本书是柯布西耶最有影响力的著作之一，初版于 1923 年。法文原书名 "Vers une Architecture"（施植明先生译为 "迈向建筑"），英文版 1927 年出版时翻译成 "Towards a New Architecture"（迈向新建筑）。"诺且住宅"及"悲剧诗人的住家"在该书中'平面的错觉'的章节中讨论。

② Le Corbusier, *Towards a New Architecture*, pp. 189-90.

③ Le Corbusier. *Precisions on the Present State of Architecture and City Planning*, Cambridge, Translated from French by Edith Schreiber Aujame, Mass.: MIT, 1991：227.

④ Le Corbusier. *The Radiant City*, p. 230.

⑤ Ibid.

⑥ Le Corbusier. *Sketchbooks Volume 1, 1914-1948*, Noted by Francoise de Franclieu, Thames and Hudson, 1981, B7, 453-454.

⑦ Le Corbusier. *Oeuvre complète* 2, 13e ed. Coauthor Pierre Jeanneret. Ed. W. Boesiger. Zurich: Architecture（Artemis），1964, 1995：24.

⑧ Le Corbusier. *The Radiant City*. p. 52.

等。①尤其是从 20 世纪 30 年代初，欧美多国普遍受到当时经济大萧条的影响，大型设计案减少，柯布西耶设计了许多地域风格浓厚的小型住宅。

柯布西耶 1930 年设计在智利的 Errazuris 住宅时，运用了许多当地生产的材料，例如用粗面石砌墙，树干做主构架，用当地生产的瓦来做斜屋顶，而不是用现代新颖的钢筋水泥做平屋顶。这些质朴的材料，柯布西耶认为，丝毫不影响平面的清晰与现代审美的表达。

柯布西耶在 20 世纪 30 年代初期设计了一系列的住宅，包括曼德和（Mandrot）女士住宅（1930~1931）；Maison de week-end（1935），Maison de vacances aux Mathes（1935）等，均采用当地传统的粗面石材。柯布西耶自己的公寓住宅（1934）与邻居的隔墙也是如此，保留了原有粗面石材与清水砖的原始表面而未加以粉饰。这种裸露原始材料的表面，自公寓建成起的 1934 年开始一直维持到他过世的 1965 年为止并未更动。

1942 年柯布西耶在北非舍尔沙勒（Cherchell）地区的住宅设计案中也同样运用当地的石材砌造出了裸露的石墙，刷白石灰浆的拱顶及木造楼板，并计划由当地工人施工。"以现在的方式建造，我们获得了与景观、气候和传统的统一"，柯布西耶认为。在布局上配合当地文化，设计了阿拉伯式的内部小花园。

这些建筑语汇在建筑史上可视为粗犷主义（Brutalism）的前身。柯布西耶自 20 世纪 30 年代起已经逐渐迈向了粗犷主义，根据建筑史学家查尔斯·詹克斯的观察，这些因素事实上是呼应了柯布西耶内心深处再现的"自然秩序、原始社会及不受传统礼仪束缚的男女关系。"②

气候因子也是柯布西耶非常关注的部分，例如许多较炎热地区的建筑都设置了遮阳板，可兼顾遮蔽强烈阳光及通风。法国南部地中海沿岸的马赛公寓即是如此。在阿尔及利亚马林（Marine）区大楼设计案中，柯布西耶针对建筑所在地的纬度，太阳运行的轨迹及海面的反光设计了阳台及遮阳板。

印度香地葛（Chandigarh，或译为昌迪尔加）的气候更为炎热。柯布西耶在设计印度新首都时，由于当地苛刻的气候条件及干雨季的变化，他制作了一份"气候表"（Climate Graph），包含当地各个月份的温度、湿度、日照以及辐射等，用以呈现当地复杂的现实条件。他在手册上记录着："太阳和雨水是决定建筑的两个基本要素……一栋建筑将成为一把遮阳避雨的伞。遮阳是首要的问题。"在这里，遮阳不仅是立面，而且要扩展到建筑主体结构。柯布西耶在设计位于艾哈迈达巴德（Ahmedabad）的莎拉拜（Sarabhai）住宅时，力求最好的阴凉环境和自然通风，且建筑方位取决于当地的主导风向。在绍丹（Shodhan）住宅中设计了类似洋伞的屋顶，体量的虚实配置让气流得以宜人地穿越。文化因子也是柯布西耶关注的范围。例如印度香地葛的议会大厦中，圆筒形的议事大厅的采光设计，就考虑到可以庆祝印度一年一度的太阳节，提醒他们是太阳之子。③

4　结论

每一个时代都有各自要面对的旧包袱与新问题，引出了要向前迈步的方向。当柯布西耶的思维远离当时学院派主流的建筑之时，民居建筑提供了丰富的经验及空间实例。他不断地从这些乡土民居建筑的经验中学习，所得的经验大幅度帮助了现代建筑的发展。在柯布西耶新设计的现代建筑中，采撷并转化运用了许多各地民居建筑的地域元素。因此，现代元素和传统民俗并非水火不容，反之是可以积极共存并相互启发的。我们需要感知今日时代性及本土的特殊环境，正如同柯布西耶当年寻觅建筑的根源与发展新建筑的历程。本土民居建筑给予我们的启发，也正如柯布西耶发展现代建筑的经验，很值得作为我们今天探索当代与未来建筑方向的参考。

① 柯布西耶的许多早期都市设计案为了争取阳光、空气及绿地而建议采用高楼层留出多空地的方案，产生了高楼大尺度上的问题。然而他的建筑设计案对于基地环境及人性尺度均有极佳的掌控。② Le Corbusier, Towards a New Architecture, pp. 189-90.

② Charles Jencks. *Le Corbusier and the continual revolution in architecture*. New York, NY: Monacelli Press, 2000：210. 当时柯布西耶和著名的非洲裔女歌星约瑟芬·贝克 (Josphine Baker) 有着密切的交往。

③ Le Corbusier. *Oeuvre complète* 6, Zurich: Architecture (Artemis). 1957, 1995：94.

商店氛围与消费者五感体验行销之关联性研究
——以文创商品为例

东方设计学院　黄佳慧

摘要：由 Pine & Gilmore（1999）提出体验经济的时代已经来临的论述之后，意味着未来的企业不仅应提供优质有形或无形的商品，也应提供最终消费者体验，以充满感性的力量，让消费者留下深刻而难忘的体验回忆。Ellwood（2000）亦提出目前全球的经济模式的移转与变化，消费者的需求已由外显的需求，升华到内隐之体验需求层次境界。充分显示体验行销成为不可阻挡的趋势。在"体验经济"的时代，消费不再只是手段，而是目的，消费者想要的不是产品的大小与多寡，而是体验的深度与广度（刘维公,2007）。体验的深度与广度来自消费者所接受的知觉。虽然吾人每日运用五感接受四面八方的不同信息，但如何透过设计满足消费者内隐的需求值得吾人深入探讨分析。

另一方面，随着文创产业的发展，市场充斥着许多的文创设计商品，当然其中不乏有创意及富含文化意涵的商品。对厂商而言，近年来商品虽透过文创产业的创意加值，也借由文化让商品成为创意产生差异化。每个厂商不断地朝上述的方向前进努力的结果，对消费者而言，各商品间的差异性似乎越来越小的此刻，寻找下一个蓝海商机日益重要。许多品牌甚至开始着重卖场氛围的营造，并借由感官体验来显示商品的个性化，将商品设计更融入居家，将居家氛围情境带入卖场空间，更贴近消费者需求，透过营造的居家空间，更直接、更有效率地掌握消费者的购买偏好，适当地引导进入购买商品意愿，达到销售商品的目的。回顾台湾文创商品零售业行销管理的相关文献，多半以品牌知名度、行销广告等经营行销管理相关为主，有关卖场环境氛围、情境美学布置与消费者五感体验的相关探讨较少，在大量生产、选择过多的年代，人与人之间的沟通，情感的交流变得虚拟，于是依靠实体体验来找回温暖的人越来越多，所以促使品牌通路商，不得不重新思考如何吸引消费者入店，将是一个具有探讨性意义的议题。

1　绪论

刘维公（2007）认为，在迈入体验经济（Experience Economy）的时代里，消费不再只是手段，而应当是目的之一，消费者想要的不是产品的大小与多寡，而是体验的深度与广度。根据行销学大师 Kotler（1993）的研究可以发现，当消费者购买商品或服务之后，个人心理会产生变化导致影响后续行为，若是消费者会感到满意的话，则比较会联结到下一次的莅临甚至是消费。因此，商店氛围的营造也日渐备受重视，对商店而言该如何提供一个优质的商店气氛给消费者，俨然为现代各行各业行销的重要手法。

体验的深度与广度来自消费者所接受的知觉。虽然吾人每日运用五感接受四面八方的不同信息，但如何透过设计满足消费者内隐的需求值得吾人深入探讨分析。

另一方面，随着文创产业的发展，市场充斥着许多的文创设计商品，当然其中不乏有创意及富含文化意涵的商品。对厂商而言，近年来商品虽透过文创产业的创意加值，也借由文化让商品成为创意产生差异化。每个厂商不断地朝上述的方向前进努力的结果，对消费者而言，各商品间的差异性似乎越来越小的此刻，寻找下一个蓝海商机日益重要。许多品牌甚至开始着重卖场氛围的营造，并借由感官体验来显示商品的个性化，将商品设计更融入居家，将居家氛围情境带入卖场空间，更贴近消费者需求，透过营造的居家空间，更直接、更有效率地掌握消费者的购买偏好，适当地引导进入购买商品意愿，达到销售商品的目的。

回顾台湾文创商品零售业行销管理的相关文献，多半以品牌知名度、行销广告等经营行销管理相关为主，有关卖场环境氛围、情境美学布置与消费者五感体验的相关探讨较少，在大量生产、选择过多的年代，人与人之间的沟通，情感的交流变得虚拟，于是依靠实体体验来找回温暖的人越来越多，所以促使品牌通路商，不得不重新思考如何吸引消费者入店，将是一个具有探讨性意义的议题。

综合上述所论，本研究欲从解析商店氛围与消费者五感体验之关联性研究，并分析商店氛围与文创商品之间的相关性，以提供未来文创产业作为其商品整合行销管理策略的修正或加强之参考。

2　商店气氛

良好的商店气氛（store atmosphere）会使消费者产生正向情绪、深化体验、顾客停留的时间加长及消费更多的商品与服务，可进而提升商店的营运绩效。根据学者Kunkel和Berry（1968）之研究可将商店气氛定义为，凡是消费者在卖场中感官所能感受到的各种感觉，都可称之为商店气氛。Kotler（1973）清楚地定义商店气氛是一种消费者的感官所可以知觉到商店环境中所给予的各项经过设计的暗示，并且能够产生其特定情绪与促进刺激购买消费的可能性。而Kotler（1974）延续之前的研究，认为所谓商店的气氛是针对商店环境与空间加以设计的，其主要目的在于影响消费者的情绪，刺激消费者之购买意愿，另外Kotler也指出购买场所之气氛营造的重要性。

Donovan和Rossiter（1982）与Bloch、Ridgway和Dawson（1994）等学者也提出商店特征有两个重点，为商店气氛及设备，包含商店设计、空间、商品陈设、灯光、颜色与音乐播放等。

Baker等人．（2002）研究商店气氛线索对认知价值与消费者再购买意图会有影响时，若将设计因素独立出来，使其成为周围因素、设计因素与社会因素三个构面的"商店气氛"，可以来说明各构面对顾客行为之关系与影响，包括如下三点。

a. 周围因素（ambient factors）：或是称为氛围因子、背景特征等，背景音乐、商店颜色、商店气味、商店温度、商店清洁，皆可影响消费者行为的环境因素，通常不会立即被察觉，但是消费者有意或无意或所被知觉到的刺激物，能够影响人们的感官。

b. 设计因素（design factors）：指的是与美学有关的视觉线索，消费者能够直接察觉、刺激的视觉效果，如内外部之建筑物、色彩、材质、配置、标示与室内格调、内部陈列等。

c. 社会因素（social factors）：为商店环境里的"人"，也就是人们在环境中的与他人互动的状况，包含服务环境里的服务人员、消费者之外表、行为与人数。

为使消费者能在店内停留更长时间，可利用营造店内氛围，引发消费者正面情绪，甚至联结到购买，或未来的再购行为，是各商家所期望的事，也是卖方努力的方向。而基于上述所论，在店内空间氛围的营造上，可发现有许多共通之处，如灯光、音乐、颜色、商品陈设设计与他人互动等，皆希望能够透过这些元素，经过缜密的设计，来吸引更多的消费者，消费者驻留于店内。

3　体验行销的架构

Schmitt（1999）将传统行销的观点包含在体验行销的架构当中，此架构包括两个层面：策略体验模块（SEMs）及体验媒介（experience providers，ExPros）。其所提的五种策略体验模块，目的在于为顾客创造不同的体验形式，其分述如下。

a. 感官行销（sense）：以视觉、听觉、嗅觉、味觉与触觉五种感官为诉求。例如：金莎巧克力花束——本身包装精美加上节庆装饰，吸引消费者购买以传达情意。

b. 情感行销（feel）：诉求在于消费者内在的情感与情绪，目标是创造情感体验。

c. 思考行销（think）：诉求的是智力，目标是用创意的方式使消费者创造认知与解决问题的体验。例如：Microsoft——"where Do You want to Go Today"。行动行销（act）：目标是影响身体的有形体验、生活形态与互动。例如：Nike——"Just do it"。

d. 关联行销（relate）：关联行销包含感官、情感、思考与行动行销等层面。例如：台湾职棒中兄弟象队球员外围延伸的商品。

e. 体验媒介：体验行销战术执行的工具组合，用以创造一个感官、情感思考、行动及关联的活动案，包括沟通工具、口语与视觉识别、产品呈现、共同建立品牌、空间环境、电子媒介与人。

企业的行销策略不应只重视产品之功能性，而应该将重心放在如何与顾客产生互动，并让顾客去体验、享受共同创造价值的过程（Robinet Brand、Lenz，2001）。Pine和Gilmore（1998）认为消费者所要购买的价值除了来自于核心产品或服务所带来的满足之外，更希望能得到一个充分享受、有价值的经验。Prahalad和Ramaswamy（2004）指出，过去以企业或产品为中心的生产活动已经不能满足消费者，唯有透过企业与顾客共同创造独特的经验，才能够创造更高的价值。因此，体验行销近年来已成为学者与实务界人士广为讨论的行销策略之一（Bendapudi、Leone，2003）。

Schmitt（1999）认为体验行销可使消费者在消费过程中，真实而深刻地感受到产品的功能或享乐利益，并且在消费后还能回忆起在消费时的正面体验。Mano 和 Oliver（1993）的研究进一步发现，消费者是经由产品的功能效用和享乐感受等利益来评估其消费时之体验，产生正面或负面的消费、情感，而影响其满意度的评估。因此，当顾客有正面的消费体验时，会产生正面的情感，进而提升其满意程度。Pine II 和 Gilmore（1998）认为，21 世纪是体验经济时代，消费者从过去注重商品转成注重深刻的消费体验（Schmitt, 1999；田祖武、庄雅涵, 2007）。Schmitt（1999）首先提出"体验行销"一词，认为组织欲创造稳固的品牌关系，须透过消费者自我实现体验，以服务为舞台、商品为道具，发展出感官、情感、思考、行动与关联等五大体验行销形态，创造令消费者难忘的活动（周中理, 2007），以加强消费者与企业产品间的印象。因此，体验来自个人的亲身参与及经历（Joy、Sherry, 2003），不仅是生活特质的一部分，亦是创造生活价值的来源（Mitchell, 2001）。

Hirschman 和 Holbrook（1982）将消费体验分成幻想、情感与趣味等内涵，认为不同的行销人员对体验行销应有不同的作为，但在吸引与取悦消费者时是一致的（McLuhan, 2000）。检视学界相关研究可发现，体验行销多用于与消费者实际体验有关的产业，如文化产业（Pine II、Gilmore, 2003；黄庆源, 2007；江义平, 2008）与服务业（Schmitt, 1999；Dube、Le Bel, 2003；周中理, 2007；田祖武, 2007），从消费者观点的角度出发，至顾客忠诚度产生为研究目标，由此可知，体验是针对消费者内心进行的行销手段，加强品牌与消费者的认知或情感联结（Alonso, 2000 Arnould Price、Zinkhan, 2004）。

经由上述的文献探讨我们可以发现，环境氛围、体验行销、五感体验以至于联结至企业营运绩效彼此之间均存在正向的相关性。透过持续发展企业的顾客五感体验行销管理系统使企业能以更正确、完整的方式，提升顾客满意度对于企业绩效的价值。如果企业能够将应用环境氛围、体验行销、五感体验之间关联性所得出的结论透过良好的管理系统的运作，并加以转化成顾客满意的服务与行销策略，相信一定能提升企业的营运绩效。

4 小结

本研究分析文创商品产业特有的商店氛围与五感体验行销的模式、程序、架构与流程，以弥补现有文献关于此议题探究之不足，同时作为文创商品产业实施商店氛围与五感体验行销的管理之参考。

以消费者为观点之五感体验行销使经营绩效提升的理论架构，并透过五感体验行销、商店氛围之系统性将两项构面进行联结，使企业对于实施五感体验行销管理的认知有更深入、全面性的了解，使企业更能了解顾客的需求，

并依照自身的策略定位与市场的竞争状况等限制条件来发展合适的顾客满意度经营策略，以达成提升顾客满意与企业营运绩效的立即效果。

参考文献：

中文文献

[1] 刘维公.风格竞争力 [J].天下杂志, 2007.

[2] 田祖武，庄雅涵.品牌体验与产业契合度对服务业品牌延伸评价之影响 [J].行销评论, 2007, 4（3）: 311-338.

[3] 周中理，陈正.体验行销策略、顾客关系管理与行销绩效关系模式研究——台湾旅馆业之验证，行销评论, 2007, 4（3）: 339-364.

[4] 黄庆源，黄永全，苏芳仪.体验行销、服务质量、观众满意度与忠诚度关联性之研究：以台湾科学工艺博物馆"青春氧乐园—无烟，少年行特展"为例 [J].科技博物, 2007, 11（4）: 71-91.

[5] 江义平，李怡璇，江亦瑄.文化主题商品体验行销效果之研究 [J].东吴经济商学学报, 2008（60）.67-104.

外文文献

[1] Kunkel J. H., Berry L. L. A Behavioral Conception of Retail Image[J]. Journal of Marketing, 1968（32）:21-27.

[2] Kotler P. Atmospherics as a Marketing Tool[J]. Journal of Retailing,1973：49（4）:48-64.

[3] Donovan R. J., Rossiter J. R. Store Atmosphere: An Environmental Psychology Approach[J]. Journal of Retailing,1982（58）: 34-57.

[4] Bloch P. H., Ridgway M. N., Dawson S. A. The Shopping Mall as Consumer Habitat[J]. Journal of Retailing, 1994，70（1）: 23-42.

[5] Baker J., Parasuraman A., Dhruv G., Glenn B. V. The Influence of Multiple Store Environment Cues on Perceived Merchandise Value and Patronage Intentions[J]. Journal of Marketing, 2002，66（2）: 120-141.

[6] Schmitt. Experiential Marketing[J]. Journal of Marketing Management, 1999，15（1）: 53-67.

[7] Scott Robinette and Claire Brand With Vicki Lenz. Emotion Marketing: The Hallmark Way of Winning Customers for Life[M]. New York，2001.

[8] Pine II B. J., J. H. Gilmore . Welcome to the Experience Economy[J]. Harvard Business Review, 1998，4（1）: 97-105.

[9] Prahalad C. K., Ramaswamy V.Co-Creating Experiences: The Next Practice in Value Creation [J].Journal of Interactive Marketing, 2004，18（3）: 1-10.

[10] Bendapudi N., P.R. Leone. Psychological Implications of Customer Participation in Co-Production[J]. Journal of Marketing,2003（67）：14-28.

[11] Mano H., Oliver R. L. Assessing the Dimensionality and Structure of the Consumption Experience: Evalution, Feeling and Satisfaction[J]. Journal of Consumer Research,1993（20）：451-466.

[12] Hirschman E. C., M. B. Holbroo.Hedonic Consumption: Emerging Concepts, Methods and Propositions[J]. Journal of Marketing, 1982，46（3）：92-101.

[13] Joy, J. F. Sherry. Speaking of Art as Embodied Imagination: A Multisensory Approach to Understanding Aesthetic Experience[J]. Journal of Consumer Research, 2003，30（2）：259-282.

[14] McLuhan R. Go Live with a Big Brand Experience[J]. Marketing, 2000（10）：45-46.

智慧化住居节能控制应用：以 Android 手机介面设计为例

东方设计学院　刘光盛　吴淑明　林明宏

摘要：随着科技的进步，生活水性及生活品质逐渐提高，对住宅之安全、健康、便利、节能等性能之要求相对提高，而资讯通信科技（Information and Communication Technology，ICT）产业的快速进步与发展，使 ICT 的技术在应用方面相对提升，同时也使智慧居家生活产品如雨后春笋般快速成长，而建筑业者为提高建案的附加价值与差异化，纷纷导入智慧化之系统设备，借此提高房价以及吸引更多的消费者。然而，在趋势的导引下，智慧化住宅的政策导向，促进了相关智慧科技产业的蓬勃发展，智慧化住宅的奖补助政策更是有效地推动了住宅的智慧化。现在的社会发展迅速，在忙碌生活的巨大压力之下，大家都希望回到家中可以达到完全放松的状态，因此智慧屋的需求大大增加，而在 21 世纪能源短缺的后石化时代，如何节能成了大家热烈讨论的议题。因此本设计整合这两项目前大家热烈讨论的话题，提出了智慧型节能整合模组。本研究提出使用低成本单晶片控制器来达到具居家环境控制、电源管理、电流侦测、远程与近端监控家电设备与控制，达到智慧型节能整合模组之设计。

本研究以节能减碳为主要出发点，使用了智慧型手机与单晶片，利用无线传输的方式来建构智慧型节能整合模组，该系统可以直接放入开关盒中，由于它是无线的关系，所以不需要额外牵线，因此完全不会改变家中的装潢，并结合时下流行的智慧型手机 APP 应用程式，来达成简易操作本系统之功能；而在节能方面，由于所有的家电设备必定会经过家中的插座，因此本设计以开关为改善要点，并结合红外线 IR 学习模组与智慧装置（平板、手机）达多合一遥控装置（学习功能），在自动控制方面以状态控制、时间排程控制之功能达到节能效果。

关键词：环境控制；家电监控；电源管理；节能减碳；红外线学习模组

1 导论

近年来，由于能源日渐减少，节能减碳已是各国的未来趋势与现今关注的焦点，虽然企业与各大校园都采用相关配套措施来达到其效果，但对于一般家庭用电还是有很大的执行空间，因此以节能为主的家用电器等逐渐受到大众的青睐。现今有节能标识的电器逐渐受到消费者的喜爱，考虑到大部分民众的生活习惯，我们观察到现代社会生活步调的速度快到有许多人常常回到家才发现电灯没关，或电热水器没关等，常造成用电上的浪费，尤其油电双涨的时代来临，总会有拿到电费账单心在淌血的感觉。智慧型家庭和自动化科技近年来在业界及学术界已经算是热门的研究方向，宽带网络、移动电话与 3G 上网日渐普及，使得人们原本的生活方式逐渐在改变，朝向资讯化并且更便利的智慧生活，已成为未来必然的趋势（林振汉，2003；王培坤，2011）。

智慧型家庭的涵盖范围很广，而其中借由各种无线通信设备来增加使用者在使用上与开发者在开发时的多样性是最主要同时也是大家现在努力研究的部分，智慧型家庭就是希望通过各种感应器或智慧装置来与家中的家电或资讯设备利用自动控制的方式作统合（谢正玮，2009），使得人类能够进入一个更加人性化与智慧化的生活形态。然而，什么是智慧化的生活形态呢？就是希望未来的人类在自己所居住的环境中，可以包含自动化、安全性以及娱乐的性能等不同的功能。在狭义上说，必须是拥有自动化的家庭系统，将家中的电器与生活相关的设备等加以整合，才可以算是智慧型家庭，而在广义上说，可以让你我的生活都更加便利的任何一个自动化家电，都可以让你我的家成为智慧型家庭。近年来，许多智慧型家庭的议题不断地被拿出来讨论，以前比较旧型的本地端控制的简单控制，利用红外线传输或是 RF 传输来对单一元件进行控制，大多利用 RF 或是红外线的传输方式，RF 在无遮蔽物的情况下最佳的距离大约为 100 米的范围（翁敏航，2006），若是红外线则最佳距离只有 2.5 米左右，并且为不可有遮蔽物的直线距离（陈玉琼，2005）。以上这类旧式的物件控制，为智慧家庭的基础，但已经不太适用于现代的智慧家庭。目前较新的做法为，利用多个感应器来检测许多生活上会遇到的事件，如温度感测，将感应器所接收到的信息传送到一个或多个单晶片（MCU），甚至是结合电脑主机作整合，来达到更加符合人性化的智慧型家庭。

本研究采用成本较低的单晶片来设计硬件的控制器，并且利用 Android 智慧型手机设计一套智慧型 APP 软件，透过 Android 智慧型手机的 WiFi 装置连接控制器，再通过控制器给遥控先行设定学习与发射模组信号，可以学习各种家电设备的红外线遥控命令，并将学习命令内存于模组或者储存于手机以及伺服器，用以控制多种家电装置，可以整合家庭内相关家电与设备。

因此，本远程控制主要目的是针对传统远程环控系统的缺点提出一个可以整合软硬件及单晶片控制且具低成本、可商品化之多媒体设备整合型控制器系统设计，利用 Android 智慧型手机设计一套智慧型 APP 软件，透过 Android 智慧型手机的蓝牙装置或 WiFi 装置连接控制器，再通过控制器给遥控先行设定学习与发射模组信号，可以学习各种家电设备的红外线遥控命令，并将学习命令内存于模组或者储存于手机以及伺服器，用以控制多种家电装置，可以整合家庭内相关家电与设备，达到智慧家庭的目标。根据这个架构图所表示，主要分成使用者监控端（APP）、通信界面端、驱动控制端。

2　文献回顾

近年来，通过政府的积极推动与科技业者的不断研发，智慧家庭控制系统涵盖的层面除了轻松管理家中的电力装置外，更进展到节能环保、居家照护、住家品质提升等项目。其中节能环保行为中最常见的三种为：①关闭非使用中的设备电源。②换用能源效率高的电器产品。③即时因

天候、温度的改变，调整家中电器设备的使用状态（如冷暖气、除湿机等）。智慧家庭控制系统能通过电能管理减少不必要的能源浪费，节省成本、带来收益。家庭自动化（HA）于 1978 年由日本的 Hitachi（日立）和 Mitsubishi（三菱）最先提出，直到 1992 年才有更为完整的系统展示，而在近二三十年间一直不断发展。许多人认为家庭自动化是有钱人的甚至是安装麻烦的系统，其中一个原因就是家庭自动化的价格偏高，且都需要繁杂的安装过程，但是由于近年来科技不断进步，推出了许多不同的家庭自动控制化的控制方式，例如无线网络技术控制家电装置、家庭网络实现家庭自动化系统等（谢正玮，2009），因此家庭自动化已经不是以往价格偏高、安装麻烦的系统，甚至还能够为家庭添加不少乐趣。家庭自动化发展比较成熟的国家以美国为首，亚洲则是以日本为主，家庭自动化控制系统从居家的自动化系统已经渐渐发展成全社区自动化控制系统（林靖玲，2004）。家庭自动化的定义就是利用资讯或电子等技术，让使用者可以轻易地操作家中的电灯、冷气等，感觉不到科技与人之间的隔阂，家庭自动化比较常见的例子就是以嵌入式系统及电脑为主作为中央控制器，并且结合单晶片控制家电装置，及通过各种感测器收集房屋内部的感测资讯例如温度、湿度等，再经由这些中央控制器进行判断并且控制家电装置，借此让屋内的主人享受家庭自动化控制所带来的舒适居家环境（张诗婷，2012）。传统家庭自动化系统所采用的方式都是透过电力线、网络线及 RS232 等有线方式进行控制，例如客厅或是卧室当中都装设控制平台，将所有家电的控制线集中在该控制平台，使用者可通过该控制平台控制电灯、冷气等家电设备，使用者也可以通过该控制平台设定冷气开启的温度，让平台自动控制冷气，这些都是典型的传统家庭自动化的例子，但是，相反地，如果使用者想要在别处加装控制开关，也希望纳入自动化控制系统，由于传统家庭自动化所采用的是有线控制的关系，因此使用者就需要重新规划管线以及布线，才能将电灯加入系统中（张明裕，2010）。

目前大家所使用的传输设备最多的是以 ZigBee 来作传输的，接着是以 RF 作为传输的媒介，最后还有以价格较高的蓝牙作为传输媒介的系统；而在智慧屋中常使用的感应器有温度感应器、光线感应器、二氧化碳感应器、人体感应器等，借由这些不同感应器的测量使 MCU 达到符合人性的需求，甚至有的还会考虑大众的习惯，以统计多数人而获得的时间加入 MCU 中加以控制，让使用者可以简化其操控上的复杂度。家庭自动化系统的发展在欧美等先进国家已有不错的成绩（Ye Yingcong，2010），但就普及率而言，相对低很多，原因在于要达到家庭自动化必须将硬件、软件整合在一起，意即在安装系统前必须规划线路、房屋架构、整体美感以及日后维修的问题，这些问题，

对于新建屋来说可以在施工中解决，但要在老旧的建筑上实现家庭自动化就显得困难许多，这也是目前家庭自动化系统无法普及的原因，所以如何达到在新旧建筑中都能享有自动化系统并将其普及化是未来的重要课题。

今日的建筑强调以环保、节能、安全、舒适为诉求的智慧化居住空间。为达到此目的，就必须整合自动化技术与新的资讯技术。所以要根据家中家电的位置分布，进行区域规划，耗电量大的家电进行电流监测，各房间的电灯与家电采用智慧开关控制，并通过网络远程操作，一则方便外出时管理用电控制，二者可节省能源、节能减碳，一发现电器未关即可立即关闭。

本研究以此为宗旨，竭尽所能在建筑中的节能方面来做努力，并以所有电器能源的消耗处"开关"作为主要的改进方向来，建立一个智慧型节能家庭的节能系统。

3　研究方法

3.1　行动作业系统

Android 是针对行动装置开发的免费作业系统平台，也是目前市占率最高的行动作业系统。

Android 是一个行动装置的软件堆叠，包括了作业系统、中介软件（Middleware）与关键的应用程式，其中的中介软件可再细分出两层，底层为函式库（Library）及虚拟机器（Virtual Machine；VM），上层为应用程式框架（Application Framework）。Android 平台开发时提供的 SDK（Software Development Kit）包含了许多的 APIs 可以开发，应程式能直接在虚拟机器下运行。

Android 作业系统是以 Linux 作业系统为基础，扩充 Android 执行作业环境（Android Runtime）和应用程式开发平台。

3.2　App Inventor

App Inventor 是一套开放原始码（Open-source）Web 平台的 Android App 整合开发工具，原本是 Google 公司在 2010 年 7 月提供的程式开发解决方案，可以让完全没有程式设计经验的使用者轻松开发 Android App，在 2011 年下半年转由美国麻省理工学院（Massachusetts Institute of Technology，MIT）接手继续开发与维护（王培坤，2011）。

App Inventor 2 简称 AI 2，是 App Inventor 的最新版本，MIT 在 2013 年 12 月正式释出，新版本将拼块编辑器整合成相同界面的网页应用程式，而不是旧版的独立 Java 程式。AI 2 使用类似 Scratch 和 StarLogo TNG 的图形使用界面，可以让使用者拖拉元件来建立 Android App 的使用界面，使用拼块来拼出元件行为的程式，换句话说，使用者不用写出一行程式码，就可以拼出自己的 Android App。新版 AI 2 是一套云端开发平台，直接使用 Web 浏览器来开发 Android App，可以让使用者更容易安装，而且提供更佳的程式开发使用经验。本研究建立的 App Inventor 专案是

储存在 Android App 伺服器，如果没有 Android 行动装置，App Inventor 也提供 Android 模拟器（Android Emulator），让使用者可以直接在 PC 电脑的 Windows 作业系统模拟出一台 Android 手机。

3.3　节能控制器硬件电路设计

利用在电子学中所学桥式整流电路保护设计，防止输入的直流电正负极接反，导致后端电子元件烧毁，接着利用在电子实习课程中所学的稳压 IC 的应用，使用 LM317 IC 稳 5 伏特的电压输出，且因单晶片微电脑控制器 AVR 须要 3.3 伏特的电压，在 LM317 IC 后面设计 3.3 伏特的分压电路供单晶片使用。

单晶片控制及 TCP/IP 转 RS232 及红外线遥控硬件电路设计：

利用在微电脑控制中所学的单晶片的 Atmel AVR Mega8 单晶片正规驱动电路设计，并连接 TCP/IP 网络晶片模组 ENC28J60，介绍如下：

ENC28J60 微控制器适用于通信（VoIP 电话配接器）、库存管理（自动贩卖机、旅馆客房内的迷你吧台）、远端诊断/警报系统（家电、工业生产机器、POS 终端机、电源及伺服器/网络）、保全（资产监控、消防与安全系统、保全控制、门禁及指纹辨识系统）以及远程感测器（工业控制及自动化、灯光控制及室内环境控制）等领域。此外，ENC28J60 以太网络控制器并内建 10Mbps 以太网络实体层（PHY）兼容收发元件及媒体存取控制器（MAC），可程式化的过滤技术可减轻主控 AVR 微控制器的处理负荷，其 10Mbps SPI 界面符合业界标准的串行通讯端口，让只有 18 接脚的 8 位元微控制器也能具备网络连接的功能。而可程式化的 8Kb 双埠静态随机存取记忆体缓冲器以高效率的方式进行封包的储存、检索与修改，可减轻主控微控制器的内存的负荷，同时提供灵活可靠且的数据管理系统。

再利用 AVR 单晶片中的 Rx（接收）与 Tx（传送）PIN 脚（马潮，2007），输出至 MAX3232 的 IC，MAX3232 的 IC 为控制 RS-232 传输的控制 IC，最后再接跳线到旁边给 RS-232 转红外线遥控模组使用，如此的电路设计便能整合 TCP/IP 转 RS-232 及 TCP/IP 转 IR 的功能。

3.4　继电器控制多媒体设备开关电路设计

在继电器上选用直流 5 伏特激磁的电驿开关用来当作开启或关闭多媒体设备的远端控制用开关元件。

3.5　用 VB 软件设计电脑与多个单晶片控制器之间的通信

因研究所提的为控制多个多媒体设备的单晶片控制器的功能，在 Windows XP 下利用 VB 的串行通信控制项可实现电脑与多个单晶片控制器之间的通信。采用计时器控制可加快自动化控制的过程，克服以往"Hand Shake"通信协议造成的通信速度缓慢的缺点。以下介绍电脑与多个

单晶片控制器之间的串行通信、资料的发送和接收（黄世阳，2006）。

在采用以电脑为控制中心的数据获取自动化控制系统中，通常需要单晶片采集资料，然后用非同步串行通信方式传给电脑，PC 对单晶片进行定时控制，需要多个单晶片协同工作。如果系统不很复杂，可通过定时器控制项控制收发过程，在必要的地方自动接收装置，使定时控制和通信过程完美地结合起来。这样，可以免去"握手"通信协议的烦琐过程，简化程式编辑，提高速度。VB 具有物件导向的设计方法，友好的视窗人机界面，简单方便的串列通信和实用性强等优点，无须借用其他语言就可以开发出优秀的控制系统通信软件。在 Windows XP 环境下如何利用 VB 来实现电脑与多个 PS1016 单晶片之间的串列通信可参考 VB 环境下通信程式的设计（陈立元，2006）。

3.6 Mega 8 单晶片控制

ATmega8 属于美国 ATMEL 公司 AVR 高阶单晶片之一，它具有 AVR 高档单晶片的性能，且具有低档单晶片的价格，深受广大单晶片用户的喜爱，尤其 AVR 单晶片不需购买昂贵的模拟器，编辑器也可做单晶片的开发应用，对单片机初学者尤为重要（马潮，2007）。ATmega8 的高性能、低价格，在产品应用市场上极具强大的竞争力，被很多家用电器厂商、仪器仪表行业看中，从而使 ATmega8 进入大量的应用领域（林容益，2000）。

4 智慧遥控之管理系统

管理系统与控制器之间是以 IP 作为区分，而每个控制器都会有一组预设 IP，当使用者要分别使用控制器时可以利用管理系统给每个控制器设定一组专属 IP。管理系统总共分为两种控制方法：第一种是 Wi-Fi 无线控制；第二种是 RS-232 有线控制。另外，红外线 IR 学习的部分共有两组 Group 而每组 Group 有 32 个学习位置，一共就有 64 个可学习位置，并且可以把学习的 IR 资讯存储起来避免遗失。

最后制作出来的主程式的功能如下：

（1）Login：初始查询模式（一多媒体设备对应一个虚拟的 IP）

（2）Switch：OFF 表示目前开关状态为关，ON 示表目前开关状态为开，STATUS 表示查询目前开关状态。

（3）UART 的设定、传送。

（4）观察目前的指令模式与实际的回传值。

（5）TCP/IP 转 RS-232 传输与红外线遥控、电源控制的整合性功能。

本程式 APP 软件设计以基本简单设计为主，之后会依照客制化要求去作设计与修改，在设定上会依照各家电所设定的 IP 去作联线，做到一对多的方便控制。

5 结论与建议

（1）只要是具 RS-232 传输界面、开关控制或者是具红外线遥控的多媒体设备及家电，都可以是本系统的应用范围。

（2）未来也可应用在门禁管制上的开关控制。未来可增加 RS-485 界面与电脑连线管理之功能，可设定远地多机连线之整合及控制器单机运作功能。搭配门禁管制控制器，并设有不同时段人员进出之权限限制，提供最完善之门禁管理系统，如与停车场管制控制器、电梯管制控制器相互结合，为各类型用户提供严密的安全监控管制环境。

（3）此系统具有多媒体联控功能，具有多媒体设备中央控制器的辅助控制功能。整体所使用的耗材与模组的成本不高，符合商品化的价值。

（4）电路设计模组化，设计上具有弹性。

（5）利用 PHP 与 VB 软件设计网络及视窗控制界面，选用 Atmel AVR Mega 168 或 Atmel AVR Mega 8 系列单晶片透过 C 语言撰写 TCP/IP 转 RS-232 通信界面、霍尔元件 IC 电流侦测、Relay 开关及红外线遥控学习功能。

参考文献：

[1] 陈柏政.整合无线传输于自动抄表之家电监控系统研究.圣约翰科技大学电子工程系论文，2011.

[2] 林振汉，张匀硕，游顺淳，詹文吉，陈永昕.无线网络智慧居家监控.修平技术学院，2008.

[3] 王培坤.Google App Inventor 开发手册：不会写程序也能设计你的 APP.台北：上奇信息，2011.

[4] 谢正玮，陈彦淳，黄兴良，柯政佑.无线感测应用日常生活.修平技术学院，2009.

[5] 翁敏航.射频被动元件设计.台北：东华书局股份有限公司，2006.

[6] 陈玉琼，吕孝文，陈有斌.红外线网络通讯元件专题研究报告.工业技术研究院光电工业研究所，2005.

[7] 天硕电网科技股份有限公司 http://www.greenskypower.tw/

[8] 智慧化居住空间专属网站 http://www.ils.org.tw/

[9] 金纯，许光辰，孙睿.Bluetooth Technology 蓝牙技术.台北：五南图书出版股份有限公司，2002.

[10] 唐雄燕.无线宽频存取技术及应用-WiMAX 与 WiFi.台北：全华图书股份有限公司，2007.

[11] 陈玉琼，吕孝文，陈有斌.红外线网络通讯元件专题研究报告.工业技术研究院光电工业研究所，2005.

[12] 杨文志.Google Android 2 程式设计与应用.台北：旗标出版股份有限公司，2009：8-24.

[13] 黄世阳，何嘉益，卓永祥，蔡文龙，吴昱欣 Visual Basic 2005 完美的演绎.知城，2006.

[14] 陈立元，范逸之，廖锦棋.Visual Basic 2005 与自动化系统监控.台北：文魁，2006.

[15] 史锡腾.单晶片开发应用案例.武汉：华中科技大学出版社，2009.

[16] 马潮.AVR 单晶片嵌入式系统原理与应用实践.北京：北京航空航天大学出版社，2007.

[17] 林容益.AVR 高速 16 位元 PD 单晶片微控器应用.台北：全华图书股份有限公司，2000.

[18] 大维·吉森.BIG&GREEN- 迈向二十一世纪的永续建筑.台北：木马文化事业股份有限公司，2005：2-16.

[19] 林文玮.具备 Jini 技术与 LonWorks 介面家用闸道器之设计与实作.树德科技大学，2004.

[20] 林靖玲.行动通讯之远距家庭自动化系统.台湾成功大学，2004.

[21] 张诗婷.基于 OSGI 之家庭自动化系统设计与实作.自动化科技研究所，台湾台北科技大学，2012.

[22] 张明裕.具定位、声控、家电节能、讯号学习之智慧网络 IR 遥控器.台湾中正大学，2010.

[23] Ye Yingcong，Li Binqiao，Gao Jing，Sun Yehui. A Design of Smart Energy-saving Power Module，IEEE Conference on Digital Object Identifier，2010：898-902.

后记

2015年秋，在广西艺术学院举行的"地域∞设计" 中国—东盟建筑空间设计教育高峰论坛，得到了业界的广泛关注与支持，同期出版的论坛学术论文集，共收录了学术论文59篇，中国内地、澳门地区、台湾地区，以及东盟国家的专家学者，国内外共有22所高校及单位参与，充分体现出论文集的国际性，来自不同地区的专家学者，共同探讨了建筑空间设计教学与艺术实践的相关问题。

论文集的结集出版，倾注了大家的不少心血：国内相关领域的不少名家如中央美术学院建筑学院王铁教授、清华大学美术学院张月教授等亲自执笔，提出了非常有学术深度的观点；中国美术学院的周刚教授谈到了艺术设计实践教学；澳门城市大学的徐凌志教授论及文化内涵与创意、科技的有机结合；台湾铭传大学建筑学系的梁铭钢副教授从地域性民居对柯布西耶现代建筑设计的影响角度进行了论述；东方设计学院的刘光盛、吴淑明教授以 Android 手机介面设计为例，提出智慧化居住节能控制应用；四川美术学院的龙国跃教授结合实际课题谈了重庆城市滨水消落带景观开发的设想；江南大学的张凌浩教授，从历史学与社会学的角度谈到了新中国成立以来经典民生百货的设计价值与文化记忆；上海师范大学美术学院的江滨教授，在基于生态位现象的地域特色创新设计研究方面，研究了地域特色与创新的问题；广西艺术学院的江波教授，从应用型设计人才培养模式的研究领域进行了务实性的教学探索；广西艺术学院的黄文宪教授的古建筑更新课题研究具有很强的现实意义；清华大学美术学院邱松教授等业界知名专家，均提出了非常新颖的思考方向；八位研究生也是围绕地域文化设计的主题展开了专题研究。感谢国内外的专家及论文作者，他们为本部论文集带来了丰富的内涵及独特的"地域无限"学术观点。2015 年 8 月初，在一次文化部举行的学术活动中见到王铁教授，他还特别提起，其论文是为这次论坛特别撰写的，认真之态溢于言表，学术态度让人钦佩。写后记前，笔者对这几十篇论文看了个大概，总体上觉得皆言之有物、言之有料，各位作者说的大都是自家真实之言，因此，正是这种特质会让这部论文集更有看头，更富于多样性的学术价值取向。

广西艺术学院建筑艺术学院院长江波教授，亲自主持了论坛的总体工作，并担任论文集的主编，确保了文章来源的广度、深度以及高度。感谢广西艺术学院领导及各职能部门的支持，特别是国际对外交流处，《地域∞设计 中国—东盟建筑空间设计教育高峰论坛论文集》编委会的各位老师，以及建筑艺术学院的各位老师为此付出了许多宝贵的时间。中国建筑工业出版社负责论文集的出版，做了大量精心的工作，保证了出版质量。在此一并表示感谢！本部论文集的出版是集体智慧的结晶，相信能更好地促进国际、国内兄弟院校间的交流。

陶雄军

2015 年 9 月 5 日